有機EL技術と材料開発
Organic Electroluminescence Technology and Material Development

監修：佐藤佳晴

シーエムシー出版

発刊にあたって

　有機EL（エレクトロルミネッセント）素子は，現在，車載ディスプレイ，携帯電話サブディスプレイ，デジタルカメラのモニタ等に応用され始めており，次世代の自発光型素子として注目されている。今日の有機EL素子の基本構造は，1987年にコダック社のTang博士らにより提案された機能分離型の積層構造にある。EL発光の指導原理はすべてこの積層構造にあり，有機EL素子の原点とも言える発表であった。

　低分子有機材料を用いた素子が現在の製品の主流であるが，高効率化および長寿命化に対して，ディスプレイメーカーにおける素子構造及び製造プロセス技術の最適化と，材料メーカーにおける新規材料開発とが両輪となって，急速な進歩がもたらされてきたと言える。

　全固体型のフラットパネルディスプレイとしての有機EL素子への期待は大きく，また，日本の技術的貢献が非常に大きい分野である。現状では，2インチクラスの小型表示素子が主力製品であるが，今後の大型化を目指して，真空蒸着プロセスに加えて，インクジェット技術を主流とする塗布プロセスの検討も加速されている。

　フルカラー化技術の進展にともなって白色発光素子の開発も行われており，長寿命のものも報告されている。白色発光技術は，ディスプレイ応用にとどまらず，固体照明と呼ばれる光源応用が将来期待される。有機EL素子の発光効率をさらに高めるために，基板からの光取り出し効率を大きく改善する検討も行われており，有機EL材料の開発と相まって発展していくことが期待される。

　本書は，有機EL素子の現状を踏まえた上で，今後の課題である，さらなる高効率化と長寿命化の必要条件である有機EL材料開発に軸をおき，材料，素子，プロセス，パネルまでを含めた最新動向がカバーされるように編集し，執筆は各分野の第一線でご活躍中の方々にお願いした。有機ELの研究に携わっておられる方，この分野を支えてくださっているアカデミアの方，新しくこの分野で研究を始められた方など多くの研究者の方々のお役に立てれば幸甚である。

　最後に，ご多忙中にもかかわらず執筆をお引き受けいただいた方々に心から感謝致します。

2004年5月

佐藤佳晴

普及版の刊行にあたって

本書は2004年に『有機EL材料技術』として刊行されました。普及版の刊行にあたり，内容は当時のままであり加筆・訂正などの手は加えておりませんので，ご了承ください。

2010年5月

シーエムシー出版　編集部

執筆者一覧(執筆順)

佐藤　佳晴	㈱三菱化学科学技術研究センター　光電材料研究所　副所長
松本　敏男	㈱アイメス　有機EL開発部　チーフエンジニア
照元　幸次	(現)ローム㈱　研究開発本部　ディスプレイ研究開発センター　次席研究員
河村　祐一郎	㈱科学技術振興機構
合志　憲一	千歳科学技術大学大学院　光科学研究科 (現)九州大学　未来化学創造センター　学術研究員
安達　千波矢	千歳科学技術大学　光科学部　物質光科学科　教授； ㈱科学技術振興機構 (現)九州大学　未来化学創造センター　教授
三上　明義	(現)金沢工業大学　工学部　教授
服部　励治	(現)九州大学　産学連携センター　教授
木村　睦	(現)龍谷大学　理工学部　電子情報学科　教授
辻村　隆俊	日本IBM　ディスプレイ技術推進　APTOテクニカル・マスター (現)コダック㈱　OLEDシステムズ開発本部　本部長
柳　雄二	トッキ㈱　R＆Dセンター　シニアエグゼクティブエンジニア (現)三菱重工業㈱　機鉄事業部　新製品部　主席技師
佐藤　竜一	富山大学　理工学研究科　物質科学専攻
吉森　幸一	富山大学　工学部　電子情報工学科
中　茂樹	(現)富山大学　大学院理工学教育部　准教授
柴田　幹	(現)富山大学　工学部　技術専門員
岡田　裕之	(現)富山大学　大学院理工学教育部　教授
女川　博義	富山大学　工学部　電気電子システム工学科　教授
宮林　毅	ブラザー工業㈱　パーソナル アンド ホーム カンパニー　部長
井上　豊和	(現)ブラザー工業㈱　技術開発部　チームマネージャー
越後　忠洋	富山大学　理工学研究科　電気電子システム工学専攻
R. J. Visser	Vitex Systems

(つづく)

榎田　年男	東洋インキ製造㈱　色材事業本部　色材技術統括部　開発部部長	
内田　　学	(現)チッソ石油化学㈱　五井研究所　研究第2センター　20G　グループリーダー	
細川　地潮	(現)出光興産㈱　電子材料部　電子材料開発センター　所長	
皐月　　真	㈱林原生物化学研究所　粧薬・化学品センター　主事	
菅　　貞治	(元)㈱林原生物化学研究所　研究部	
坂本　正典	(現)東京理科大学　総合科学技術経営研究科　教授	
岡田　伸二郎	キヤノン㈱　OL第一開発部　12開発室　室長	
都築　俊満	日本放送協会　放送技術研究所	
	(現)日本放送協会　松山放送局　技術部	
時任　静士	日本放送協会　放送技術研究所　主任研究員	
内堀　輝男	ダイニック㈱　電子特材技術グループ　参事補・スペシャリスト	
	(現)ダイニック㈱　開発技術センター　グループ長	
鶴岡　誠久	双葉電子工業㈱　商品開発センター　プロダクトグループマネージャー	
堀江　賢一	㈱スリーボンド　研究所　研究企画課　課長	
	(現)スリーボンド香港㈱　中華圏事業推進室　取締役室長	
前田　千春	(元)サエス・ゲッターズ・ジャパン㈱　ゲッターアプリケーション開発室　室長	
羽成　　淳	東芝松下ディスプレイテクノロジー㈱　AVCユース事業部　TV・PC製品技術部　製品技術第三担当　グループ長	
	(現)東芝モバイルディスプレイ㈱　OLED事業推進室　参事	
秋元　　肇	㈱日立製作所　中央研究所　ULSI研究部　主任研究員	
高村　　誠	ローム㈱　研究開発本部　ディスプレイ研究開発センター　課長	
	(現)Lumiotec㈱　技術部　部長代理	

執筆者の所属表記は，注記以外は2004年当時のものを使用しております。

目　　次

＜課題編(基礎，原理，解析)＞

序章　有機EL技術の現状と課題　　　佐藤佳晴

1　はじめに …………………………… 3
2　高効率化 …………………………… 3
3　長寿命化 …………………………… 8
4　今後の展望 ………………………… 9

第1章　長寿命化技術

1　材料からのアプローチ … 佐藤佳晴 … 14
　1.1　劣化原因 …………………… 14
　1.2　有機材料の改善 …………… 15
　　1.2.1　ガラス転移温度 ……… 15
　　1.2.2　電気化学的安定性 …… 16
　1.3　有機EL材料の使いこなし技術 … 16
　　1.3.1　ドーピング …………… 16
　　1.3.2　混合ホスト …………… 17
　1.4　電極界面の制御 …………… 19
2　マルチフォトン有機EL素子
　　　　　　　………… 松本敏男 … 22
　2.1　概説 ………………………… 22
　　2.1.1　マルチフォトン素子の構造と利点 ………………… 22
　2.2　マルチフォトン構造に至る開発経緯 … 24
　　2.2.1　化学ドーピング層 …… 24
　　2.2.2　透明電極で複数の有機ELを直列接続したマルチフォトン素子 … 29
　　2.2.3　絶縁性電荷発生層の探索 …… 31
　2.3　マルチフォトン構造が解決する課題 ……………………… 35
　　2.3.1　耐久性 ………………… 35
　　2.3.2　白色化 ………………… 37
　　2.3.3　均一発光 ……………… 37
　2.4　おわりに …………………… 38
3　有機EL素子駆動方法 …… 照元幸次 … 40
　3.1　はじめに …………………… 40
　3.2　有機EL素子特性 …………… 40
　　3.2.1　電気・光学特性 ……… 40
　　3.2.2　等価回路 ……………… 41
　　3.2.3　駆動回路の特徴 ……… 41
　3.3　PM駆動方式 ………………… 41
　　3.3.1　PM駆動方法 …………… 41
　　3.3.2　有機EL素子の特長を考慮したPM駆動方法 ……… 42
　　3.3.3　陰極リセット ………… 42

I

3.3.4	大電流駆動 ……………………	43
3.4	AM駆動方式 …………………………	44
3.4.1	AM駆動方法 ……………………	44
3.4.2	有機EL素子の特長を考慮した	
	AM駆動方法 ……………………	45
3.4.3	電流指定方式 ……………………	45
3.5	おわりに ………………………………	47

第2章　高発光効率化技術

1　リン光EL素子の原理と発光機構 ……
　　　　　　　　河村祐一郎, 合志憲一, 安達千波矢 … 48
　1.1　Introduction ……………………………… 48
　1.2　Ir系リン光材料 …………………………… 49
　1.3　Ir(ppy)₃のPL機構(I)：低温における
　　　　Ir(ppy)₃の特異な発光特性 ………… 51
　1.4　PL絶対量子収率の測定と濃度依存性
　　　　……………………………………………… 52
　1.5　Ir(ppy)₃の三重項励起状態の閉じ込め
　　　　と散逸過程 ……………………………… 53
　1.6　高強度励起光下におけるIr(ppy)₃：
　　　　CBP共蒸着膜の光物性 ……………… 55
　1.7　Direct exciton 形成機構 ……………… 56
2　光取り出し効率 ………… 三上明義 … 58
　2.1　内部量子効率と外部量子効率 ……… 58
　　2.1.1　内部量子効率 …………………… 58
　　2.1.2　外部量子効率と光取り出し効率
　　　　……………………………………… 60
　2.2　発光特性と光学的効果 ……………… 62
　2.3　光学理論とシミュレーション解析技術
　　　　……………………………………………… 63
　2.4　光取り出し効率の向上技術 ………… 66

第3章　駆動回路技術

1　TFT技術性能比較 ……… 服部励治 … 71
　1.1　はじめに ………………………………… 71
　1.2　TFT寸法 ………………………………… 71
　1.3　輝度ムラと焼きつき ………………… 73
　1.4　駆動方法 ………………………………… 74
　1.5　ディスプレイ寿命 …………………… 75
　1.6　消費電力 ………………………………… 76
　　1.7　製造コスト …………………………… 77
　　1.8　おわりに ……………………………… 78
2　ポリシリコン薄膜トランジスタ駆動の有
　　機ELディスプレイ ……… 木村睦 … 80
　2.1　はじめに ………………………………… 80
　2.2　駆動方式の比較 ………………………… 80
　　2.2.1　基本要素 ………………………… 80
　　2.2.2　単純駆動法 ……………………… 81
　　2.2.3　ダイオード接続法 ……………… 81
　　2.2.4　電圧プログラム法 ……………… 82
　　2.2.5　電流プログラム法 ……………… 83
　　2.2.6　カレントミラー法 ……………… 83
　　2.2.7　面積階調法 ……………………… 84
　　2.2.8　時間階調法 ……………………… 84
　2.3　駆動方式の分類 ………………………… 85

2.4 新しい駆動方式の提案 ……………… 86
 2.5 有機ELディスプレイのシステムオン
     パネル ………………………………… 87
 2.6 おわりに ……………………………… 89
3 a-Si技術及びトップエミッション構造
   ………………………………辻村隆俊… 92
 3.1 TFTオン電流問題の克服 …………… 93
   3.1.1 TFTオン電流の設計上制約について ……………………………… 93
   3.1.2 トップエミッション構造による設計制約の緩和 ……………………… 94
   3.1.3 アモルファスシリコン形成手法によるモビリティー向上 ……………… 95
 3.2 TFT特性変動問題の克服 …………… 96
   3.2.1 TFT特性変動の設計上制約について …………………………… 96
   3.2.2 電流集中型TFT特性劣化の解明と解決 ……………………………… 96
   3.2.3 TFTの駆動最適化による特性劣化の最小化 ……………………… 97
   3.2.4 有機ELデバイス構造によるTFTストレスの最小化 ……………… 97
   3.2.5 画素補償回路によるTFT特性変動の吸収 ……………………… 98
 3.3 世界最大20インチ有機ELディスプレイの実現 …………………………… 99

第4章 プロセス技術

1 ホットウォール ……………柳 雄二… 101
 1.1 はじめに ……………………………… 101
 1.2 ホットウォール蒸着法の原理 ……… 101
 1.3 小型ホットウォール蒸着法 ………… 103
 1.4 大型ホットウォール蒸着法 ………… 105
 1.5 素子特性 ……………………………… 107
 1.6 おわりに ……………………………… 107
2 インクジェット … 佐藤竜一，吉森幸人，
   中 茂樹，柴田 幹，岡田裕之，女川博義，宮林 毅，井上豊和 …………… 110
 2.1 背景 …………………………………… 110
 2.2 IJP法による種々のデバイス作製 … 111
   2.2.1 高分子分散系デバイス－デバイスの基礎検討 ……………………… 114
   2.2.2 種々の高分子ホスト材料系での発光 ………………………………… 117
   2.2.3 IJP法による自己整合隔壁有機ELデバイス ……………………… 121
 2.3 結論と今後の展開 …………………… 126
3 スプレイ塗布 ……………越後忠洋，
   中 茂樹，岡田裕之，女川博義 ……… 129
 3.1 背景 …………………………………… 129
 3.2 スプレイ法による有機薄膜の作製 … 129
 3.3 均一成膜のためのシミュレーション … 131
 3.4 スプレイ膜の形成状態 ……………… 134
 3.5 デバイス特性 ………………………… 136
   3.5.1 RGB発光 ……………………… 136
   3.5.2 白色発光の試み ………………… 137
   3.5.3 デュアルスプレイ法の提案と特性 ……………………………… 138
   3.5.4 低分子化の試み ………………… 138
 3.6 結論と今後の課題 …………………… 139

4　Barix Multi-Layer barriers as thin film encapsulation of Organic Light Emitting Diodes ……　**R.J. Visser** …　141
4.1　Introduction …………………　141
4.2　Experimental details ……………　144
　4.2.1　Barix™ encapsulation ………　144
　4.2.2　Sample Description …………　145
　4.2.3　Sample Testing ………………　145
　4.2.4　Accelerated aging and Thermal Shock Testing ……………　146
4.3　Results and Discussion …………　147
　4.3.1　Building and testing of a robust barrier structure and process, results on Calcium test samples ………………　147
　4.3.2　Encapsulation of OLED bottom emission test samples ………　149
　4.3.3　Top Emission pixels …………　150
　4.3.4　Passive matrix displays ……　151
　4.3.5　Industrialisation ……………　151
　　　Conclusion ………………………　152

＜材料編（課題を克服する材料）＞

第5章　電荷輸送材料

1　正孔注入材料 ……………　**佐藤佳晴** …　157
　1.1　はじめに ……………………　157
　1.2　高分子正孔注入材料 …………　158
　1.3　高分子正孔注入層を用いた素子の発光特性 ………………………　159
　1.4　まとめと今後の材料開発 ………　162
2　正孔輸送材料 ……………　**榎田年男** …　164
　2.1　はじめに ……………………　164
　2.2　有機EL素子の動作原理 ………　164
　2.3　低分子正孔輸送材料 ……………　166
　2.4　おわりに ……………………　170
3　電子輸送材料 ……………　**内田　学** …　171
　3.1　はじめに ……………………　171
　3.2　電子輸送材料開発 ……………　171
　3.3　チッソ㈱の電子輸送材料 ………　172
　　3.3.1　シロール系電子輸送材料 …　172
　　3.3.2　最近の開発 …………………　172
　3.4　おわりに ……………………　176

第6章　発光材料

1　低分子発光材料の現状 …　**細川地潮** …　178
　1.1　はじめに ……………………　178
　1.2　低分子有機EL材料の到達点 ………　178
　1.3　出光での開発の現状 ……………　181
　　1.3.1　正孔材の改良 ………………　181
　　1.3.2　青色ホスト材料の改良 ………　182
　　1.3.3　フルカラー用純青材料 ………　183
　1.4　青色以外の発光材料の開発 ………　184

	1.4.1	緑色 …………………	184
	1.4.2	赤色 …………………	184
	1.4.3	橙色 …………………	185
	1.4.4	混合ホスト …………	185
	1.4.5	黄色 …………………	185
1.5	白色発光材料 …………………		186
1.6	おわりに ………………………		188

2 蛍光ドーパント
  ………… 皐月　真, 菅　貞治 … 190
　2.1　はじめに …………………………… 190
　2.2　ドーパントとしてのクマリン色素の開発
　　　………………………………………… 190
　　　2.2.1　緑色ドーパント ……………… 190
　　　2.2.2　赤色, 青色ドーパント ……… 194
　2.3　おわりに …………………………… 196
3 共役高分子材料 ………… 坂本正典 … 197
　3.1　はじめに …………………………… 197

　3.2　共役系発光材料 …………………… 198
　　　3.2.1　PPV系材料 ………………… 198
　　　3.2.2　PF系材料 …………………… 198
　　　3.2.3　Poly-Spiro系材料 …………… 198
　3.3　共役高分子有機ELの発光色 ……… 199
　3.4　共役高分子有機ELの寿命 ………… 199
　　　3.4.1　共役系高分子発光素子の寿命 … 199
　　　3.4.2　発光高分子の寿命の原因 …… 200
　　　3.4.3　発光高分子材料の長寿命化 … 201
　3.5　共役高分子有機EL素子の長寿命化
　　　………………………………………… 202
　　　3.5.1　共役高分子有機ELデバイスの寿命
　　　　　　原因 ………………………… 202
　　　3.5.2　界面の課題 ………………… 202
　　　3.5.3　ホール輸送材料(HTL)の課題… 203
　　　3.5.4　電極と電荷バランス ……… 203
　3.6　おわりに …………………………… 204

第7章　リン光用材料

1 リン光ドーパント
  ………………… 岡田伸二郎 … 206
　1.1　リン光性発光ドーパントの特徴 …… 206
　1.2　これまでに発表されたリン光ドーパント
　　　………………………………………… 208
　1.3　発光色の制御 ……………………… 208
　1.4　金属錯体の安定性 ………………… 210
　1.5　量子収率の設計 …………………… 212
　1.6　おわりに …………………………… 213
2 リン光ホスト材料 … 都築俊満, 時任静士
　　　………………………………………… 215
　2.1　はじめに …………………………… 215

　2.2　ホスト材料の役割と求められる特性
　　　………………………………………… 215
　2.3　赤～緑色リン光素子用の低分子ホスト
　　　材料 ………………………………… 217
　2.4　青色リン光素子用の低分子ホスト材料
　　　………………………………………… 219
　2.5　高分子ホスト材料 ………………… 222
　2.6　おわりに …………………………… 222
3 正孔阻止材料 ………… 佐藤佳晴 … 225
　3.1　リン光発光素子 …………………… 225
　3.2　正孔阻止層 ………………………… 225
　3.3　今後 ………………………………… 227

第8章　周辺材料

1　ダイニック㈱の水分ゲッター材「HGS (Humidity Getter Sheet)」
　　　　　　　　　　　内堀輝男 … 229
　1.1　はじめに …………………………… 229
　1.2　有機ELのダークスポットについて… 230
　1.3　ダイニックの水分ゲッター材HGS… 231
　　1.3.1　水分ゲッターの反応機構 ……… 231
　　1.3.2　水分ゲッターシートの構造 …… 232
　　1.3.3　水分ゲッターシートの吸湿特性
　　　　　………………………………… 232
　　1.3.4　シートの厚さ ………………… 234
　　1.3.5　水分以外の劣化成分の除去 … 235
　　1.3.6　酸素に対する特性 …………… 235
　　1.3.7　水分ゲッターの供給形態 …… 236
　1.4　今後の動向 ……………………… 237
2　有機EL用透明薄膜捕水剤"OleDry®"の開発……………………鶴岡誠久 … 239
　2.1　概要 ……………………………… 239
　2.2　まえがき ………………………… 239
　2.3　OleDry®とは？ ………………… 240
　2.4　OleDry®を使用することによる薄型パッケージの実現 ……………………… 240
　2.5　OleDry®の特性 ………………… 241
　　2.5.1　OleDry®の水分吸着能力 …… 241
　　2.5.2　OleDry®によるダークスポット抑制効果 …………………………… 241
　　2.5.3　OleDry®塗布量と保存寿命の改善効果 ………………………………… 241
　　2.5.4　OleDry®の電気的，光学的特性に及ぼす影響 ……………………… 242
　2.6　OleDry®の応用 ………………… 242
　2.7　まとめ …………………………… 243
3　封止材料 …………………堀江賢一 … 244
　3.1　はじめに ………………………… 244
　3.2　シール材に求められる特性 ……… 244
　3.3　紫外線硬化性樹脂とは ………… 245
　3.4　有機EL用シール剤 ……………… 247
　3.5　有機EL用シール剤の今後の課題 … 250
　3.6　固体封止について ……………… 251
　3.7　おわりに ………………………… 252
4　アルカリメタルディスペンサー～陰極材料としてのアルカリ金属蒸発源………
　　　　　　　　　　　前田千春 … 253
　4.1　はじめに ………………………… 253
　4.2　陰極材料としてのアルカリ金属 … 253
　4.3　バッファー層としてのアルカリ金属ドープ層とその効果 ……………… 254
　4.4　アルカリメタルディスペンサー（AMD）の特長 ………………………………… 255
　4.5　おわりに ………………………… 258

第9章　各社ディスプレイ技術

1　東芝モバイルディスプレイ㈱（旧東芝松下ディスプレイテクノロジー㈱）における有機ELディスプレイ技術
　　　　　　　　　　　羽成　淳 … 259
　1.1　はじめに ………………………… 259

- 1.2 低温ポリシリコン技術の活用 …… 259
- 1.3 低分子有機ELディスプレイの開発 ……………………………… 260
- 1.4 高分子有機ELディスプレイの開発 ……………………………… 261
- 1.5 有機ELディスプレイの駆動技術 … 262
- 1.6 有機ELディスプレイの開発例 …… 263
- 1.7 おわりに ……………………………… 264
- 2 日立における有機ELディスプレイ技術 ……………………… 秋元 肇 … 266
  - 2.1 はじめに ……………………………… 266
  - 2.2 有機ELディスプレイの駆動方式 … 266
  - 2.3 発光期間変調を実現する画素回路 ……………………………… 267
  - 2.4 ピーク輝度 …………………………… 269
- 2.5 おわりに ……………………………… 270
- 3 ロームにおける有機ELディスプレイ技術 ……………………… 高村 誠 …… 272
  - 3.1 はじめに ……………………………… 272
  - 3.2 ロームの有機ELディスプレイ …… 272
    - 3.2.1 CEATECジャパン2001, 2002出展品 ……………………………… 272
    - 3.2.2 CEATECジャパン2003出展品 … 274
  - 3.3 有機ELディスプレイの技術課題 … 275
    - 3.3.1 素子寿命 ……………………………… 275
    - 3.3.2 絶縁破壊（輝線）およびダークスポット（暗点） ………………………… 277
    - 3.3.3 技術的なコスト ……………………… 278
  - 3.4 まとめ ………………………………… 278

＜課題編（基礎，原理，解析）＞

< 第四篇 (基础、原理、译材) >

序章　有機EL技術の現状と課題

佐藤佳晴*

1　はじめに

　1987年にコダック社のTangらにより発表された有機EL素子は，低分子材料を真空蒸着法により薄膜・積層化して二層構造にしたものである[1]。その後の発光効率と駆動安定性の大幅な改善により，車載用エリアカラーパネルの本格的量産が始まるとともに，携帯電話用フルカラーパネルとして製品化も行われた。有機EL素子も10年の研究開発を経て，次世代の自発光デバイスとみなされるようになってきた。最近では，低温ポリシリコン技術と組み合わせたアクティブマトリックスパネルの試作，さらには，製品化の発表が相次いでいる。一方，1999年に発表されたリン光材料を用いた有機EL素子は，従来の蛍光材料を用いた素子の効率を大きく上回る性能を示している。リン光材料の登場により，高効率化に対して新たな展望が開けた一方，長寿命化に対する要求もさらに高まってきた。有機EL技術の進展はこれまでは非常に速かったが，今後のPCやTV応用を考えると，まだ数回のブレークスルーが必要とされる。

　本書においては，有機EL素子のかかえる課題を，材料，素子構造，駆動回路，プロセス技術の観点から現状を解析すると同時に，最近の技術動向について解説する。有機EL技術の最も重要な部分が材料開発であるという認識から，上記の課題を克服するための材料技術について，最新の技術成果を踏まえて紹介する。また，最後に，各社のディスプレイ技術の最先端を紹介する。

　この序章においては，有機EL技術の大きな課題である，高効率化と長寿命化についての現状について示す。

2　高効率化

　高効率化に関しては，大きく分けて2つのアプローチがこれまで行われてきた。一つは，内部量子効率を向上させることであり，蛍光材料を用いた有機EL素子では内部量子効率限界が20%であるのに対して，1999年に報告された室温でリン光性を示すイリジウム錯体を用いた素子の登場により，緑色に関しては，100%に近い内部量子効率が達成されている[2]。しかしながら，有

---

* Yoshiharu Sato　㈱三菱化学科学技術研究センター　光電材料研究所　副所長

有機EL材料技術

機EL素子の場合、発光体からの発光をガラス基板を通して取り出すために、光取り出し効率が20％となり、リン光材料を用いたとしても、外部量子効率の限界は20％にとどまることになる。

従って、光学的な検討により光取り出し効率を改善するのが、有機EL材料の開発とは異なるもう一つのアプローチとなる。取り出し効率に関しては、従来から、マイクロレンズを取り付けることが提案されていたが、新しい方法として、低屈折率層をガラス基板とITO電極層の間に挿入することが効率改善に有効なことが2000年に実証された[3]。シリカエアロゲルという低屈折材料を用いることで、原理的には取り出し効率が2倍程度まで改善できることが期待できる。

以上のように、高発光効率化のために様々な試みがなされているが、これまでは主として有機材料の改善により高効率化が達成されていると考えられる。各研究機関から発表されている効率データのなかで、代表的なものを図1に示す。図1には、効率の値として、量子効率をより反映した電流発光効率を、波長に対してプロットした。グラフには蛍光およびリン光材料を用いた素子のデータを示す。図中に蛍光発光に基づく外部量子効率限界値（5％）を示すが、青から緑色にかけては理論効率限界に近い値が報告されているのに対して、赤色領域では大きな改善余地が残されている。注目すべきは、リン光発光素子の効率の高さであり、緑色発光をみると外部量子効率19％／発光効率70 [lm/W]と、完全に従来の蛍光素子の量子効率限界を越えており、赤色に関しても蛍光材料を大きく上回る値が報告されている。今後は、青色リン光素子への発展が期待される。

各研究機関からの代表的な材料及び素子構成による発光効率を一覧にまとめたものを表1に示す。

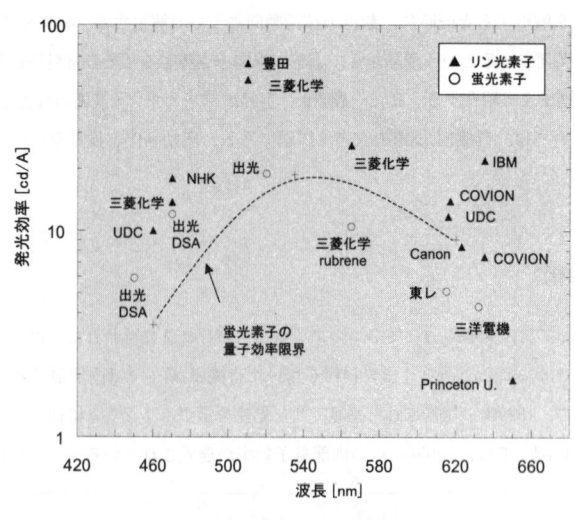

図1　有機EL素子の発光効率

序章　有機EL技術の現状と課題

表1　発光効率データ一覧＜低分子蛍光素子＞

研究機関	論文/学会	波長[nm]	測定輝度[cd/m²]	電流密度[mA/cm²]	電流効率[cd/A]	電力効率[lm/W]	素子構成（ITOは共通陽極）
コダック	Appl. Phys. Lett., **51**, 913 (1987)	550	50	5	-	1.5	芳香族ジアミン(TAPC)/Alq/MgAg
	Proc. EL 96, 195 (1996)	460	337	-	1.7	-	CuPc/α-NPD/BAlq:perylene/Alq/MgAg
	Appl. Phys. Lett., **70**, 1665 (1997)	544	518	-	2.6	-	CuPc/α-NPD/Alq/MgAg
	Appl. Phys. Lett., **70**, 1665 (1997)	540	1,332	-	6.6	-	CuPc/α-NPD/Alq:DMQA/Alq/MgAg
	Macromol. Symp., **125**, 49 (1997)	620	439	-	2.2	-	CuPc/α-NPD/Alq:DCJTB/Alq/MgAg
	Proc. SPIE, **5214**, 233 (2003)	白	-	20	16.9	-	CFx/NPB/黄EML/青EML/Alq/LiF/Al
出光興産	Synth. Metals, **91**, 3 (1997)	465	100	-	-	6.0	改良HTL/DPVBi:doped/Alq/MgAg?
	応物第45回講習会 (2001.3.9)	青緑	1,000	-	10.2	-	IDE406/HTL/IDE120:IDE102/Alq₃/LiF/Al
	応物第45回講習会 (2001.3.9)	純青	200	-	4.7	-	IDE406/HTL/IDE120:IDE105/Alq₃/LiF/Al
	応物第45回講習会 (2001.3.9)	黄	1,000	-	9.3	-	IDE406/HTL/IDE120:IDE103/Alq₃/LiF/Al
	応物第45回講習会 (2001.3.9)	赤橙	300	-	2.7	-	IDE406/HTL/IDE120:IDE106/Alq₃/LiF/Al
	日経BP第45回セミナー (2002.4.10)	白	400	-	9.9	-	IDE406/HTL/IDE120:IDE103&105/Alq₃/LiF/Al
	日経BP第45回セミナー (2002.4.10)	赤	500	-	3.5	-	IDE406/HTL/Alq:P1/LiF/Al
	日経BP第45回セミナー (2002.4.10)	橙	1,000	-	11	-	IDE406/HTL/IDE120::P1/Alq₃/LiF/Al
	FPD International セミナー (2003.10.29)	白	1,000	-	11.4	-	IDE406/HTL/NewHost::P1&IDE102/Alq₃/LiF/Al
	FPD International セミナー (2003.10.29)	青	590	10	5.9	-	
	FPD International セミナー (2003.10.29)	青緑	1,200	10	12	-	
	FPD International セミナー (2003.10.29)	白	1,200	10	12	-	
	FPD International セミナー (2003.10.29)	黄	1,100	10	11	-	
	FPD International セミナー (2003.10.29)	橙	1,300	10	13	-	
	FPD International セミナー (2003.10.29)	緑	1,900	10	19	-	
パイオニア	Proc. EL 96, 385 (1996)	緑	160	1	16	12	CuPc/α-NPD/Alq:QA/Alq/AlLi
	Synth. Metals, **111-112**, 1 (2000)	460	300	-	3.9	-	
	Synth. Metals, **111-112**, 1 (2000)	520	300	-	16.1	-	
	Synth. Metals, **111-112**, 1 (2000)	625	300	-	2.6	-	
三洋電機	Proc. EL 96, 249 (1996)	567	1,020	10	10.2	14.4	MTDATA/TPD:rubrene/BeBq/MgIn
	Proc. SPIE, **5214**, 31 (2003)	660	-	20	4.3	1.9	CFx/NPB/Alq₃:DCJTB:rubrene/Alq₃/LiF/Al
	ファインテックジャパンセミナー (2003.7)	白	-	-	15	-	
三菱化学	LCD/PDP International セミナー (2001)	565	100	-	10.5	8.8	高分子HIL/α-NPD/Alq:rubrene/Alq₃/LiF/Al
東レ	電子ジャーナル講演会 (2002.7)	615	200	-	5.1	-	半値幅43nm
東洋インキ	電子ジャーナル講演会 (2002.7)	640	-	17	6.5	-	α-NPD/赤色発光層/TYE704/MgAg
国立交通大	IDW'02	赤	890	20	4.4	2.1	CF/NPB/rubrene:Alq₃:DCJTB/Alq₃/LiF/Al

5

有機ＥＬ材料技術

研究機関	論文/学会	波長[nm]	測定輝度[cd/m²]	電流密度[mA/cm²]	電流効率[cd/A]	電力効率[lm/W]	素子構成（ITOは共通陽極）
TDK	電子ジャーナル講演会 (1999.6)	白	1,000	-	-	4	PT/TPDderiv/DPA:doped/DPA:Almq:doped/IDE-102/AlLi
	プレスジャーナル講演会 (2003.6)	白	7,500	100	-	-	
山形大学	Appl. Phys. Lett., 73, 2721 (1998)		140,000	-	24	7.5	CuPc/α-NPD/Almq$_3$:coumarin6/Almq/LiF/Al
アイメス	FPD International セミナー (2003.10.29)	緑		1-5	50		3段マルチフォトン素子（C545Tドープ）

表1（つづき）. 発光効率データ一覧 <低分子リン光素子>

研究機関	論文/学会	波長[nm]	測定輝度[cd/m²]	電流密度[mA/cm²]	電流効率[cd/A]	電力効率[lm/W]	素子構成（ITOは共通陽極）
Princeton	Appl. Phys. Lett., 76, 2493 (1999)	650	45	9	0.5	-	CuPc/α-NPD/CBP:PtOEP/Alq/MgAg
	Appl. Phys. Lett., 75, 4 (1999)	510	100	-	26	19	PEDOT/α-NPD/CBP:FIrpic/CBP:BTPIr/CBP:BTIr/BCP/LiF/Al
	Adv. Mater., 14, 147 (2002)	白			11	6.4	
	Adv. Mater., 14, 1633 (2002)	510	200	1		29	m-MTDATA:F.TCNQ/Ir(ppz)$_2$/CBP:Ir(ppy)$_3$/Bphen/Bphen:Li/LiF/Al
	Appl. Phys. Lett., 82, 2422 (2003)	青緑	-	0.03	-	8.9	CuPc/α-NPD/mCP:FIrpic/BAlq/LiF/Al
UDC	電子ジャーナル講演会 (2001.6.28)	510	500	1	50	-	
	電子ジャーナル講演会 (2001.6.28)	617	68	1	6.8	-	CuPc/α-NPD/CBP:PQIr(acac)/BAlq/LiF/Al
	Appl. Phys. Lett., 81, 162 (2002)	橙	600	-	17.6	-	
	IDW'02	474	-	1	11	-	
	IDW'03	620	-	1	11	-	
	Proc. SPIE, 5214, 114 (2003)	青緑	100	-	28	-	PEDOT/α-NPD/CBP:BD30/CBP:RD61/CBP:GD33/BCP/LiF/Al
	IDW'03	白	100	-	20	-	GD33
三菱化学	MRS Fall Meeting (2000)	535	400	-	18.5	6.8	CuPc/α-NPD/CBP(ppy)$_3$:DMQA/SAlq/Alq$_3$/LiF/Al
	MRS Fall Meeting (2000)	584	78	-	10.6	6.7	CuPc/α-NPD/CBP:Ir(ppy)$_3$:Pt(thpy)$_2$/SAlq/Alq$_3$/LiF/Al
COVION	IDW'03	450	100	-	3.0	-	PEDOT/TNATA/S-TAD/CBP:TEB2/CBP:TEB5/HBL/Alq$_3$
	IDW'03	620	100	-	14.0	-	PEDOT/TNATA/S-TAD/CBP:TER5/HBL/Alq$_3$
山形大学	2004年春応物学会, 30p-ZN-8	青緑	100	-	12.3	-	MCC-PB162/DTASI/CzTT:Ir(ppy)$_3$/BCP/Alq$_3$/LiF/Al
九州大学バイオニーテ	Jpn. J. Appl. Phys., 38, L1502 (1999)	510	105	0.215	-	38.3	α-NPD/CBP:Ir(ppy)$_3$/BCP/Alq$_3$/LiO/Al
豊田中研	Appl. Phys. Lett., 79, 2156 (2001)	510	400	0.55	73	65	α-NPD/TCTA:Ir(ppy)$_3$/CF-X/Alq/LiF/Al
NHK	Appl. Phys. Lett., 83, 569 (2003)	472	-	0.1	20.4	10.5	PEDOT/α-NPD/CDBP:FIrpic/BAlq/LiF/Al
	Appl. Phys. Lett., 83, 2459 (2003)	白	100	-	15	-	PEDOT/α-NPD/CDBP:(CF$_3$ppy)Ir(pic)/BAlq/CDBP:BTPIr/BAlq/LiF/Al

研究機関	論文/学会	波長[nm]	測定輝度[cd/m²]	電流密度[mA/cm²]	電流効率[cd/A]	電力効率[lm/W]	素子構成 (ITOは共通陽極)
Opsys	IDW02	510	1,000	-	58	42	TCTA: Ir(ppy)$_3$-dendrimer/TPBI/LiF/Al
キヤノン	SID'02	赤	300	-	8.3	-	α-NPD/CBP:Ir錯体/BCP/Alq$_3$/Ca/Mg/ZnSe
IBM	SPIE03	-	-	-	22	-	CuPc/S-TAD/CBP:TEB2/HBL/Alq$_3$
三洋電機	Proc. *SPIE*, 5214, 31 (2003)	赤	2,740	20	13.7	6.2	CFx/NPB/CBP:Ir complexes/BAlq/Alq$_3$/LiF/Al

表1（つづき）．発光効率データ一覧＜高分子素子（蛍光及びリン光）＞

研究機関	論文/学会	波長[nm]	測定輝度[cd/m²]	電流密度[mA/cm²]	電流効率[cd/A]	電力効率[lm/W]	素子構成 (ITOは共通陽極)
Philips	Proc. *SPIE*, 4800, 1 (2002)	453	-	-	3.4	-	PEDOT/蛍光高分子/Ba/Al
Philips	Proc. *SPIE*, 4800, 1 (2002)	470	-	-	5.7	-	PEDOT/蛍光高分子/Ba/Al
Philips	Proc. *SPIE*, 4800, 1 (2002)	531	-	-	12.7	-	PEDOT/蛍光高分子/Ba/Al
Philips	Proc. *SPIE*, 4800, 1 (2002)	580	-	-	9.3	-	PEDOT/蛍光高分子/Ba/Al
Philips	Proc. *SPIE*, 4800, 1 (2002)	624	-	-	4.1	-	PEDOT/蛍光高分子/Ba/Al
住友化学	*Synth. Metals*, 85, 1281 (1997)	530	-	-	-	7	交互共重合PPV/Alq/MgAg
CDT	*Information Display*, 48.5, 14 (2003)	赤	100	-	-	2.3	-
CDT	*Information Display*, 48.5, 14 (2003)	緑	100	-	-	15	-
CDT	*Information Display*, 48.5, 14 (2003)	青	100	-	-	2.5	-
CDT	*Information Display*, 48.5, 14 (2003)	黄	100	-	-	18	-
CDT	*Information Display*, 48.5, 14 (2003)	白	100	-	-	1.5	-
CDT	ファインテックジャパンセミナー (2003.7)	黄	400	-	13.5	14	PEDOT/PPV-SY/Ca/Al
CDT	ファインテックジャパンセミナー (2003.7)	青	200	-	3.2	-	PEDOT/Poly-Spiro/Ca/Al
CDT	ファインテックジャパンセミナー (2003.7)	青	1,000	-	7.2	4.6	PEDOT/DowLUMATION(BP79)/Ca/Al
NHK	ファインテックジャパンセミナー (2003.7)	緑	-	0.4	40.3	-	PEDOT/GPP(リン光)/BAlq/Ca/Al
NHK	ファインテックジャパンセミナー (2003.7)	赤	-	0.1	5.5	-	PEDOT/RPP(リン光)/BAlq/Ca/Al
NHK	ファインテックジャパンセミナー (2003.7)	青緑	-	0.2	14.5	-	PEDOT/BPP(リン光)/BAlq/Ca/Al

3 長寿命化

　効率とともに重要なのが駆動安定性，即ち，寿命である。有機EL素子の最大の課題は，素子の寿命にあると言っても過言ではない。長寿命化については，材料，素子構造，駆動方法，プロセス技術の各側面から検討が行われてきた。代表的な項目を表2に示す。これらの各アプローチについては，以下の章において述べられる。

　各研究機関から報告されている代表的な寿命データをまとめたものを図2に示す。グラフ中の研究機関名に附記したのは発光色を表す。

　図2において蛍光素子が比較的高い安定性を示し，初期輝度300cd/m^2で半減寿命が10,000時間以上というディスプレイの最低要求条件を満足していると言える。ただし，実際のパネルにおいては，開口率，偏光フィルム，単純マトリクス駆動等による輝度損失の要因が重なってくることと，長寿命化要求も焼き付き現象抑制のためにさらに高まってきているため，初期輝度1,000cd/m^2で半減寿命が100,000時間以上というのが今後の目標である。

　図2の直線部分に示した，長寿命化されつつある蛍光素子の特性は上記の目標に近づきつつあると言える。これは，材料開発の進展とともに，素子構造を検討することによる材料の使いこなし技術が進歩してきたことによると考えられる。一般に，初期輝度と半減寿命時間は半比例に近い関係にあるとされているので，ディスプレイ要求の領域は，照明応用の領域に対応する関係にあるとみることができる。このことは，ディスプレイ技術を展開していく上で，図2に示したアイメス社のマルチフォトン素子構造による高輝度化（高光束化）技術がさらに加わることで照明応用への展開も期待できると言える。

　高効率化は素子への電流負荷を低減できるという点において，長寿命化にも大いに貢献できる

表2　長寿命化の検討

アプローチ	これまでの検討	最新動向
材料	高分子正孔注入材料 高Tg材料 高効率蛍光ドーパント 青色発光ホスト材料	リン光材料 電子輸送材料 両極性材料
素子構造	正孔注入層 ドーピング 混合発光層 陰極界面層	トップエミッション マルチフォトン素子 取り出し効率 混合発光層
駆動方法	パルス駆動 逆バイアス印加 TFT駆動	光帰還型TFT
プロセス技術	ITO表面処理 封止技術	膜封止

序章　有機EL技術の現状と課題

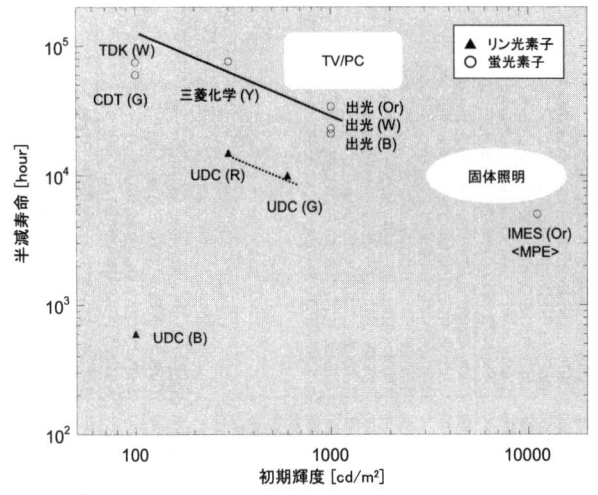

図2　有機EL素子の駆動寿命

と考えられるので，リン光素子の開発は極めて重要である。しかしながら，蛍光素子と比較すると，図2のリン光素子（UDC社のデータ）の寿命はまだ劣っており，特に，青色に関しては極めて短い寿命にとどまっている。リン光素子に関しては，リン光ドーパント以外に，ホスト材料，正孔阻止材料といった周辺材料の開発も必要であるため，今後の長寿命化が待たれる。

表3に各研究機関からの代表的な駆動寿命のデータを一覧としてまとめた。

4　今後の展望

材料開発が今後も重要なことは当然であるが，もう一段の特性向上のためには，さらに発光機構及び劣化機構をより深く掘り下げる必要がある。このためには，材料の物性を正確に評価することが大変大事であると考えている。本章では主として，高効率化と長寿命化の観点から述べたが，駆動回路技術の検討も実際のディスプレイパネルの高性能化のためには極めて重要であり，単純マトリクス駆動からアクティブマトリクス駆動への進展，低温ポリシリコンとアモルファスシリコンの比較，トップエミッション技術の発展といった，今後の重要課題が駆動回路技術には含まれる。また，有機EL素子作製プロセスも，今後の量産技術，低コスト化，材料の選定に大いに関わってくるので，将来を見据えたプロセス技術の開発が重みを増してくると考えられる。

有機ＥＬ材料技術

表3　駆動寿命データー覧 ＜低分子蛍光素子＞

研究機関	論文/学会	波長 [nm]	初期輝度 [cd/m²]	電流密度 [mA/cm²]	電圧 [V]	温度 [℃]	半減時間 [hour]	層構成（ITOは共通陽極）
コダック	Appl. Phys. Lett., **51**, 913 (1987)	550	50	5	-	r.t.	100	cyclohexane-diamine/Alq₃/MgAg
	Proc. EL 96, 195 (1996)	460	337	20(AC)	-	r.t.	1,100	CuPc/α-NPD/BAlq:perylene/Alq₃/MgMg
	Appl. Phys. Lett., **70**, 1665 (1997)	544	518	20(AC)	-	r.t.	4,200	CuPc/α-NPD/Alq₃/MgAg
	Appl. Phys. Lett., **70**, 1665 (1997)	540	1,332	20(AC)	-	r.t.	7,500	CuPc/α-NPD/Alq₃:DMQA/Alq₃/MgAg
	Macromol. Symp., **125**, 49 (1997)	620	439	20(AC)	-	r.t.	5,000	CuPc/α-NPD/Alq₃:DCJTB/Alq₃/MgAg
	Proc. SPIE, **5214**, 233 (2003)	白	2,200	11	-	r.t.	10,000	CFx/NPB/黄EML/青EML/Alq₃/LiF/Al
出光興産	Synth. Metals, **91**, 3 (1997)	465	100	-	-	r.t.	20,000	CuPc/改良HTL/DPVBi:doped/Alq₃/MgAg?
	応物第9回講習会 (2001.3.9)	青緑	1,000	-	-	r.t.	4,500	IDE406/HTL/IDE120:IDE102/Alq₃/LiF/Al
	応物第9回講習会 (2001.3.9)	純青	200	-	-	r.t.	10,000	IDE406/HTL/IDE120:IDE105/Alq₃/LiF/Al
	応物第9回講習会 (2001.3.9)	黄	1,000	-	-	r.t.	>10,000	IDE406/HTL/IDE120:IDE103/Alq₃/LiF/Al
	応物第9回講習会 (2001.3.9)	赤橙	300	-	-	r.t.	10,000	IDE406/HTL/Alq₃:IDE106/Alq₃/LiF/Al
	応物第9回講習会 (2001.3.9)	赤	400	-	-	r.t.	10,000	IDE406/HTL/IDE120:IDE103&105/Alq₃/LiF/Al
	日経BP第45回セミナー (2002.4.10)	橙	500	-	-	r.t.	>10,000	IDE406/HTL/Alq₃:P1/Alq₃/LiF/Al
	日経BP第45回セミナー (2002.4.10)	白	1,000	-	-	r.t.	16,000	IDE406/HTL/IDE120:P1/Alq₃/LiF/Al
	日経BP第45回セミナー (2002.4.10)	青	1,000	-	-	r.t.	10,000	IDE406/HTL/NewHost:P1&IDE102/Alq₃/LiF/Al
	FPD International セミナー (2003.10.29)	青緑	1,000	-	-	r.t.	7,000	
	FPD International セミナー (2003.10.29)	白	1,000	-	-	r.t.	21,000	
	FPD International セミナー (2003.10.29)	黄	1,000	-	-	r.t.	23,000	
	FPD International セミナー (2003.10.29)	橙	1,000	-	-	r.t.	32,000	
	FPD International セミナー (2003.10.29)	緑	1,000	-	-	r.t.	34,000	
	FPD International セミナー (2003.10.29)	緑	1,000	-	-	r.t.	26,000	
パイオニア	Proc. EL 96, 385 (1996)	緑	300	2	-	r.t.	20,000	CuPc/α-NPD/Alq₃:QA/Alq₃/AlLi
	ディスプレイ＆イメージング, **5**, 273(1997)	緑	100	1/64duty	-	60	4,000	CuPc/α-NPD/Alq₃:QA/Alq₃/AlLi
住友電工	1999年春応物学会 (29a-ZD-20)	緑	300	5	5.2	80	1,200	CuPc/NTPA/Alq₃:DMQA/LiF/Al
	1999年春応物学会 (29a-ZD-20)	緑	300	5	-	115	400	CuPc/NTPA/Alq₃:DMQA/LiF/Al
三洋電機	Proc. EL 96, 249 (1996)	567	1,020	10	-	r.t.	680	MTDATA/TPD:rubrene/BeBq/MgIn
	ACS 97 Spring, 376 (1997.4)	562	112	1	-	r.t.	16,500	MTDATA/TPD:rubrene/BeBq/MgIn
三菱化学	Proc. EL 96, 255 (1996)	565	530	15	-	r.t.	3,000	CuPc/α-NPD/Alq₃:rubrene/MgAg
	Proc. EL 96, 255 (1996)	565	1,435	90	-	r.t.	300	CuPc/α-NPD/Alq₃:rubrene/MgAg
	ICEL-4 (2003)	565	1,000	20	-	r.t.	28,000	高分子HIL/HTL/Alq₃:rubrene/Alq₃/LiF/Al
東レ	電子ジャーナル講演会 (2002.7)	615	200	-	-	r.t.	27,000	
九州松下	Synth. Metals, **91**, 73 (1997)	510	500	-	-	r.t.	4,000	a-C/TPD/Alq₃/AlLi

序章　有機EL技術の現状と課題

表3（つづき）．駆動寿命データ一覧＜低分子リン光素子＞

	論文／学会	波長[nm]	初期輝度[cd/m²]	電流密度[mA/cm²]	電圧[V]	温度[℃]	半減時間[hour]	層構成（ITOは共通陽極）
TDK	Synth.Metals, **91**, 21 (1997)	2色	5,400	50	-	r.t.	1,000	PT/TPD/TPD:rubrene/Alq:coumarin/MgAg/Al
	Synth.Metals, **91**, 21 (1997)	2色	300	3	-	r.t.	50,000	PT/TPD/TPD:rubrene/Alq:coumarin/MgAg/Al
	電子ジャーナル講演会 (1999.6)	白	7,500	100	-	r.t.	650	PT/TPDderiv/DPA:doped/DPA(IDE-102)/AlLi
	プレスジャーナル講演会 (2003.6)	白	100	1/64 duty	-	85	7,500	
アイメス	FPD International セミナー (2003.10.29)	橙	11,100	17.5	-	r.t.	5,000	マルチフォトン素子 (MPE)
IBM	Synth.Metals, **91**, 181 (1997)	515	100	7	-	r.t.	10,000	CuPc/α-NPD/Alq/MgAg
	Synth.Metals, **91**, 181 (1997)	565	6,000	100	-	r.t.	50	CuPc/α-NPD/Alq:rubrene/MgAg
NRL	Appl. Phys. Lett., **75**, 3252 (1999)	緑	800	10	-	r.t.	3,200	1-TNATA/NPB/Alq3:DEQ/Alq/MgAg
	Appl. Phys. Lett., **75**, 3252 (1999)	緑	800	10	-	80	200	1-TNATA/NPB/Alq3:DEQ/Alq/MgAg
Motorola	Appl. Phys. Lett., **75**, 172 (1999)	緑	100	換算値	-	r.t.	70,000	CuPc/NPB/Alq3:DMQA/NPB/Alq3:LiF/Al
	Appl. Phys. Lett., **76**, 958 (2000)	緑	100	換算値	-	r.t.	92,500	CuPc/NPB/Alq3:DMQA/NPB/Alq3:LiF/Al
Xerox	Thin Solid Films, **363**, 6 (2000)	緑	1,070	-	-	r.t.	2,620	NPB:rubrene/Alq3:DMQA/MgAg
	Proc. SPIE, **4800**, 87 (2002)	緑	1,724	-	-	22	4,560	NPB/Alq+HTM:DMQA/Alq/MgAg
	Proc. SPIE, **4800**, 87 (2002)	緑	1,800	-	-	70	1,040	NPB/Alq+HTM:DMQA/Alq/MgAg
	Proc. SPIE, **4800**, 87 (2002)	緑	1,710	-	-	100	505	NPB/Alq+HTM:DMQA/Alq/MgAg

研究機関	論文／学会	波長[nm]	初期輝度[cd/m²]	電流密度[mA/cm²]	電圧[V]	温度[℃]	半減時間[hour]	層構成（ITOは共通陽極）
Princeton	Appl. Phys. Lett., **76**, 2493 (1999)	650	45	9 (pulse)	-	r.t.	>10⁷	CuPc/α-NPD/CBP:PtOEP/Alq/MgAg
UDC	電子ジャーナル講演会 (2001.6.28)	510	600	-	-	r.t.	10,000	CuPc/α-NPD/CBP/CBP:Ir(ppy)₃/HBL/Alq/LiF/Al
	電子ジャーナル講演会 (2001.6.28)	617	300	-	-	r.t.	5,000	
	IDW02	510	600	-	-	r.t.	10,000	CuPc/α-NPD/CBP/CBP:Ir錯体/HBL/Alq/LiF/Al
	IDW02	620	300	-	-	r.t.	15,000	CuPc/α-NPD/CBP/CBP:Ir錯体/HBL/Alq/LiF/Al
	IDW02	474	100	-	-	r.t.	600	CuPc/α-NPD/CBP/CBP:Ir錯体/HBL/Alq/LiF/Al
	Proc. SPIE, **5214**, 114 (2003)	緑	600	-	-	r.t.	20,000	GD33
	FPD International セミナー (2003.10.29)	緑	600	-	-	70	2,000	
九大 バイオニア	Jpn. J. Appl. Phys., **38**, L1502 (1999)	510	500	-	-	r.t.	170	α-NPD/CBP:Ir(ppy)₃/BCP/Alq/Li₂O/Al
		510	1,500	-	-	r.t.	70	
パイオニア	Proc. SPIE, **4105**, 175 (2000)	510	573	2.5	8.4	r.t.	8,000	CuPc/(NPD)/CBP:Ir(ppy)₃/BAlq/Alq/LiO/Al
三菱化学	ICEL-4 (2003)	510	500	2	7.6	r.t.	4,400	高分子HIL/PPD/CBP:Ir(ppy)₃/SAlq/Alq/LiF/Al
	ICEL-4 (2003)	510	1,000	5	7.6	r.t.	1,964	高分子HIL/PPD/CBP:Ir(ppy)₃/SAlq/Alq/LiF/Al
	ICEL-4 (2003)	510	5,000	28	3	70	168	高分子HIL/PPD/CBP:Ir(ppy)₃/SAlq/Alq/LiF/Al
COVION	ICEL-4 (2003)	510	400	-	-	r.t.	16,000	PEDOT/TNATA/S-TAD/TMM:Ir(ppy)₃/HBL/Alq3
	ICEL-4 (2003)	510	800	-	-	r.t.	4,000	PEDOT/TNATA/S-TAD/TMM:Irtpph/HBL/Alq3
	ICEL-4 (2003)	635	800	10	-	r.t.	90%@1,600	PEDOT/TNATA/S-TAD/TMM:TER4/HBL/Alq3

表3（つづき）．駆動寿命データ一覧＜高分子素子＞

研究機関	論文／学会	波長 [nm]	初期輝度 [cd/m²]	電流密度 [mA/cm²]	電圧 [V]	温度 [℃]	半減時間 [hour]	層構成（ITOは共通陽極）
Opsys	FPD International セミナー (2003.10.29)	510	100	-	-	r.t.	7,000	Host:Ir錯体dendrimer/HBL/LiF/Al
三洋電機	Proc. SPIE, 5214, 31 (2003)	黄	1,500	-	-	r.t.	6,500	-
Philips	Synth. Metals, 91, 109 (1997)	590	100	5	-	r.t.	5,000	PEDOT/PPV/Ca
	Synth. Metals, 91, 109 (1997)	590	1,500	60	-	r.t.	1,100	PEDOT/PPV/Ca
	Synth. Metals, 91, 109 (1997)	590	8,000	400	-	r.t.	15	PEDOT/PPV共重合体/Ca
	Optical Materials, 12, 183 (1999)	590	100	-	-	70	400	PEDOT/蛍光高分子/Ba/Al
	Proc. SPIE, 4800, 1 (2002)	赤	150	8.7	-	r.t.	9,000	PEDOT/蛍光高分子/Ba/Al
	Proc. SPIE, 4800, 1 (2002)	緑	250	-	-	r.t.	5,000	PEDOT/蛍光高分子/Ba/Al
	Proc. SPIE, 4800, 1 (2002)	黄	250	-	-	80	200	PEDOT/蛍光高分子(SY)/Ba/Al
	Proc. SPIE, 4800, 1 (2002)	黄	250	-	-	r.t.	40,000	PEDOT/蛍光高分子(SY)/Ba/Al
	Proc. SPIE, 4800, 1 (2002)	黄	250	-	-	80	180	PEDOT/蛍光高分子(SY)/Ba/Al
	Proc. SPIE, 5214, 40 (2003)	青	144	6.3	-	r.t.	436	PEDOT/蛍光高分子/Ba/Al
住友化学	Synth. Metals, 85, 1281 (1997)	530	100	-	-	r.t.	1,700	交互共重合PPV/Alq₃/MgAg
CDT	Information Display, 48,5, 14 (2003)	赤	100	-	2.4	r.t.	>40,000	
	Information Display, 48,5, 14 (2003)	緑	100	-	2.7	r.t.	>25,000	
	Information Display, 48,5, 14 (2003)	青	100	-	3.5	r.t.	>5,000	
	Information Display, 48,5, 14 (2003)	黄	100	-	3	r.t.	40,000	
	Information Display, 48,5, 14 (2003)	白	100	-	4.3	r.t.	>10,000	
	ファインテックジャパンセミナー (2003.7)	黄	250	-	-	r.t.	>30,000	PEDOT/PPV-SY/Ca/Al
	ファインテックジャパンセミナー (2003.7)	青	100	-	-	r.t.	13,000	PEDOT/EBL/SCB/LiF/Ca/Al
	ファインテックジャパンセミナー (2003.7)	赤	100	-	-	r.t.	60,000	PEDOT/EBL/SCR2/LiF/Ca/Al
	ファインテックジャパンセミナー (2003.7)	緑	100	-	-	r.t.	60,000	PEDOT/EBL/DOW K2/LiF/Ca/Al
	月刊ディスプレイ9月号 (2003)	青	400	-	-	r.t.	1,000	PEDOT/SCB/LiF/Ca/Al；輝度加速乗数=1.82
UNIAX	J. Appl. Phys., 85, 2441 (1999)	橙	100	8.3	-	85	150	PANI/PPV(OC₁C₁₀)/Ca/Al

序章　有機EL技術の現状と課題

文　　献

1) C. W. Tang and S. A. Van Slyke, *Appl. Phys. Lett.*, **51**, 913 (1987)
2) M. A. Baldo, S. Lamansky, P. E. Burrows, M. E. Thompson and S. R. Forrest, *Appl. Phys. Lett.*, **75**, 4 (1999)
3) T. Tsutsui, M. Yahiro, H. Yokogawa, K. Kawano and M. Yokoyama, *Adv. Mater.*, **13**, 1149 (2001)

第1章　長寿命化技術

1　材料からのアプローチ

佐藤佳晴*

1.1　劣化原因

　有機EL素子の劣化は，①輝度の低下（初期及び長期），②定電流駆動時の電圧上昇，③非発光部（ダークスポット）の成長，④絶縁破壊（短絡）という現象として現れる。さらには，これらの劣化現象が温度とともに加速されることにある。以上の現象は，ディスプレイへの応用において，解決しなければならない課題である。図1に低分子積層型の基本素子構造と，考えられる劣化原因を示す。

　これまでに，上記の劣化現象を引き起こす原因として，以下のことが考えられてきた。

　非晶質有機膜の凝集・結晶化[1]，有機層間の相互拡散[2,3]，有機材料の電気化学的分解[4]，有機層と電極間のコンタクト不良[4,5]，ITOによる有機層の酸化[6]，陽極界面でのエネルギー障壁[7]，ITO表面の汚れ・異物[8]，封止及び保護膜の重要性[9]，陰極の有機層への拡散消光[10]。

　以上の劣化原因の多くは，低分子と高分子とで共通であると考えられる。

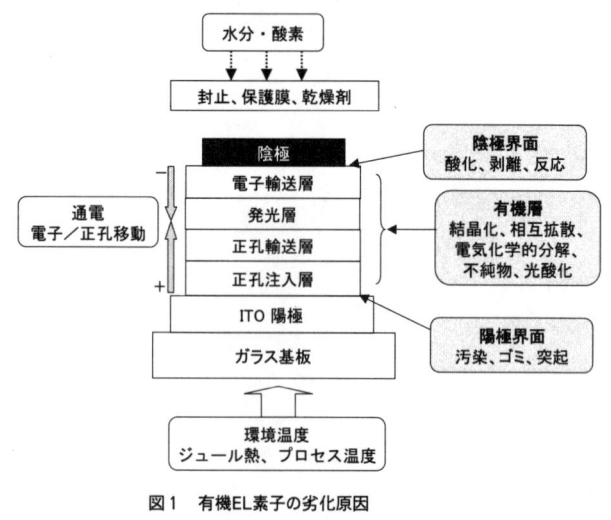

図1　有機EL素子の劣化原因

---

*　Yoshiharu Sato　㈱三菱化学科学技術研究センター　光電材料研究所　副所長

第1章　長寿命化技術

表1　素子の劣化原因：内的要因

分　類	有機材料	界　面
物理的劣化	膜の形状変化（凝集・結晶化）	電極コンタクト不良 有機材料の相互拡散
化学的劣化	酸化・還元に対する安定性 励起状態（光化学的）安定性	電極との反応

　図1に示した劣化原因は，外的要因と内的要因の二種類に大きく分類される。外的要因としては，環境からの水分や酸素が上げられるが，これに対しては封止技術の進歩により実用可能なレベルまでに改善された。もう一つの環境因子として温度が挙げられるが，これに関しては，有機材料それ自身の耐熱性（例えば，ガラス転移温度）の影響が大きいので，外的な条件ではあるが，有機材料の問題ということもできる。現在直面しておりかつ今後の長寿命化のために重要なのは，有機材料に関わる内的要因である。これらは，物理的なものと化学的なもの，バルク現象と界面現象が絡むものとに大別される（表1参照）。

　有機材料の安定性については，ドーピング効果，電極界面の観点から次節で考察する。

1.2　有機材料の改善
1.2.1　ガラス転移温度

　有機薄膜の形状安定性は，特に低分子系材料を用いた素子において，研究初期から大きな問題であった。これに対しては，適切な分子設計により均一で安定な非晶質膜を形成し，高いガラス転移温度（Tg）を有する材料が開発されてきた。この分子設計の代表例が，スターバースト型化合物である。もう一方のアプローチは高分子化である。

　薄膜形状の安定性は，主として素子の耐熱特性に影響を与える。有機層間，例えば，正孔輸送層と発光層間で分子の相互拡散が起こると，電流－電圧特性が高電圧側にシフトすることが知られている。正孔輸送材料として研究初期に用いられたTPDはガラス転移温度（Tg）が63℃と低く，耐熱性に問題があったが，α-NPD（Tg＝96℃）の登場により耐熱性が改善され，実用化へ大きく前進できた。このことからも特に正孔輸送材料については，高Tg化が重要なポイントである。

　高Tgを有し，かつ，安定な非晶質構造を与える正孔輸送材料に関しては，π電子の数を増やす，剛直分子を導入する等の分子設計が考えられるが[11]，スターバースト化[12]，スピロ化[13]，トリフェニルアミン単位のオリゴマー化が効果的な手法である。素子の耐熱性は，基本的に，材料のTgに支配されると考えられる。適切な高Tg材料を適切な素子構造で用いれば，高温駆動にも十分耐えうる素子が作製可能なことが期待される[14,15]。

1.2.2 電気化学的安定性

電気化学的な劣化，即ち，通電により素子を構成する有機材料が化学的に変化（分解）することは，初期の正孔輸送材料（ヒドラゾン化合物）で観測された[4]。正孔輸送層に芳香族ジアミン（例えば，α-NPD）を，発光層にAlq$_3$を用いることで明らかな電気化学的劣化はみられなくなったが，多くの駆動寿命測定において，長期の輝度低下は駆動時間に逆比例することから，何らかの通電電荷に依存する劣化過程があると推測される。Alq$_3$は電子輸送層に用いられているが，溶液でのサイクリックボルタンメトリイにおいて，還元サイクルが不安定なことが報告されていることから[16]，固体状態においてもこの不安定性が存在する可能性がある。Alq$_3$については，ゼロックスのグループにより，正孔電流により蛍光性が失われていくという報告がされている[17]。

1.3 有機EL材料の使いこなし技術

1.3.1 ドーピング

長寿命化の一つのポイントは，発光層への色素ドープである。ドープしない素子でも長寿命化の報告はあるが，実用性能（輝度及び半減時間）に達しているのはドープしたものが多い。序章で示した駆動寿命データは，低分子系の素子については，ほとんどがドープした素子の駆動試験による結果である。

有機EL素子で最初の実用寿命特性が報告されたのはルブレンドープ素子である。その後もルブレンに関しては，長寿命化の報告が続き，この色素の有用性が明らかになった。加えて，ルブレンは，他の蛍光色素と比較して例外的な挙動を示す。それは，濃度消光が10％程度の高濃度においても顕著でない点である。クマリンやDCMという代表的なレーザー色素の最適濃度は，1％程度のものが多いのと対照的である。このことは，ルブレンの分子構造に深く関わっている。ルブレン分子においては，ナフタセン骨格に4個のフェニル基が置換しているが，これらのフェニル基同士は立体障害により互いに回転した構造になり，分子全体としては平面構造とはなっていない。このために，分子間の相互作用が弱まり，二量体形成が抑制され，濃度消光しにくくなっていると解釈できる。

もう一つルブレンに特徴的なのは，同等の正孔及び電子移動度を有する，つまり，両極性の材料である点である。また，HOMO及びLUMO準位が，ホスト材料であるAlq$_3$のHOMO-LUMOギャップのほぼ中間に位置し，正孔及び電子トラップとして機能し，再結合中心として効率よく機能する点である（図2参照）。さらに，サイクリックボルタンメトリイにおいても，可逆な酸化及び還元サイクルを示し，電気化学的に劣化することが少ないと考えられる。また，温度消光も示さないことから，ルブレンドープ素子の発光輝度は温度依存性を示さず，高温駆動特性も良好である。比較のために示したジメチルキナクリドン（DMQA）のHOMO準位は，Alq$_3$のHOMO

第 1 章　長寿命化技術

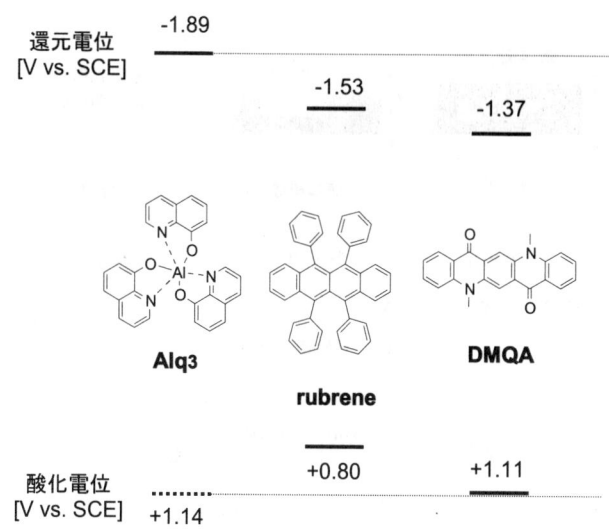

図 2　発光層ホストとドーパントのエネルギー準位

準位に近接しており，再結合型の発光機構を想定すると，ルブレンと比較して有利とは言えない。発光機構はまた，劣化機構にも関わっている。すでに指摘したようにAlq$_3$は酸化劣化すると考えられるので，ドーパントが酸化に対して安定でかつ，正孔を効率よくトラップすることができれば，Alq$_3$が酸化劣化する確率が減少すると考えられる。

1.3.2　混合ホスト

　ドーピング機構のところでも述べた様に，Alq$_3$はホスト材料として酸化に対して弱いという欠点を有すると想定される。ドーパントは濃度が小さいために，ドーピングによるAlq$_3$の酸化劣化抑制には限界がある。さらなる改善の方向性として，酸化に強い正孔輸送性のドーパント材料を，より高濃度でドープすることであるが，発光ドーパントの場合，一般に，濃度消光現象が高濃度では起き，蛍光量子効率が大きく低下するので，ドーパントの分子設計そのものを見直す必要がある。

　発光層中にドーパントとは異なる正孔輸送材料を混合して，Alq$_3$の電子輸送性とバランスをとりながら，Alq$_3$自体の酸化劣化を防ぐ試みがなされている。図 3 に発光層を上記の観点から検討した例を示す[18]。コダック社の最初の報告は，正孔輸送層と発光層（電子輸送層）を 2 層に分けることが本質であったが，この研究報告では，通常のヘテロ接合を，傾斜組成にしたもの，完全に混合したものと比較している。駆動寿命の長さは，ヘテロ接合＜傾斜組成＜混合，の順になっており，発光層の組成を根本的に検討することにより，長寿命化の方向性が確認できたと言

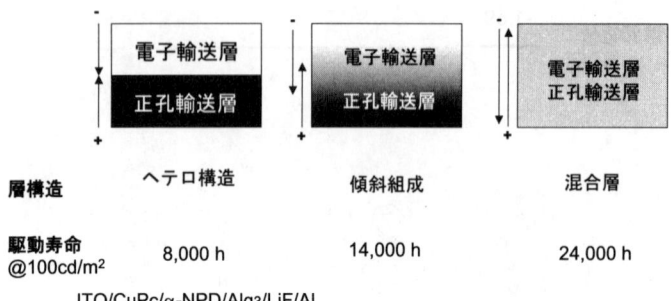

図3　発光層の設計例[18]

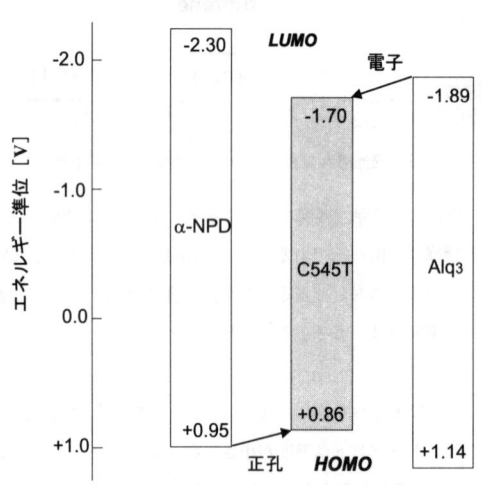

図4　混合発光層におけるエネルギー準位

える。混合発光層の考え方は，モトローラ社からもすでに報告されており[19]，DMQAをドーパントとして，α-NPDとAlq₃の1:1の混合発光層を用いて，長寿命化が達成されている。

　混合発光層に用いられている各材料のエネルギー準位を図4に示す。ホスト材料であるα-NPDは正孔をそのHOMO準位を通して輸送し，Alq₃は電子をそのLUMO準位を経て輸送する。ドーパントであるクマリン色素（C545T）において，正孔はα-NPDからC545Tへ，電子はAlq₃からC545Tへと移り，再結合がドーパント上で起こると考えられる。この機構は，従来の，ホストーゲスト型再結合発光において，ホストは必ずしも同一材料である必要はなく，適切なHOMO-LUMO準位を有する材料であれば，2元系にすることも可能なことを示している。これは，機

第1章　長寿命化技術

能分離という考え方であり，Alq$_3$にとって，劣化をともなう正孔輸送（酸化過程）を行わなくてすむという点で，長寿命化が達成されていると考えられる。

　高分子材料を用いた有機EL素子では，単一の高分子材料に側鎖等により異なる電荷輸送機能を有する基を導入して，正孔も電子も輸送できるバイポーラーな材料設計が検討されている。異なる機能を有する材料を混合組成物とする考え方は，極めて現実的なアプローチであるが，3元系以上となるので，真空蒸着法では3元同時蒸着といった操作を制御することが求められる。この点においては，湿式プロセスの方が，多成分系膜の作製には適していると言える。

　混合発光層の概念は，今後，材料開発及びプロセス開発の対象となることが，長寿命化の観点からは予想される。

1.4　電極界面の制御

　素子の劣化を考える上で，電荷バランスが重要なことが前節で示された。発光層をバイポーラーな特性を示すように設計することが一つの条件であるが，発光層への正孔及び電子の注入条件が制御できることも重要になってくる。

　ITO電極からの正孔注入に関しては，第5章で述べられるが，素子構造上，正孔注入層は最初の有機層となるので，耐熱性の観点からも非常に重要な層である。

　もう一つの大きな問題点として，陰極界面が挙げられる。これは有機薄膜が電気的にオーミックコンタクトしにくいという点と，物理的な付着力が弱いという点を含んでいる。電気的なコンタクトに関しては，適切な界面層を電極界面に設けることにより，大きく改善できることが実証されている。陰極と有機層の界面に，アルカリ金属またはアルカリ土類金属を含有する化合物を0.5nm程度の極薄膜層として設けることにより，電子注入障壁が下げられることが報告されている[20,21]。LiF界面層では電子注入の促進が実験結果として得られているが，このことは，UPS測定で観測されたAlq$_3$のHOMO/LUMOレベルのシフトで説明できる。

　上記の陰極界面層が駆動安定性に与える影響については，従来のMgAg及びAlLi合金系陰極材料と比較して，十分なデータが報告されていないのが現状である。金属原子が直接有機層とコンタクトし反応することが報告されているので，陰極界面層の存在はこの界面の反応を抑制する手法として有用であるかもしれない。今後の劣化との関連に関する研究がさらに必要である。

　リン発光素子の劣化機構については，発光機構とともにまだ十分に解明されたとは言い難いが，陽極バッファ層の導入と正孔阻止材料の改良により，駆動寿命は改善されている[22]。但し，同じ電流密度で蛍光素子と比較するとまだ耐久性が十分でないと言える。ドーパントであるIr(ppy)$_3$錯体については，電気化学的測定により酸化・還元ともに可逆であることがわかっている。従って，現在までの検討では，長寿命化には正孔阻止材料及びホスト材料の検討を必要とする。従来

の蛍光発光素子についての劣化検討の経験が、リン発光素子の長寿命化に大いに役立つことが期待される。

文　献

1) E.M. Han, L.M. Do, N. Yamamoto and M. Fujihira, *Synth. Met.*, **273**, 202 (1996)
2) M. Fujihira, L.M. Do, A. Koike and E.M. Han, *Appl. Phys. Lett.*, **68**, 1787 (1996)
3) Y. Sato, S. Ichinosawa and H. Kanai, *IEEE J. Selected Topics in Quantum Electronics*, **4**, 40 (1998)
4) Y. Sato and H. Kanai, *Mol. Cryst. Liq. Cryst.*, **253**, 143 (1994)
5) J. McElvain, H. Antoniadis, M.R. Hueschen, J.N. Miller, D.M. Roitman, J.R. Sheats and R. L. Moon, *J. Appl. Phys.*, **80**, 6002 (1996)
6) J. C. Scott, J. H. Kaufman, P. J. Brock, R. DiPietro, J. Salem and J. A. Goitia, *J. Appl. Phys.*, **79**, 2745 (1996)
7) C. Adachi, K. Nagai and N. Tamoto, *Appl. Phys. Lett.*, **66**, 2679 (1995)
8) 河原田，大石，斉藤，長谷川，月刊ディスプレイ，**4**, 59 (1998)
9) 川見，内藤，大畑，仲田，第45回応用物理学関係連合講演会，29p-G-10 (1998)
10) E.I. Haskal, A. Curioni, P.F. Seidler and W. Andreoni., *Appl. Phys. Lett.*, **71**, 1151 (1997)
11) K. Naito, *Chem. Mater.*, **6**, 2343 (1994)
12) Y. Shirota, Y. Kuwabara, D. Okuda, R. Okuda, H. Ogawa, H. Inada, T. Wakimoto, H. Nakada, Y. Yonemoto, S. Kawami and K. Imai, *J. Lumin.*, **72-74**, 985 (1997)
13) H. Spreitzer, H. Vestweber, P. Stöβel and H. Becker, *Proc. SPIE 2000*, **4105**, 125 (2000)
14) 上村，奥田，上羽，小野，南，SEIテクニカルレビュー，**158**, 61 (1999)
15) H. Murata, C.D. Merritt, H. Inada, Y. Shirota and Z.H. Kafafi, *Appl. Phys. Lett.*, **75**, 3252 (1999)
16) J.D. Anderson, E.M. McDonald, P.A. Lee, M.L. Anderson, E.L. Ritchie, H.K. Hall, T. Hopkins, E.A. Mash, J. Wang, A. Padias, S. Thayumanavan, S. Barlow, S.R. Marder, G.E. Jabbour, S. Shaheen, B. Kippelen, N. Peyghambarian, R.M. Wightman and N.R. Armstorng, *J. Am. Chem. Soc.*, **120**, 9646 (1998)
17) H. Aziz, Z.D. Popovic, N-X. Hu, A-M. Hor and G. Zu, *Science*, **283**, 1900 (1999)
18) A.B. Chwang, R.C. Kwong and J. Brown, *Proc. SPIE.*, **4800**, 55 (2003)
19) V-E. Choong, S. Shi, J. Curless, C-L. Shieh, H.-C. Lee, F. So, J. Shen and J. Yang, *Appl. Phys. Lett.*, **75**, 172 (1999)
20) T. Wakimoto, Y. Fukuda, K. Nagayama, A. Yokoi, H. Nakada and M. Tsuchida, *IEEE Trans. Electron Devices*, **44**, 1245 (1997)

21) L.S. Hung, C.W. Tang and M.G. Mason., *Appl. Phys. Lett.*, **70**, 152 (1997)
22) T. Watanabe, K. Nakamura, S. Kawami, Y. Fukuda, T. Tsuji, T. Wakimoto and S. Miyaguchi, *Proc. SPIE 2000*, **4105**, 175 (2000)

2 マルチフォトン有機EL素子

松本敏男[*]

2.1 概説
2.1.1 マルチフォトン素子の構造と利点

マルチフォトン素子は，Eastman Kodak社のTangらが現在の有機EL素子の基本構造を確立して[1]以来ずっとそうであったような，10V以下での低電圧駆動の特性から逸脱して，高電圧領域での駆動が一つの特徴となる（とはいえ高々100Vと言う程度である）。

同様に面発光素子である無機ELに比べて桁違いに低電圧である従来の有機EL素子の性質が，TFT駆動による自発光薄型テレビ実現の可能性を当初から期待させ，実際に現在では，携帯サイズのフルカラーディスプレイもようやく商品として出回り始めている。従ってこの性質は非常に重要であると考えられ，さらなる低電圧駆動化（5V以下）を求める声もしばしば耳にするところである。

筆者らも，山形大学城戸研究室との共同研究で，当初はひたすら低電圧駆動化を目指した[2~4]。周知の様に，有機ELは可視領域の光発生に理論上最低必要な閾値電圧から発光を開始するが，実用輝度（100cd／m^2～10,000cd／m^2）を得るに必要な電圧は，その発光開始電圧の2～4倍（以上）に達する場合もある。これは使用される有機半導体の電荷移動度の低さ（＜～10^{-3}cm^2・V^{-1}・s^{-1}）からくる宿命のようなものであるが，後述の「化学ドーピング」の手法を用いてその欠点を補おうと鋭意検討してきた。しかしながら，同様に直流駆動型であり，無機半導体を使用するLEDの様に（発光閾値電圧近傍の）3V前後の電圧で，自由に輝度調節が出来てしまうというわけにはなかなかいかない。LEDの場合，使用される半導体膜の電荷移動度が有機半導体に比べて数桁程度（以上）も高いからである。従って，発光効率の一つの重要な指標である量子効率がLEDと拮抗する様になった現在でも，最終的に最も重要であるエネルギー変換効率は，実使用輝度領域においては最大値（これは通常発光閾値電圧近傍の低輝度領域で得られる）の1／2～1／4（以下）に一挙に低下してしまい，（有機EL研究の当事者として）歯がゆい思いをすることになる。（筆者らの様に）有機材料合成技術を持たず，高移動度材料の探索をするわけにもいかない場合は，解決の糸口すら見えてこない感もあったのである。

しかし，低電圧駆動化技術であった「化学ドーピング」という手法を駆使し，発展させて，高電圧駆動素子であるマルチフォトン素子構造が完成した。高電圧化の代償に，低電流駆動化を可能にしてエネルギー変換効率の劣化も阻止出来る利点がある。

「マルチフォトン」と言う用語は，（単位時間当たり）発光素子を通過した電子数を上回る光

---

[*] Toshio Matsumoto ㈱アイメス 有機EL開発部 チーフエンジニア

第 1 章　長寿命化技術

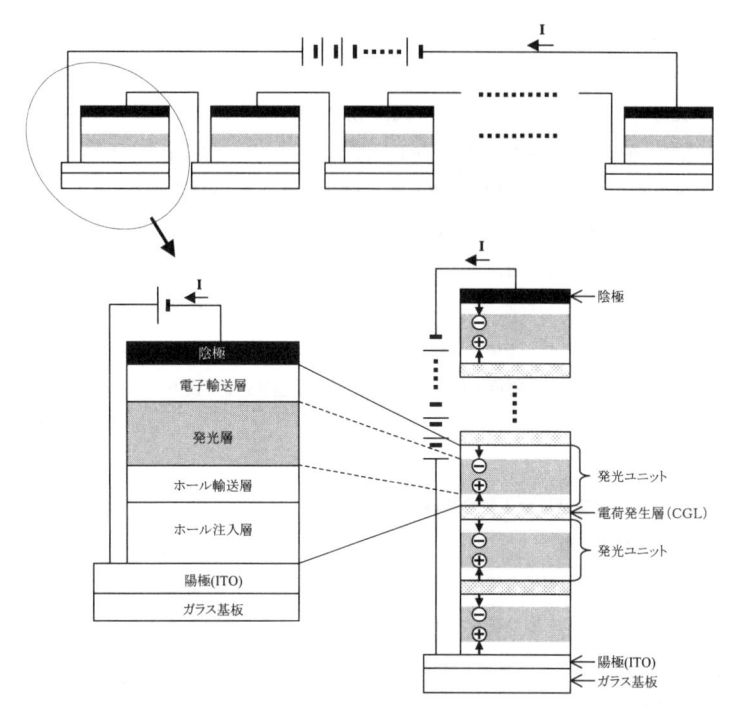

図 1　マルチフォトン有機EL素子の構造

子数が観測可能な構造であることを表現しているが，当初，我々は「直列素子」と呼んでこの素子構造の開発に着手した。その呼び名の通り，複数の（従来型）有機EL素子構造が回路的に直列に接続されて，同時に発光する特徴を有するからである（図 1）。従って，接続される有機EL構造（発光ユニット）の数（n）が増えるにつれ，駆動電圧（V）は上昇していき，n 個の発光ユニットを有するマルチフォトン素子は，ほぼ n 倍の電圧（nV）を要する。「ほぼ」というのは所要駆動電圧を従来型素子と比較するとき，同輝度（cd/m^2）における所要電圧で比較する場合と，同電流密度（mA/cm^2）における所要電圧で比較する場合とで違いがあるのと，金属導線で直列接続するわけではないから，接続のやり方によっては，望ましくない付加的な電圧上昇（ΔV）を生じてしまうからである。

　この構造には従来型有機EL素子にはなかった様々な利点が存在しているが，前述の様にエネルギー変換効率の高輝度領域（または実使用輝度領域）における低下の問題にも，一定の改善効果を与える。ある輝度を得ようとする時に必要な電流値を，$1/2$，$1/3$，…，$1/n$（n：重

ねた発光ユニット数），と低く抑えられるので，有機材料の電荷移動度の低さに起因する望ましくない電位消費を抑えられるからである。別言すれば，エネルギー変換効率の高い発光開始電圧近傍の（つまり低輝度領域での）特性を，実使用輝度領域でも実現出来るようになる。従って例えば，燐光材料を使用した素子の様に内部量子効率の最大値が100%に肉薄しながらも，高輝度（高電流密度）領域では極端にその量子効率が低下して（roll-off現象と呼ばれている），前述の電荷移動度の低さに起因する問題と相俟って，2重にエネルギー変換効率を劣化させ，その潜在能力を十分に発揮出来ていない場合においては特に改善度が大きくなるはずである。

素子寿命が著しく延びるのは，マルチフォトン素子構造において，もはや当然の帰結である。寿命の長い低輝度で光る有機EL素子を複数個，同時に光らせて高輝度化（重ねた発光ユニット倍）しているだけだからだ。電極間短絡不良も激減する。電極間膜厚が，ほぼ重ねた発光ユニット倍となり，基板やITO透明電極の凹凸や微細なゴミに起因する不良モードを著しく低減させていると考えられる。

2.2 マルチフォトン構造に至る開発経緯
2.2.1 化学ドーピング層

前述のように，高電圧駆動を特徴とするマルチフォトン素子は，低電圧駆動化技術から発展した。従ってまず，筆者らが取り組んできた低電圧駆動化技術について概説する。

有機EL素子の駆動電圧を決定するのは，

① 発光閾値電圧（V_{on}）
② 電荷移動に必要な電圧（V_{trans}）
③ 電極から有機膜への電荷注入に必要な電圧（V_{inj}）

であり，素子駆動電圧はそれらの「足しあわせ」である。

「①発光閾値電圧（V_{on}）」には下限がある。可視領域の光の場合，光子一個あたり1.9eV（赤）〜2.8eV（青）のエネルギーを有するため，光子発生には発光有機分子の基底状態にある電子が1.9eV〜2.8eV高い励起状態に励起されなければならない。従って1.9V〜2.8Vの素子電圧は最低でも必要となる（従って言うまでもないが，このV_{on}はこれ以上"低電圧化"出来ない）。

「②電荷移動に必要な電圧（V_{trans}）」は有機物の移動度と膜厚に支配される問題であり，「③電荷注入に必要な電圧（V_{inj}）」は有機物と電極の界面の問題である。これらは筆者らがこれまで開発に注力してきた「化学ドーピング層」の採用で，"同時に"大幅改善可能である。

「化学ドーピング層」中では，電子輸送性有機分子は還元されてラジカルアニオン状態にあり，ホール輸送性分子は酸化されてラジカルカチオン状態にある（図2）。還元性ドーパントにはアルカリ金属のような電子供与性金属が適しており，酸化性ドーパントには塩化第2鉄（$FeCl_3$）や

第1章　長寿命化技術

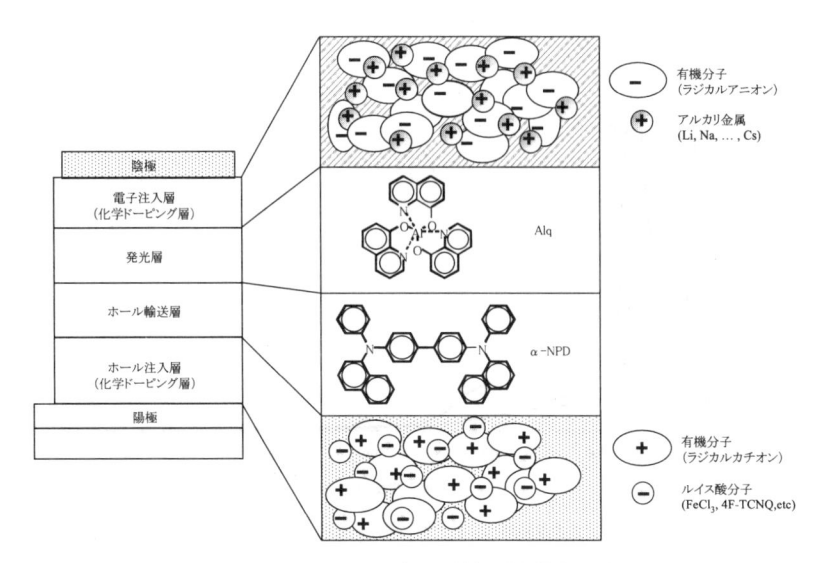

図2　化学ドーピング層を有する有機EL素子構造の概念図

5酸化バナジウム（V_2O_5）等の無機物やF_4-TCNQ等の有機物に代表される電子受容性分子（いわゆる，ルイス酸）が使用される。電荷輸送性有機物と前記ドーパントの混合比率はモル比で1：1程度が基本であるが，それよりかなり薄い濃度でも効果を発揮する場合もある[5, 6]。ドーピングによって有機物が酸化（還元）しているか否かは，ドーピング前後の吸収スペクトルの変化で確認出来，有機物にもドーパントにも存在しなかった第3の吸収スペクトルが現出すると同時に，ほとんどの場合可視領域（450nm～700nm）で透明性が増すという，発光素子にとって"幸運な"結果が得られる（図3－(a)～(c)）。

この「化学ドーピング層」は，（当初は）電極からの電荷（電子，及ホール）注入障壁を0（ゼロ）にする目的で導入した。電極組成が何であれ，電極に接している有機層（電荷注入層）に酸化性ドーパントや還元性ドーパントをドーピングすれば，2.4eV（緑色）の光子を放出するAlqからの発光が2.4Vから開始することが判ったからである。従って，前記V_{inj}は0（ゼロ）と見なしてよい（図4－(a)～(c)は陽極も陰極もITO透明電極を使用した素子であり，陰極ITOに接する電子注入有機層に還元性ドーパントとしてアルカリ金属のCsをドーピングした「透明素子」の写真とその素子特性である。ITOの様な高仕事関数電極を陰極として用いても，2.4VでAlqからの発光を開始している）。

また，この「化学ドーピング層」は，（ドーピング無しの）純粋な有機層とは異なり，電場

25

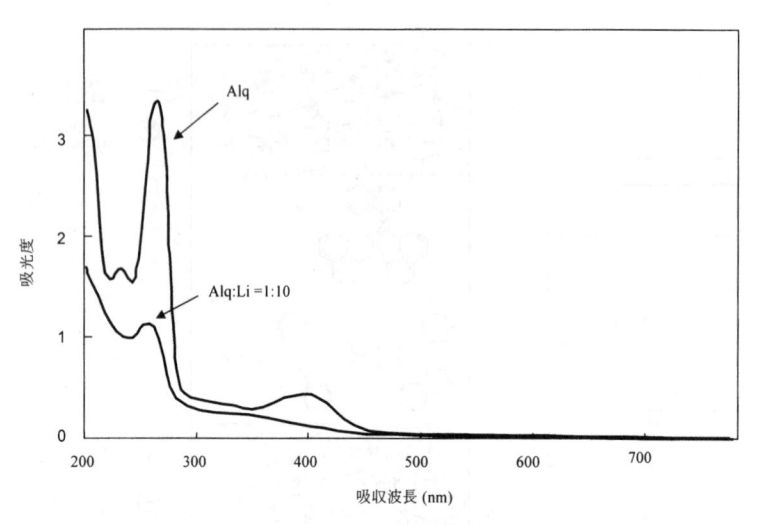

図3-(a) アルカリ金属(Li)ドーピングによるAlqの吸収スペクトル変化

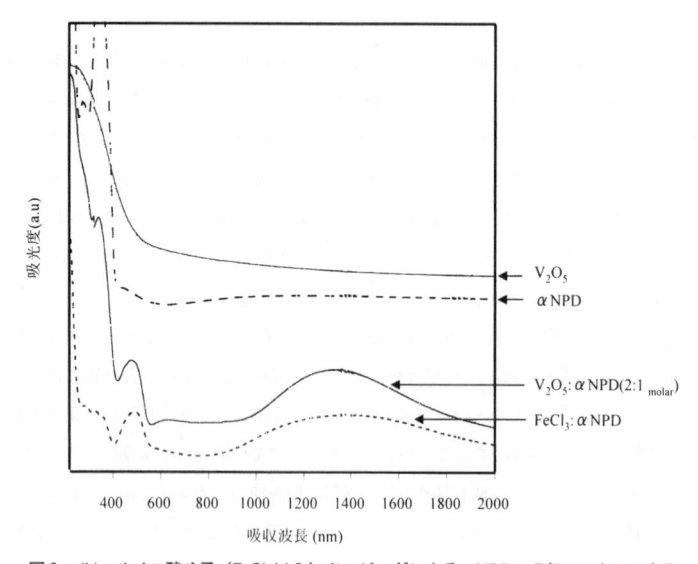

図3-(b) ルイス酸分子（$FeCl_3$, V_2O_5）ドーピングによるαNPDの吸収スペクトル変化

第1章 長寿命化技術

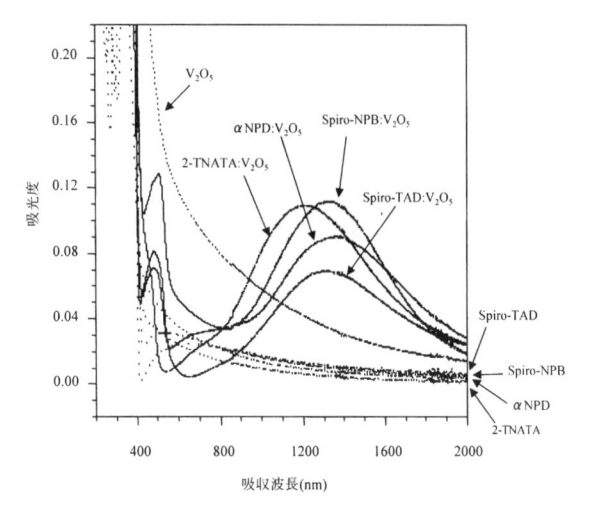

図3-(c) V$_2$O$_5$ドーピングによるアリールアミン化合物の吸収スペクトル変化

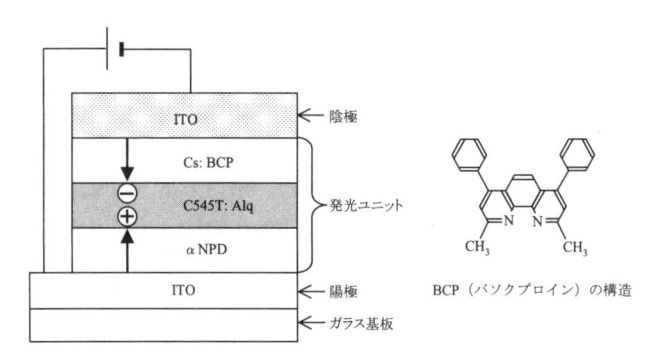

図4-(a) 透明素子の構造

消灯時　　図4-(b) 透明素子発光の様子　　点灯時

有機EL材料技術

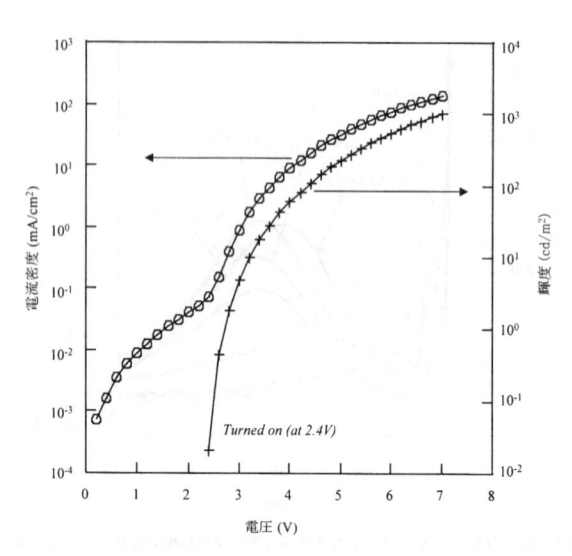

図4-(c) 透明素子(ITO/NPB/Alq/電子注入層(Cs:BCP)/ITO)の特性

（V／cm）と電流密度（A／cm^2）が比例関係にあるオーム電流が流れる性質がある。酸化・還元されて生成するラジカルカチオン・ラジカルアニオンが移動可能な内部キャリアとして働くからである。それと同時に，比抵抗が10^{6}Ω・cm以下のレベルにあるため，膜厚を1μmまで厚くしても素子駆動電圧が一切増加しない特徴がある（図5）。別言すれば，前記V_{trans}は，化学ドーピング層中では0（ゼロ）と見なしてもよいほどに（純粋な有機層に比べて）小さい。

従って，「ドーピング無しの層」である発光層，励起子ブロック層としてのホール輸送層（兼，電子ブロック層）や電子輸送層（兼，ホールブロック層），等の膜厚を，量子効率を劣化させない範囲で極力薄くしておき，「化学ドーピング層」には短絡防止のために必要な膜厚を稼ぐ役割だけを負わせておけば，究極の低電圧駆動有機EL素子が完成する。

しかしながら，筆者らの経験から得られた知見によれば，それは従来の一般的有機EL素子に比べて"かなり"低電圧化した，とは言えても，他の発光体技術と比較してみれば，依然，有機膜が生来持っている低移動度の性質は前記「ドーピング無しの層」が存在する限り未解決のままである，と見なせる。

純粋に発光素子技術として世に問うのであれば，他のテクノロジーに目を転じて，まずは前述LEDの発光効率を超え，さらに蛍光灯の効率に肉薄して行かなければならない。従ってマルチフォトン構造を採用して，有機半導体の持つ欠点をカバーし，有機EL素子が本来潜在的に所有する能力を100％発揮させるべきなのである。

第1章　長寿命化技術

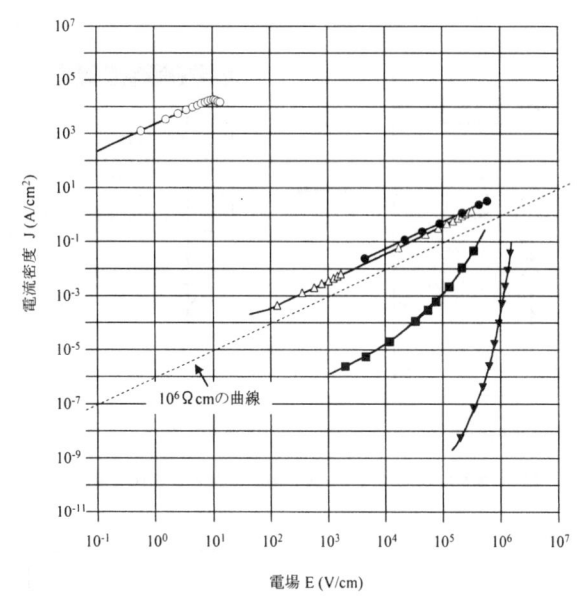

電流密度 J (A/cm²) vs 電場 E (V/cm) のグラフ

$10^6\,\Omega\,cm$ の曲線

—○—　ITO

—●—　Cs:BCP($1:1_{molar}$)共蒸着膜
　　　　(ITO/Cs:BCP($1:1_{molar}$)/Al, により測定)

—△—　V_2O_5:αNPD($1:2_{molar}$)共蒸着膜
　　　　(ITO/V_2O_5:αNPD($1:2_{molar}$)/Al, により測定)

—■—　αNPD(100nm)
　　　　(ITO/V_2O_5:αNPD(5nm)/αNPD(100nm)/V_2O_5:αNPD(5nm)/Al, により測定)

—▼—　Alq(300nm)
　　　　(Al/Alq(300nm)/Al, により測定)

図5　各種薄膜（「ITO」，「Cs:BCP共蒸着膜」，「V_2O_5:αNPD共蒸着膜」，「αNPD」，「Alq」）の電場－電流密度の測定

2.2.2　透明電極で複数の有機ELを直列接続したマルチフォトン素子

　マルチフォトン素子実現の発想は，前述の「透明素子」の実現から始まっている。透明な陰極として使用したITOは元々，典型的な陽極材料だからそのまま同じプロセスを繰り返せば2つの有機EL素子構造（発光ユニット）が直列につながるはずであり，電流密度はそのままに2倍の輝度が得られることになる。図6に，実際に筆者らが最初に作製したマルチフォトン素子構造を示す。

　図7は，そのマルチフォトン素子の電流効率の特性である。クマリン誘導体（C545T）から最大35cd/Aの電流効率が得られており，従来素子（17.5cd/A）の2倍の値が観測された[7]。

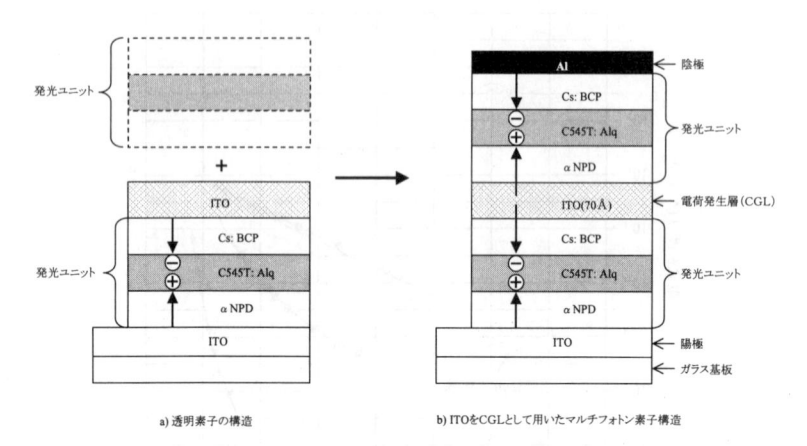

図6　最初のマルチフォトン素子構造（CGLとしてITOを用いた）

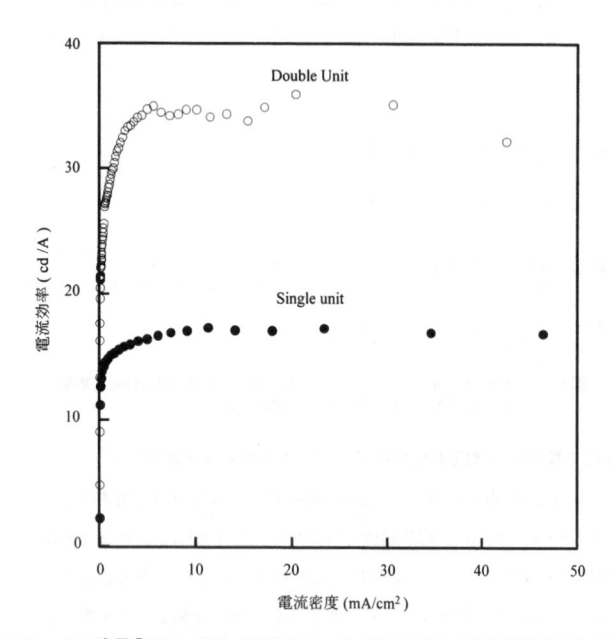

図7　マルチフォトン素子「ITO/αNPD/C5454T:Alq/Cs:BCP/ITO/αNPD/C5454T:Alq/Cs:BCP/Al」の電流密度（mA/cm^2）－電流効率（cd/A）特性

第1章　長寿命化技術

(a) ITOを電荷発生層(CGL)に用いる

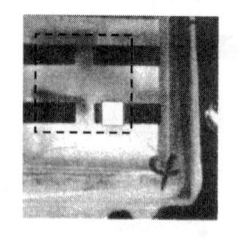

(b) V_2O_5：NPB共蒸着膜を電荷発生層(CGL)に用いる

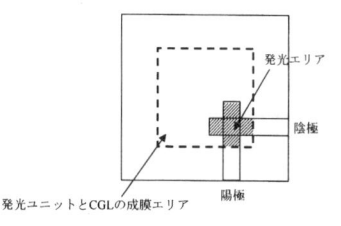

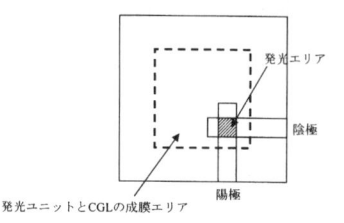

図8　電荷発生層の種類による発光パターンの相違

　この時2つの発光ユニットを連結しているITOは，電圧が印加された時，ホールと電子を逆方向に注入する役割を果たすことになり，筆者らは電荷発生層(CGL: Charge Generation Layer)と呼ぶことにしている（このCGLとしてのITOは電源に接続されているわけではないから，もはや「電極」と呼ぶには相応しくない）。

　ただしITOをCGLとして用いる場合は，陰極と陽極が交差する領域とCGLの成膜領域を（金属マスク等を使用して）合致させておかなくてはならない。もし，発光ユニットとCGLを（マスク交換無しで）同エリアに成膜すると，図8(a)に見られるように意図しなかった発光パターンとなる。ITOの様な電極材料の場合，CGLとしての機能はもとより「等電位面」としても作用してしまうからである。従って100μmのピッチで画素形成される表示ディスプレイにマルチフォトン構造を適用する場合，ITOの様な透明導電体をCGLとして用いるのは実質的に不可能である（図8(a)の写真は2段重ねのマルチフォトン素子。陰極ストライプとCGL（または発光ユニット）が重なる領域と陽極ストライプとCGL（または発光ユニット）が重なる領域がそれぞれ発光し，発光パターンが十字形状になった例。3段以上では，発光ユニット成膜エリア全面発光となる）。

2.2.3　絶縁性電荷発生層の探索

　上記の問題を解決するには，（基板に平行な）lateral方向には絶縁性を有しながら，ホール－電子対を発生する機能を有するCGLが必要である。

　筆者らは，～10^5Ωcmの比抵抗を有する5酸化バナジウム（V_2O_5）がITO（CGL）の代替となる

31

(a) V_2O_5をCGLとして用いた
マルチフォトン素子構造

(b) V_2O_5をCGLとして用いた
マルチフォトン素子構造の特性

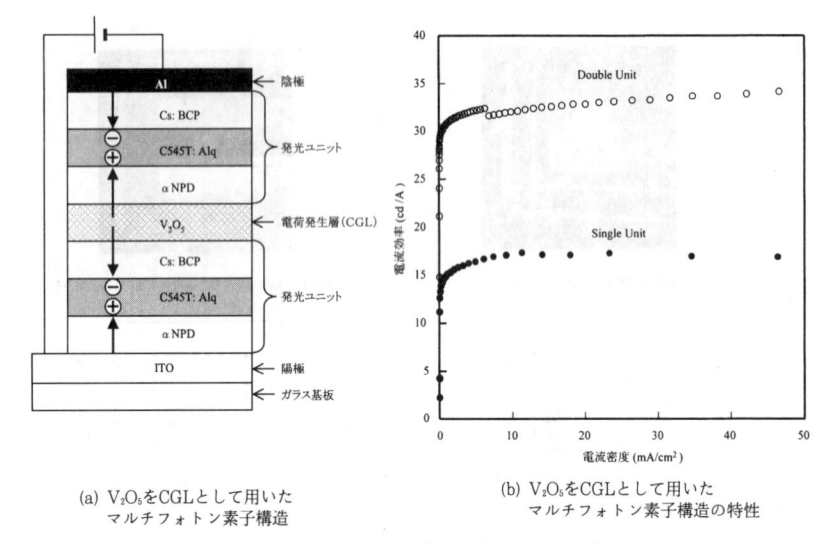

図9　V_2O_5をCGLとして用いたマルチフォトン素子

ことを予想し，実際に試みた結果，CGLとして機能することを確かめた（図9）[8〜12]。時任らから，高仕事関数化合物からなるホール注入層としてV_2O_5が有効であることの報告があったからである[13]。そして程なくこのV_2O_5が，典型的ホール輸送性化合物であるαNPDの様なアリールアミン化合物に対して，第2塩化鉄（$FeCl_3$）やF_4-TCNQ等と同様にルイス酸として作用することも見出した（図3－(c)はアリールアミン化合物，V_2O_5，及びそれらの共蒸着膜の吸収スペクトルである。1200nm付近の近赤外領域に両化合物間の酸化還元反応を示す特徴的な吸収が現れている）。

また，言うまでもなく，CGLの陽極側に接する層として，アルカリ金属ドーピング層の様な電子注入層は依然，必須である。

これは，視点を変えれば，「ラジカルアニオン生成層であるアルカリ金属ドーピング層」と「ラジカルカチオン生成層であるルイス酸ドーピング層」の二つの「化学ドーピング層」を重ねると，電子－ホール対の注入が可能なCGLになる，ということである。この様にして，低電圧駆動化技術であった「化学ドーピング層」形成技術がそのままマルチフォトン素子のCGL形成技術に流用出来たわけである。

ただし，上記に記載した方法をそのまま用いたCGLは，下記の様な大きな欠点があり，満足すべきマルチフォトン素子の完成には至らない。

図10に概念的に示すようにCGLがホール－電子対を逆方向に注入することの意味は，（CGLの

第1章　長寿命化技術

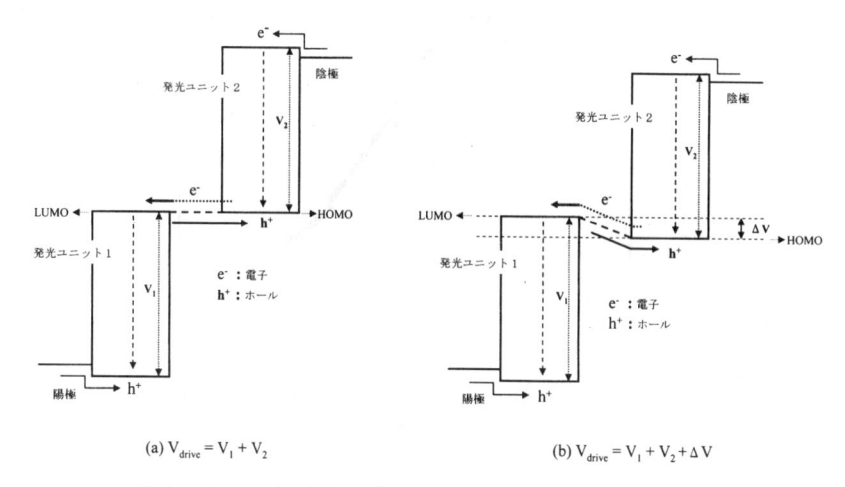

(a) $V_{drive} = V_1 + V_2$

(b) $V_{drive} = V_1 + V_2 + \Delta V$

図10　マルチフォトン素子の概念図（二つの発光ユニットの接続状態の相違）

　陰極側に接しているホール輸送性分子のHOMO（最高占有分子軌道）の電子を引き抜いて、陽極側に接している電子輸送性分子のLUMO（最低非占有分子軌道）に電子を注入すること、すなわち、HOMOからLUMOへの電子移動に他ならない。この電子移動時にエネルギー障壁が存在すると（図10(b))、結果的に（望ましくない）付加的な電圧：ΔVが必要になり、エネルギー変換効率を劣化させる（前述のCGLの構成では残念ながらそうなってしまう）。発光ユニットの重ね段数が増加するとΔVがそのたび毎に加わるのでこの影響は深刻となり、たとえ量子効率が重ね段数倍になったとしても、マルチフォトン構造を採用する意味が無くなってしまう。

　この現象の原因は幾つか考えられる。そして解決法もあるが、ノウハウのことなのでここでは割愛させて頂く。前記ΔVが実質0（ゼロ）となり、同一の構造を有する2つの発光ユニットが理想的に接続されたマルチフォトン素子の「輝度（cd/m^2）－電力変換効率(lm/W)」は図11に示されるように、その曲線が高輝度側にシフトして、実使用輝度領域のエネルギー変換効率は上昇する。

　図12に、理想的に接続された1、2、4段マルチフォトン素子の特性の例を示す。外部量子効率は重ね段数（n）倍となり、駆動電圧も（同電流密度で比較して）きっちりn倍となる。

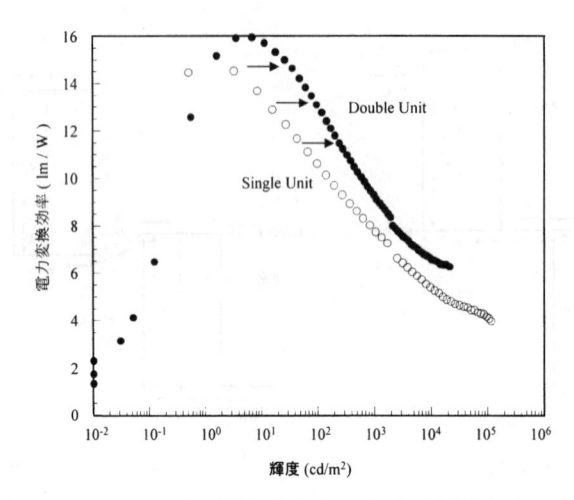

図11 マルチフォトン素子の特性（輝度（cd/m^2）－電力変換効率（lm/W））

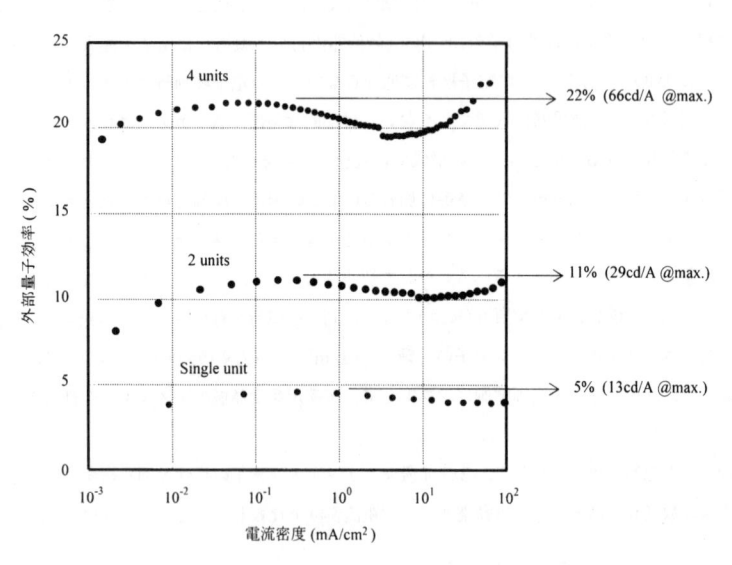

図12－（1） 電流密度（mA/cm^2）－外部量子効率（%）特性

第1章　長寿命化技術

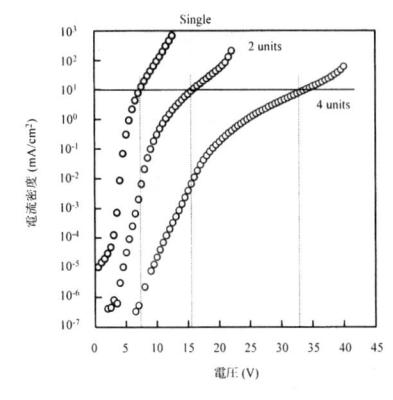

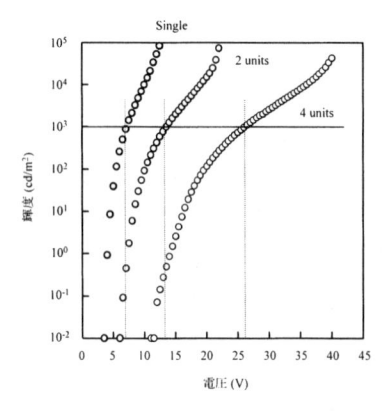

図12-(2)　電圧(V)-電流密度(mA/cm²)特性

図12-(3)　電圧(V)-輝度(cd/m²)特性

2.3　マルチフォトン構造が解決する課題
2.3.1　耐久性

　有機EL素子が現在でも抱えている最大の"issue"は耐久性（寿命）であることは誰もが認めるところであり，真摯にこの問題を見据えて，将来の「有機ELテレビ」や「有機EL照明」を実現させるためにとるべき施策は，よく言われるところである「材料の改善」のみでは，到底済まされるものではない。

　例えば，フルカラーディスプレイの場合，人間の目が1～2％の相対的輝度劣化を"焼き付き"（Ghost image）として感知出来ることはすでに知られているから[10]，一万時間で（半減）寿命評価試験を終えるのであれば，初期輝度はディスプレイ平均輝度の50倍程度（以上）から開始するのがスジである（50％減ではなく1％減しか許さないのだから）。つまりR（赤），G（緑），B（青）全ての発光色において，5,000cd/m²～10,000cd/m²の初期輝度からの輝度半減寿命1万時間を達成するのが，パソコン用モニターや家庭用TVのようなハイエンド製品を実現するための要件である。

　周知の様に有機ELにはOrganic LED（OLED）という呼称も存在し，元より電流注入型デバイスである。輝度は電流値に比例して上昇し，電流値の時間積算値である通過電荷量と有機EL素子寿命はほぼ反比例の関係にある。すなわち，輝度と寿命もほぼ反比例の関係にある（実際の事情はさらに厳しく，輝度の1.2乗に反比例すると各所で報告されている）。

　n個の発光ユニットを有するマルチフォトン構造の場合，所要電流密度（J：mA/cm²）を同輝度において比較すれば，ほぼ1／n倍（J／n）で済ますことが出来る。ここで，「ほぼ」と言わざるを得ないのは，可視光領域の光の波長と同程度の膜厚で構成される有機EL素子の光学的

性質に起因しており，膜厚の制御を精密に行って最適化された状態にあれば，正確に1／nの電流値で従来型有機EL素子と同輝度が得られるし（量子効率，もしくは電流効率がn倍に上昇すると表現しても良い），その制御が"いい加減"であると，却って電流効率を低下させる結果になったりもするからである。具体的には発光位置が複数存在するマルチフォトン素子の場合，各発光位置から光反射電極までの全ての光学距離が，発光波長の1／4波長の略奇数倍に調節されている必要がある（図13）。この時，金属電極で反射された光と透明基板側に進行する光の位相が一致して強度が最大となるが，マルチフォトン構造の場合は全発光位置の調整が必要となる点が，今までと違う（面倒な？）点である。

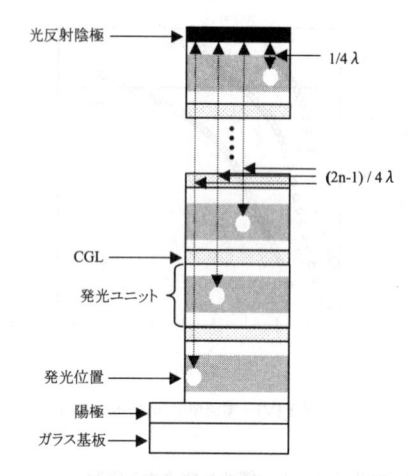

図13　各発光位置から反射電極までの光路長調整

このような条件を満たして作製されたマルチフォトン素子の寿命試験データの例を図14に示す。同電流密度（10mA／cm²）で駆動した，一段（従来型）素子，二段素子，三段素子は，ほぼ同

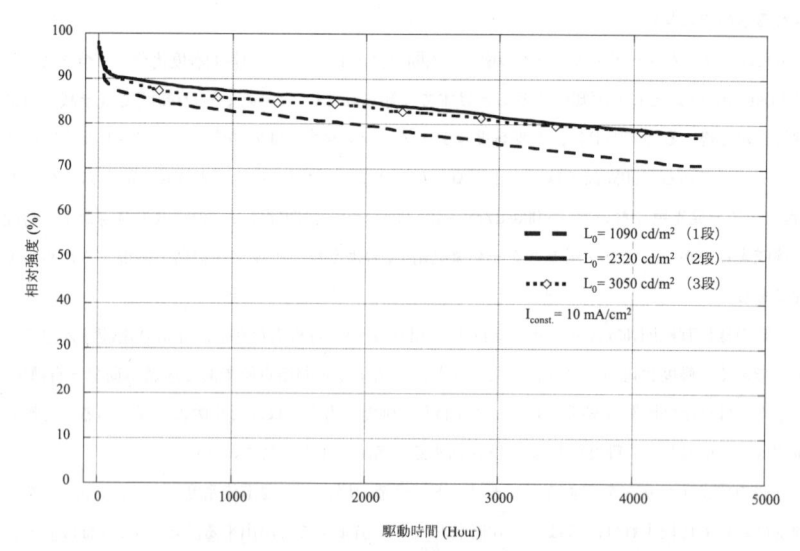

L_0= 1090 cd/m² （1段）
L_0= 2320 cd/m² （2段）
L_0= 3050 cd/m² （3段）
$I_{const.}$= 10 mA/cm²

図14　定電流密度(10mA/cm²)で駆動した1段(従来型)，2段，3段素子の寿命曲線

第1章　長寿命化技術

様の劣化曲線をたどる。この例のように輝度が二倍，三倍と高いマルチフォトン素子の方が，むしろ寿命が長い場合もある。二段素子（$L_0=2320cd/m^2$），三段素子（$L_0=3050cd/m^2$）の輝度半減寿命は三万時間を超えると予測される。従って「一万cd/m^2，一万時間」というシンボリックな記録も，重ね段数：nによっては，完全に射程圏内に入ったと言ってもよい。

2.3.2　白色化

マルチフォトン構造は，互いに異なる発光色の素子構造を如何様にでも重ねて混色できる。従来型構造で白色を実現する場合は青色と黄色の様な補色2色による白色が限界であり，純青，純緑，純赤による真の白色を実現（量産）するなど，想像するだけで気が狂いそうになる（ほどに難しい）。

またホワイトバランス（各色の強度比）を「重ね段数比によって調節する」という，今までになかった"オプション"が使える（赤の量子効率が青や緑の半分ならば，2倍の段数で対応する）。当然，蛍光材料，燐光材料を同時使用出来，各発光材料の最適条件を見つけたら，CGLを介して重ねて行けばよい。

その他，照明用途の白色の場合は，演色性が要求されるから，可視域全域にわたる発光が理想であり，その場合も上記の色に青緑，黄色，アンバー等の中間色を適宜重ねて，発光スペクトルの"穴"を埋めればよい。

2.3.3　均一発光

照明は絶対光量（ルーメン）が必要であるから，大面積を均一発光させなくてはならない。照明や液晶バックライトを含む面光源を有機ELで実現することを目指す筆者らは，ある時，有機ELの利点であると信じられてきた低電圧駆動の性質が，面光源実現においては，致命的欠点であることに気付いた。面内均一な発光は面内均一な電流注入により達成され，面内均一な電流注入は面内均一な電圧分布により達成される。しかし，100%均一な電圧分布は電流＝0（つまり，抵抗＝∞）の場合だけだから，電流注入型デバイスである有機EL照明は元々矛盾を抱えている。また，有機ELの電圧－電流特性は半導体的挙動を示し，高輝度発光時は見かけの抵抗がずっと低下するから，事情はさらに悪化して給電部近傍のみが明るく発光する（つまりその部分に危険な電流集中がおこる）。

逆に，マルチフォトン素子は，段数を重ねる度に素子抵抗が増加して発光均一性を促進する。「光の発生」は等価回路上，まさに「抵抗（電圧降下を生ずるもの）」であり，デバイスの抵抗の上昇が輝度の上昇に直接に結びついている，面光源にとっての理想的な状態を発現している（図15（写真））。

有機EL材料技術

図15 マルチフォトン素子(対角4インチ)の3000cd/m²での均一発光の様子
（於 FPD International 2003 アイメスブース）

2.4 おわりに

マルチフォトン有機EL素子は，産声を上げたばかりである。が，開発当初，筆者らがたてた最低目標（あるべき姿）は既に達成されている。つまり，

① CGL材料を絶縁化すること
② 量子効率が重ね段数倍になること
③ 駆動電圧が重ね段数倍（以内）になること
④ 素子寿命が重ね段数倍（以上）になること

の4つの課題はすでに解決され，後はこの新規な構造の"使い方"と"作り方（＝量産方法）"の進展を待つばかりである。幸い，多方面から深いご興味を頂き，表示ディスプレイへの応用も緒につきつつある。

有機ELは「ケータイ」にとどまる技術であってはならない。マルチフォトンは，有機ELを既に成熟期にある他の表示技術に信頼性の面でも対抗しうるものとして変貌させるエンジンとなりうるはずである。

第1章　長寿命化技術

文　　献

1) C. W. Tang, S. A. Vanslyke, *Appl. Phys. Lett.*, **51**, 913 (1987)
2) J. Kido and T. Matsumoto, *Appl. Phys. Lett.*, **73**, p.2866 (1998)
3) J. Endoh, T. Matsumoto, and J. Kido, *Jpn. J. Appl. Phys.*, **41**, L358 (2002)
4) J. Endo, T. Matsumoto, and J. Kido, *Jpn. J. Appl. Phys.*, **41**, pp.L800-L803 (2002)
5) X. Zhou, M. Pfeiffer, J. Blochwitz, A. Werner, A. Nollau, T. Fritz and K. Leo, *Appl. Phys. Lett.*, **78**, No.4, 22 January 2001
6) X. Zhou, J. Blochwitz, M. Pfeiffer, A. Werner, A. Nollau, T. Fritz and K. Leo, *Adv. Funct. Mater.* 2001, 11, No.4, August
7) 城戸ほか，第49回応用物理学会関係連合講演会，講演予稿集27p-YL-3, p.1308 (2002)
8) 仲田ほか，第63回応用物理学会学術講演会，講演予稿集27a-ZL-12, p.1165 (2002)
9) J. Kido *et al.*, Proceedings of EL2002 (International Conference on the Science and Technology of Emissive Display and Lighting) p.539
10) T. Matsumoto *et al.*, Proceedings of IDMC'03 (International Display Manufacturing Conference) Fr-21-01, p.413
11) J. Kido *et al.*, SID03 DIGEST, vol.XXXIV, BOOK II, p.964
12) T. Matsumoto *et al.*, SID03 DIGEST, vol.XXXIV, BOOK II, p.979
13) S. Tokito, K. Noda and Y. Taga, *J. Phys. D : Appl. Phys.* **29** (11) 2750-2753, Nov.1996
14) R. Troutman, *Synthetic Metal*, **91**, 31-34 (1997)

3 有機EL素子駆動方法

照元幸次*

3.1 はじめに

有機ELディスプレイの駆動方式には，液晶ディスプレイと同様にパッシブマトリクス駆動方式（以下PM駆動）とアクティブマトリクス駆動方式（以下AM駆動）の2種類がある。有機ELディスプレイの実用化としては，1997年に初めてカーオーディオの表示部分にモノクロタイプの有機ELディスプレイが使用されたが，この時の駆動方式はPM駆動が採用されている。その後有機ELディスプレイの表示内容が，エリアカラータイプやドットマトリクスタイプの256色カラー及び4096色カラータイプが実用化されたが，その駆動方式はいずれもPM駆動が採用されている。AM駆動においては，ようやく2003年度にデジタルカメラ用の表示部に採用され実用化がはじまったところであるが，各社の研究開発は量産が先行しているPM駆動よりもAM駆動が盛んに行われてきており，2004年度以降はその実用化が期待されるところである。

今回は実用化が進むPM駆動と，これからが期待されるAM駆動についてその駆動方法について述べることとする。

3.2 有機EL素子特性

各種駆動方式の説明の前に，有機EL素子の電気・光学特性を把握しておかなければ素子を駆動させることができないので，まずその特性について説明する。

3.2.1 電気・光学特性

有機EL素子の電気・光学特性を図1，図2に示す。図1に示す電圧－電流特性は，順方向の

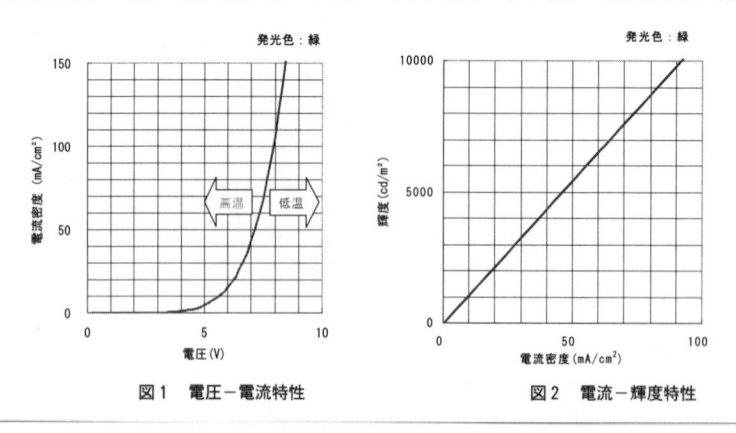

図1　電圧－電流特性

図2　電流－輝度特性

* Koji Terumoto　ローム㈱　研究開発本部　ディスプレイ研究開発センター　技術主査

第1章　長寿命化技術

低電圧領域から電流が流れはじめ，電圧の増加とともに電流は急激に増加する。また，逆方向にはほとんど電流が流れないダイオード特性を持った素子である。また，温度特性も持ち合わせており，高温および低温になればその特性は左右にシフトする特性が見られる。一方，図2に示す電流−輝度特性は比例関係にあり，電流の増加と共に輝度も増加する特性が見られる。電流−輝度特性に関しては，温度特性はほとんど無く高温および低温時においてもその特性がシフトすることはほとんど無い。

3.2.2　等価回路

有機EL素子の電気的な等価回路を図3で表す。この等価回路では，ダイオードとコンデンサの並列接続で表現している。ダイオード部については先程の電気・光学特性で説明をした内容が考慮されている。コンデンサ部について有機EL素子はその構造上，陽極電極・有機層及び陰極電極から構成されており，各層の膜厚は非常に薄い多層薄膜構造となるため，表示面積に応じた容量成分を持つことが考えられる。この特性を等価回路ではコンデンサで表現している。

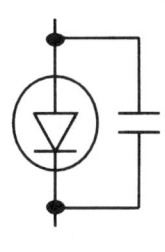

図3　等価回路

3.2.3　駆動回路の特徴

有機EL素子の発光輝度の制御方法は電流−輝度特性の関係から，通常は定電流駆動方式が採用される。等価回路で示されるように，コンデンサの特性（表示面積に応じた容量成分）を持つため，充放電による発光特性の立ち上がりの遅れに対する改善や，クロストーク（誤発光や輝度むら）を防止するなどの特長を持ったさまざまな駆動回路が提案されている。現在有機EL素子の駆動回路としては，PM駆動及びAM駆動回路共にこれらを考慮した駆動回路が提案されているが，現時点においてはまだ完全なものはできておらず，それぞれ長所および短所を併せ持つ回路となっており，仕様に合わせた使い分けをすることが望ましい。

3.3　PM駆動方式

3.3.1　PM駆動方法

PM駆動とは，N数ある走査線を1つずつ順番に選択していき，その選択された走査線上にある画素に信号線から駆動電流を流すこと（又は電圧印加）により，画素を発光させる方式である。画素が発光している時間は，1フレームの期間において走査線が選択されている時間であり，その発光波形は図4に示されるパルスで表現される。1フレームとは1画面分の表示dataを書き込む時間を表し，通常は60Hz〜120Hzが採用される。今，走査線の数をN本とし1フレームの周波数をfHzとした場合，1回のパルスはfHz×Nとなり非常に狭いパルスとなる。このパルス発光は人の目で見た場合，平均化された輝度として見えることになる。従ってその時の輝度を計算

式で表すと,発光輝度:L,走査線の数:N,平均化された輝度:Laとすると,La=L/N で表すことができる。平均化された輝度とは,通常のディスプレイにおいては画面輝度を意味している。ディスプレイの画面輝度を向上させるためには,①発光輝度を大きくとる,②走査線の数を少なくする,のいずれかを選択することになる。即ち,現状の有機EL素子をこの駆動方式で動作させる場合,走査線の数は必然的に制約されることになり,実用化の領域においては走査線の数は120本以下と

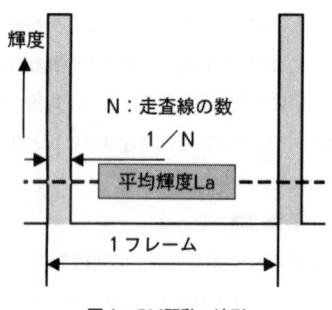

図4　PM駆動の波形

なるため,表示内容は走査線の数により制限されてしまう。また消費電力を考慮した場合,有機EL素子の電圧-輝度特性から考察すると,PM駆動の場合は素子の発光輝度を高く取る必要性があるので,1画素に流す電流量も大きく取る必要性があり,かつ駆動電圧も高いために必然的に消費電力は上昇してしまい,低消費電力化には厳しい駆動方式である。またディスプレイにした場合,走査線に流れる画素からの駆動電流の総和量も大きくなるため,電極配線抵抗の影響による電圧降下下量も大きくなってしまい,結果的には必要以上に外部から電圧を加えなければならず,この要因も低消費電力化への障壁の一端を担っている。

3.3.2　有機EL素子の特長を考慮したPM駆動方法

PM駆動により有機EL素子を駆動させる場合,コンデンサの充放電特性による有機EL素子の発光特性の立ち上がりの遅れや,容量成分の影響による非点灯画素の誤発光や輝度むら等の発生が考えられる為,駆動回路はこれらを考慮した内容となっている。ここでは例として,①陰極リセットによる立ち上がり特性改善とクロストーク防止回路[1,2]と②大電流駆動による発光立ち上がり特性を改善した駆動回路[3]を例にして駆動回路の動作説明をする。

3.3.3　陰極リセット

この駆動回路は,選択された走査線上の画素の発光に関して,前段の走査線上の発光状態による容量成分の影響を受けなくすること,また発光の立ち上がり特性を改善させることを目的に提案された駆動回路である。通常の回路構成では,前段の走査線の発光状態により,容量成分に電荷が充電されている素子とされていない素子が存在する。この場合,選択された走査線上に発光に必要な駆動電流を供給した場合,前段で容量成分に電荷が充電されている陽極線上の画素は,この電荷の移動による影響ですぐに発光するが,前段で容量成分に電荷が充電されていない陽極線上の画素は,駆動電流はまず容量成分の充電に充てられその後発光に寄与する。そのため,前段の容量成分中にある電荷の蓄積の有無により選択された走査線上の発光画素は,同じ駆動電流

第1章 長寿命化技術

を流しても発光輝度に差が生じその結果，表示の濃淡が発生してしまいクロストークと呼ばれる現象が発生する。この問題を解決する為に，前段の走査線から選択される走査線に移行する間に，容量成分中にある電荷の蓄積を放電するリセット期間を設ける方法が取られている。この方法は，リセット期間に陽極線と陰極線を一度同電位に接続することにより，前段の走査線上の画素に存在する蓄積された電荷は放電され，選択された走査線上の画素は前段の発光状態の影響は受けなくなる。従って陽極線から駆動電流を流した場合，各画素は同じ動作をすることになりその結果，発光輝度に差が生じることは無く表示の濃淡が発生することを防いでいる。またこの駆動回路は，非選択の走査線は電源電位で保たれており，陽極線上の非点灯画素は逆バイアス電圧により充電されている。選択された走査線上の画素は，陽極線からの駆動電流に

電源電位

走査線からの充電電流

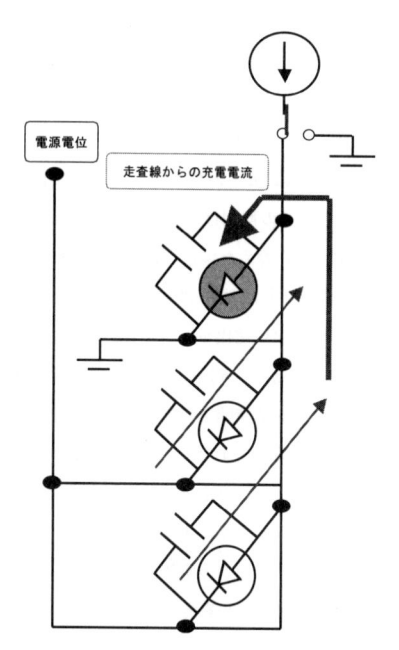

図5　非点灯画素からの充電電流の動き

により容量成分への充電が始まるが，非点灯画素の逆バイアス電圧により充電されている容量成分からも同時に充電されるため，選択された走査線上の画素はその両端電圧を瞬時に発光可能な電位まで立ち上がることができるので，発光の立ち上がり特性を改善することが可能である(図5)。

3.3.4 大電流駆動

　この駆動回路は，選択された走査線上の画素に対して駆動電流を流す前に，容量成分に対する充電を目的とした大電流を流す回路が提案されている。通常，選択された走査線上の画素に駆動電流を流した場合，まず容量成分へ電流が流れ込み電荷が充電された後，画素に電流が流れる仕組みとなる。従って，選択された走査線上の画素へ電流が流れるまでには，充電時間分の立ち上がりの遅れが発生してしまう。この場合，PM駆動の場合は，選択された画素の容量成分だけではなく，陽極線に接続されている非選択画素の容量も同時に充電しなければいけない。従って，この容量成分を充電する為の時間を計算式で表すと下記の通りになる。

$$T = C \cdot S \cdot N \cdot Vf / I$$

ここで，　T:充電時間，C:単位面積当りの有機EL素子容量，S:表示面積，N:陽極に接続されている画素数，Vf:有機EL素子の発光開始電圧，I:供給電流，である。

計算式より，表示面積が大きくなることや画素の数量が多くなること，また供給電流量が小さくなってしまうと充電時間は長くなってしまう。

例としてC＝25nF/cm²，S＝300×300μm，N＝64，Vf＝4V，I＝100μAとした場合，充電時間Tは57.6μsとなり，この期間は発光に寄与しない。走査線の周期を100Hzと考えた場合，選択期間の時間は156μsであり充電時間は選択期間の1/3以上占めることになり，充電時間の短縮化を検討する必要がある。この問題を解決する為に，前段の走査線と選択する走査線の間にブランキング時間を設け，選択された走査線上の画素に駆動電流を流す前に，ブランキング時間に発光に必要な駆動電流より大きな電流を流すことにより，選択された走査線上の発光画素部に対して，所望の輝度で発光する時の順方向電圧の電位と等しくなるようにする方法である。また，ブランキング時間に一度接地電位にしてから大きな電流を流し，その後所望の輝度が得られる駆動電流を供給する方法も提案されている。どちらも画素の容量成分の影響による発光特性の立ち上がり特性の改善を目的とした駆動回路となっている(図6)。

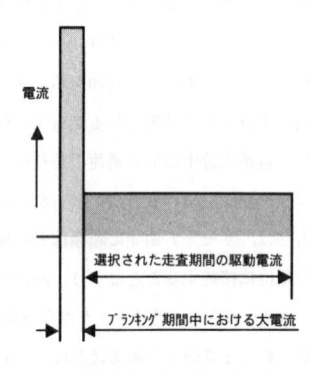

図6　大電流を流した時の発光波形

3.4　AM駆動方式
3.4.1　AM駆動方法

AM駆動とは，1画素にトランジスタと電圧保持用のコンデンサで構成され，1フレーム期間中に発光を維持させることができる駆動方式である。有機EL素子をAM駆動する場合，図7に示す回路構成となり1画素に2個のトランジスタと1個のコンデンサにより構成されている。トランジスタはスイッチング用トランジスタ(Tr1)と駆動用トランジスタ(Tr2)に分かれる。コンデンサ(C)は駆動用トランジスタのゲート(G)-ソース(S)間の電圧保持用に使用される。駆動方法としては，走査線からTr1をONにする信号が入力され，その時に信号線からTr2のゲート電圧を供給することによりドレイン電流が流れ，有機EL素子が発光する。Cにゲート-ソース間に必要な電圧が保持されることにより，走査線からTr1をOFFにする信号が入力された後もTr2にはゲート-ソース間には電圧がかかり，電源線からドレイン電流が供給されることにより，有機EL素子は発光を維持することができる。この発光は，1フレームの間一定の輝度を保持することができるので，有機EL素子の発光輝度とディスプレイの画面輝度が同じ値となり，PM駆動時のように有機EL素子を瞬間的に高輝度で発光させる必要性はない。この駆動方式で有機EL素子を

第1章　長寿命化技術

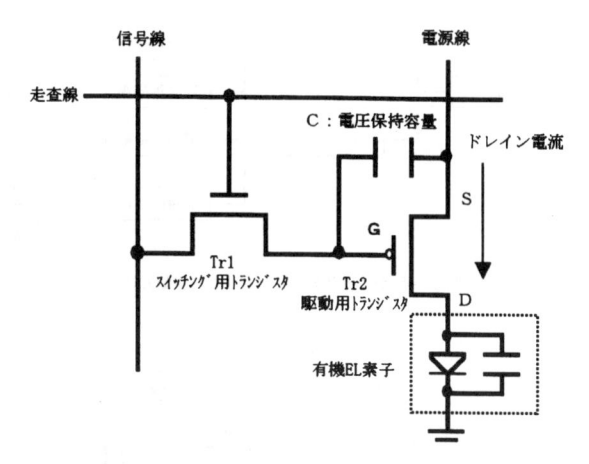

図7　2トランジスタ法／Conductance Controlled

駆動させる場合，ディスプレイでの表示内容についてはPM駆動のような制限は無く，画素数の多い（走査線の数が多い）大きなディスプレイを駆動させる場合に適している。また，消費電力については有機EL素子特性から所望の輝度を得るためには，低電圧領域での駆動となることや，駆動電流を低く抑えることができるため，低消費電力での駆動が可能である。

3.4.2　有機EL素子の特長を考慮したAM駆動方法

先程紹介したAM駆動方法は，2トランジスタ法あるいはCC(Conductance Controlled)法と呼ばれる回路[4]であり，AM駆動で有機EL素子を駆動させる重要な回路であり，すべてのAM駆動の原点となる画素回路である。現在は，この回路をベースとして色々な画素回路が提案されている。図8に今まで開発されたAM駆動方式を記載する。2トランジスタ法の画素回路では，TFT素子の閾値電圧・移動度などの特性のばらつきや経時変化による特性変化が，有機EL素子の発光に直接影響を与えるので，ディスプレイにした場合全面均一な輝度を得ることが出来ない。また，中間調表示を行ってもTFT素子の特性ばらつきが大きくなり，階調制御がうまくできないと言う問題点がある。従って，現在図8のようなさまざまな駆動方式が提案され，これらの特性ばらつきや経時変化に対応できる駆動回路が提案されている。ここでは，アナログ駆動の電流指定方式を例にして駆動回路の動作説明をする。

3.4.3　電流指定方式

図9は，Sarnoff Co.が1998年に発表された画素回路[5]である。この回路も2トランジスタ法の拡張版である。この画素回路の構成は，電源線V_{DD}，駆動用トランジスタMN2，電圧保持容量C，スイッチング用トランジスタMN1，走査線の基本回路構成となっている。改善する為に追加

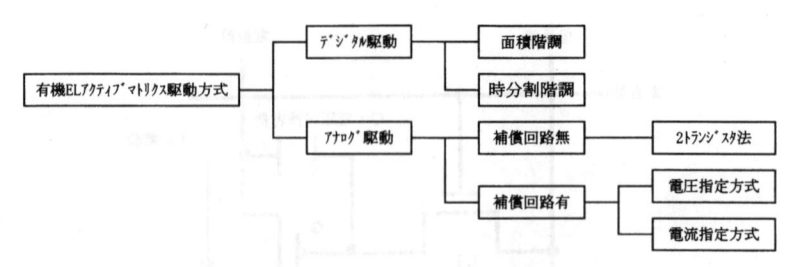

図8 有機ELアクティブマトリクス駆動方式

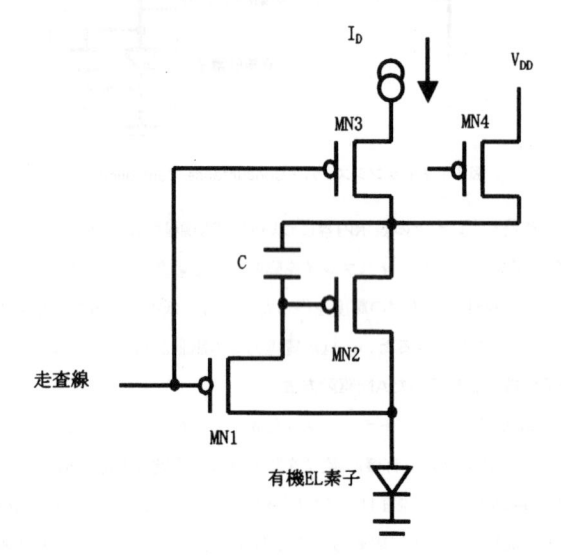

図9 Sarnoff Co. IEDM'98

された点は,まず信号線から定電圧を供給する代わりにスイッチ付き(MN3)の定電流源を外部に持ち,駆動電流(I_D)を供給する点と,電源線にスイッチMN4が付き切り替え機能が加わった点である。動作手順としては,

① MN4のスイッチをOFFにしてV_{DD}を遮断し,MN1とMN3のスイッチをONにして,I_D電流をMN2に流す。

② MN2にI_D電流が流れはじめると,有機EL素子の容量成分の影響によりMN2が安定するまで時間がかかる。最終的にCにはI_D電流に応じたMN2のV_{GS}電圧が記憶される。

③ MN1とMN3をOFFにし,MN4のスイッチをONにすることにより電源線V_{DD}からCに蓄えられたMN2のV_{GS}電圧に基づくI_{DD}電流が有機EL素子に流れる。

この駆動方式は,駆動用トランジスタ(MN2)の閾値電圧や移動度のばらつき及び有機EL素子の経時変化-(駆動電圧のシフト)に対応することができる優れた機能をもつ回路である。ただし,先の動作手順におけるI_{DD}電流は駆動用トランジスタの飽和領域がフラットな特性である場合,$I_D=I_{DD}$の式が成り立つが,この飽和領域の特性がフラットでない場合は,先の式が成り立たないので注意が必要である。

3.5 おわりに

有機EL素子の駆動方法について基礎的な説明をしてきたが,有機EL素子の特性を生かした独特の駆動方法の開発はまだまだ行われていくものと考える。PM駆動においては,容量成分の影響による立ち上がり特性の改善や鮮やかな中間色の再現及び低消費電力化が可能な駆動方法の開発がより一層望まれる。AM駆動においては,駆動電流がPM駆動と比較してかなり小さい値となるため,駆動電流のばらつき制御や容量成分の影響による低輝度領域における中間色の色再現性向上が望まれる。またTFT素子の特性ばらつき及び経時変化に伴う補正回路の導入も重要である。

文　　献

1) 特開平9-232074
2) 特開平11-311978
3) 特開2001-331149
4) 下田達也,木村睦,「2001FPDテクノロジー大全」,第3章,p.747
5) R. Dowson *et al.*, Digest of IEDM98, p.875 (1998)

第2章　高発光効率化技術

1　リン光EL素子の原理と発光機構

河村祐一郎[*1]，合志憲一[*2]，安達千波矢[*3]

1.1　Introduction

　図1に有機EL素子の発光メカニズムを示す。陽極からホールを陰極から電子を注入し，注入された電子とホールは有機層内を輸送され，ある分子において再結合を起こし分子励起子が生成される（図1）。この際に，電子とホールのスピンの組み合わせには4つの固有状態が存在し（図2），一重項励起子と三重項励起子が1：3の割合で生成される[1)]。そのために，蛍光をEL

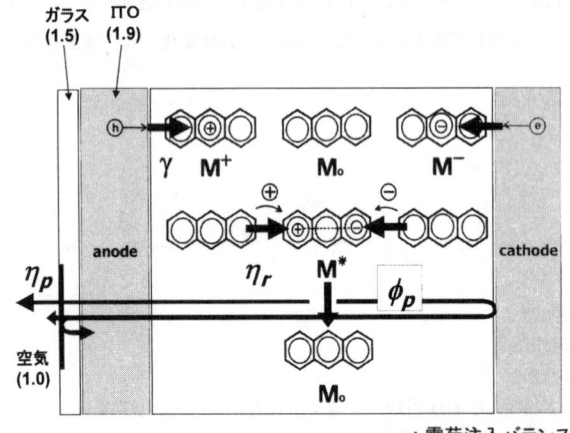

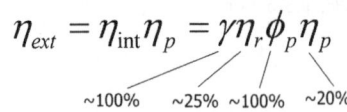

$$\eta_{ext} = \eta_{int}\eta_p = \gamma\eta_r\phi_p\eta_p$$

~100%　~25%　~100%　~20%

γ: 電荷注入バランス
η_r: 励起子生成効率
ϕ_p: 発光量子効率
η_p: 光取り出し効率

図1　有機EL素子の電荷注入・輸送・再結合過程

＊1　Yuichiro Kawamura　　（独）科学技術振興機構
＊2　Kenichi Goushi　　千歳科学技術大学大学院　光科学研究科
＊3　Chihaya Adachi　　千歳科学技術大学　光科学部　物質光科学科　教授；（独）科学技術振興機構

第2章 高発光効率化技術

に用いる場合は励起子生成効率が25%，リン光をELに用いる場合は75%～100%と大幅に励起子生成効率が向上することになる。現実に，現在では，Ir系リン光材料を用いることにより，緑色発光で19%[2]，赤色発光で7%[3]，青色発光[4～6]に関しても10%を超える外部量子収率（η_{ext}）が報告されているが，これは光取出し効率が～20%であることを考

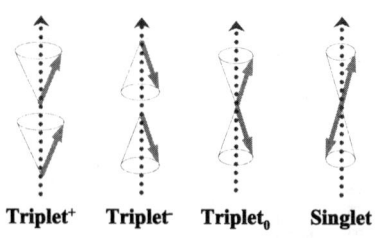

図2 電子とホールの再結合により生成する4つの固有状態

慮した際，内部量子収率（η_{int}）が緑色発光においてほぼ～100%に到達していることを示唆している[7,8]。この様に，有機金属リン光材料を用いた有機発光ダイオード（OLED）は，現在，内部量子効率が100%に迫る究極の発光効率を実現した。本節では，イリジウム系有機金属リン光材料の光励起・失活過程の基礎についてEL過程との相関から述べる。

1.2 Ir系リン光材料

図3に一般的な有機分子のエネルギー状態図を示す。通常，光励起下においては，S_0（基底状態）からS_1（一重項励起状態）への光吸収が生じ，基底状態に戻る際に放射される光を蛍光（fluorescence）といい，スピンが内部磁場効果により反転し三重項励起状態へ遷移し，そこから放射失活して基底状態へ戻る過程をリン光（phosphorescence）と言う。リン光は，励起寿命が長

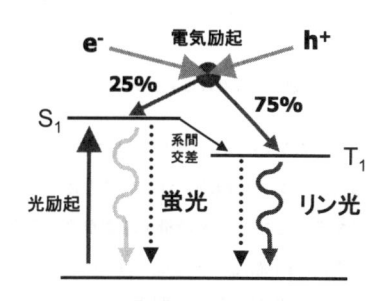

図3 電流励起過程と光励起過程による分子励起子の生成

いため，通常，競合する強い熱失活プロセスの存在のために，室温では観測されない弱点がある。そのため，三重項励起子を利用することは，通常，有機ELにおいては高い発光効率を期待することができない。三重項を用いれば高い発光効率が得られることは，原理的には1960年代から分かっていたことであるが[1]，実際には，室温において高いリン光量子収率を有する化合物を単純な縮合多環芳香族から見つけ出すことは困難である。例えば，リン光物質として代表的な化合物としてBenzophenone（BP）誘導体がある。BPは蛍光を示さないことから，系間交差の速度定数は$k_{ST}～10^{10} s^{-1}$程度の高い値を有し，$\phi_{ST}=100\%$を意味する。ここで77Kの測定から，BPのリン光の量子収率は0.90，三重項励起状態の励起寿命は$6×10^{-3}$sであり，リン光の速度定数$k_P～150$，三重項無放射失活の速度定数$k_{nT}～20 s^{-1}$が得られる[9]。ここで，k_Pの値は温度により，

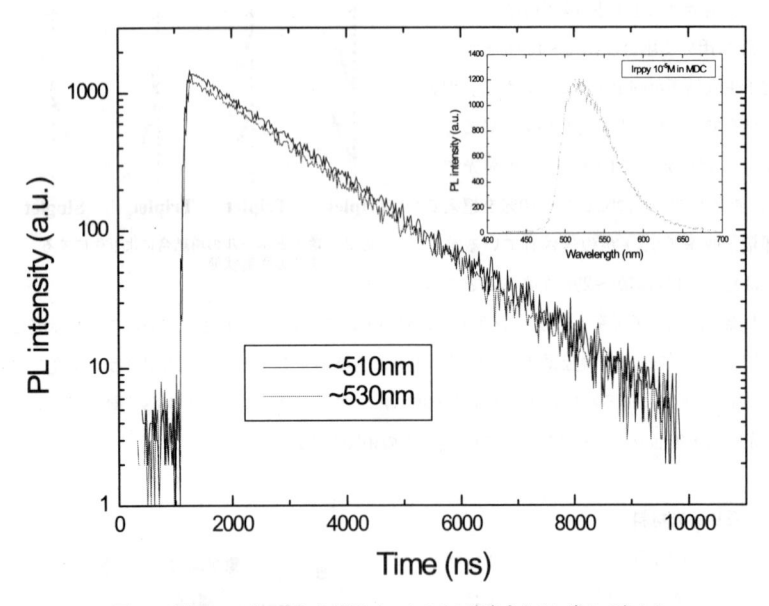

図4 ジクロロメタン中におけるIr(ppy)₃のリン光寿命とリン光スペクトル

あまり変化しないが，k_{nT}は温度と共に増加し，25℃では，k_{nT}〜10^5の値を有する。従って，室温では事実上リン光は観測されないことになる。さらに有機ELデバイスとして考えた場合，仮に低温にすることでリン光の量子収率が高い場合でも，リン光寿命がms〜秒オーダーの長い値を有すために，EL過程において，励起状態の飽和や三重項－三重項消滅(Triplet-triplet annihilation)が活発に生じてしまう問題点がある。つまり，室温において，たとえリン光量子収率が高くても，励起寿命が長い限りデバイスとしては使えないことになる。実際，1990年において，筆者らは，Benzophenone（BP）誘導体を発光材料に用いてEL発光を観測しているが，発光が極低温に限られていること，また，励起状態の飽和現象を観測している[10,11]。一方，Ir，Ptなどの有機金属化合物は，室温においても非常に強いリン光を示す。これは，Ir原子による分子内の強いスピン－軌道相互作用(L-S coupling)のために，系間交差の速度定数が速いことに加え，三重項励起状態の禁制遷移が緩和され，放射失活過程の速度定数が比較的大きいことに起因する。図4にジクロロメタン中のIr(ppy)₃の発光スペクトルを示す。発光は520nmを中心としたブロードな発光を示し，発光寿命は波長に大きく依存せず〜3μsの値を有する。この発光は，MLCT (Metal to ligand charge transfer)の三重項状態からの放射遷移であり，Irの重原子効果による強い摂動が放射遷移を可能にしている。

第2章 高発光効率化技術

　固体状態において効率の良いリン光発光を得るためには，濃度消光を防ぐために蛍光材料と同様にゲスト－ホスト型の分散構造が必要である。Ir(ppy)$_3$の場合，～15wt%以上の濃度において顕著な濃度消光が観測されるが，蛍光材料と比べて濃度消光が起きる濃度は高めである。これは，一つには，分子形状が球形に近いために，分子間相互作用が弱いものと考えられる。また，高効率を得るためにホスト材料の選択は重要であり，ゲスト分子よりも大きな三重項エネルギーを有することがエネルギー閉じ込めの観点から必須である。現在，三重項励起子の閉じ込め効果，耐久性，bipolarキャリヤ輸送性の観点からCBP(4,4'-dicarbazolyl-1,1'-biphenyl)[12]がホスト材料として多用されている。

1.3　Ir(ppy)$_3$のPL機構（Ⅰ）：低温におけるIr(ppy)$_3$の特異な発光特性[13]

　一般的に芳香族有機化合物は，低温になるに従い励起子の非放射失活過程が抑制されるため，蛍光強度の増大と共に発光寿命の増大が見られる。同様にS$_1$からT$_1$への系間交差(ISC)の大きな材料では，低温下においてリン光発光が観測される。一方，図5にCBP中にIr(ppy)$_3$を分散した系におけるPL発光強度と寿命の温度依存性を示すが，この様にPL強度は温度依存性を全く示さず，発光寿命はT～50K以下になると急激に長くなる特異な現象が観測される。この原因として二つのメカニズムが考えられる。①ゲスト材料であるIr錯体とホスト材料であるCBPの三重項エネルギー準位間の相互作用(back energy transfer)が原因である。②Ir化合物の内部失活の特

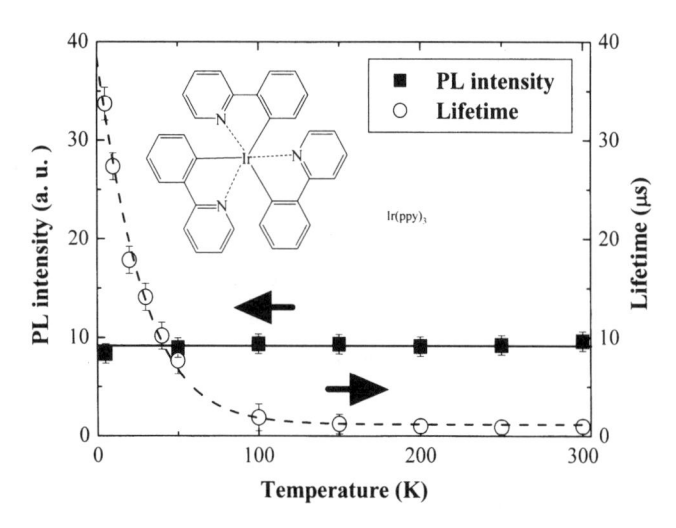

図5　CBP中にIr(ppy)$_3$を共蒸着した薄膜におけるPL発光強度と寿命の温度依存性

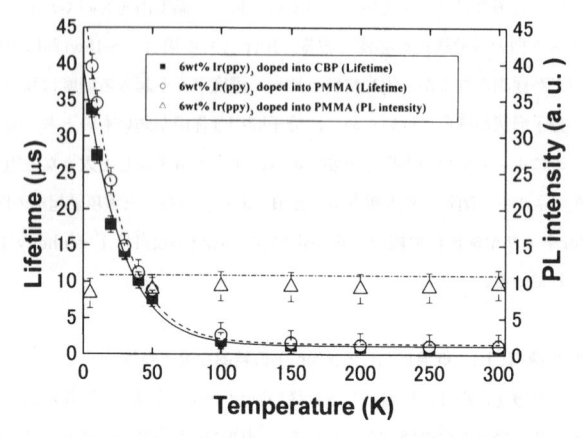

図6 PMMA中にIr(ppy)₃を分散した分散膜におけるPL発光強度と寿命の温度依存性

性であり，Ir化合物の複数の三重項励起準位からの放射遷移確率もしくは項間交差速度に温度依存性があるため発光寿命が変化する，などのメカニズムが考えられる。そこで，これらのメカニズムを検証するためにPMMAにIr(ppy)₃を6 wt%ドープして，りん光寿命とPL強度の温度依存性を測定した。PMMAは光学的に不活性媒体であり，Ir(ppy)₃との間でエネルギー移動を生じないメリットがある。図6は，Si基板上にスピンコート法で薄膜を作製し，温度を5～300Kまで変化させストリークカメラを用いてPL過渡スペクトルを測定した結果である。興味深いことに，CBPをホストにした場合と同様に，Ir(ppy)₃のPL強度は温度依存性を示さないのに対し，発光寿命はT=50K以下において顕著な温度依存性を示した。このことから，PL強度と発光寿命の特異な温度特性は，Ir(ppy)₃の内部失活の特性であると結論できる。

1.4 PL絶対量子収率の測定と濃度依存性[14]

PL強度が温度依存性を示さないことは，η_{int}～100%を示唆している。そこで，Ir錯体のη_{int}を求めるために，積分球を用いたIr錯体ドープ膜の絶対発光量子収率（η_{PL}）の結果を図7に示す。CBP中に緑色発光錯体Ir(ppy)₃を2～80wt%（1.5～75mol%）ドープした薄膜（100nm）のη_{PL}及びτ_{ph}のドープ濃度依存性を測定したところ，2 wt%及び6 wt%時でそれぞれη_{PL}=97±2%，92±3%が得られ，実際にη_{int}が～100%に近い値であることが確認された。更に6 wt%時に赤色発光錯体Btp₂Ir(acac)ではη_{PL}=51±1%が得られ，OLEDのη_{ext}から予想される発光効率と良好な一致を示した。つまり，Btp₂Ir(acac)は何れの温度域においても三重項レベルからの温度に依存しない熱失活過程を有することがわかった。よって，赤色リン光は材料の最適化により，更

第 2 章　高発光効率化技術

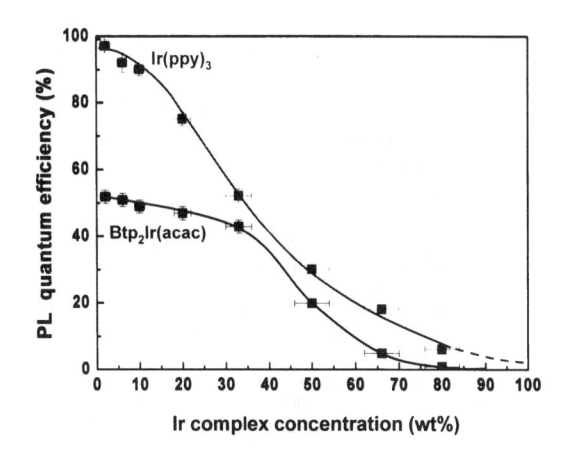

図 7　CBP中におけるIr(ppy)$_3$とBtp$_2$Ir(acac)のPL絶対量子収率の濃度依存性

にEL効率を 2 倍向上できる可能性がある。

　いずれの錯体もドープ濃度の増大と共に顕著なη_{PL}の減少が観測されたが，この効率減少に対しIr(ppy)$_3$のη_{PL}はk_{ph}，非放射速度定数（k_{nr}），濃度消光速度定数（k_{CQ}）を用いて(1)式のように表すことができる。各濃度におけるη_{PL}とk_{ph}（=7.5×10^{5}s^{-1}）の値よりk_{CQ}を算出した（ここでk_{nr}はk_{ph}に比べ十分

$$\eta_{PL} = \frac{k_{ph}}{k_{ph}+k_{nr}+k_{CQ}} \quad (1)$$

$$k_{CQ} = \frac{1}{\tau_{ph}}\left(\frac{R_0}{R}\right)^6 \quad (2)$$

小さいと仮定）。得られたk_{CQ}に対し，錯体のmol％から求めた平均分子間距離とFörster型エネルギー移動の式(2)を用いてfittingを行ったところ，実験値との良好な一致が見られ，CBP膜中のIr(ppy)$_3$の濃度消光臨界距離はR_0=1.32nmと見積られる。

1.5　Ir(ppy)$_3$の三重項励起状態の閉じ込めと散逸過程[15]

　りん光物質を発光材料に用いる場合，高効率発光を得るためにはホスト分子による三重項準位の閉じ込めに注意しなければならない。しかしながら高効率発光をOLEDデバイスで得るためには，ホスト材料に対してのみではなく再結合サイトとなっている界面近傍，すなわち発光層と隣接するホールもしくは電子輸送層の三重項準位に対しても十分な注意を払う必要がある。一般にITO/α-NPD/Ir(ppy)$_3$：CBP/BCP/Alq$_3$/MgAgなどのα-NPDをホール輸送層に用いたデバイス構成においては発光効率が〜12％程度に留まっているのに対し，ホール輸送層にTPD[4,4'-bis(N-(p-tolyl)-N-phenyl-amino)biphenyl]系のジアミン誘導体を用いると僅かながら発光効率が向上する場合が多い。これはTPDの三重項レベルに比べα-NPD[4,4'-bis(N-(1-naphthyl)-

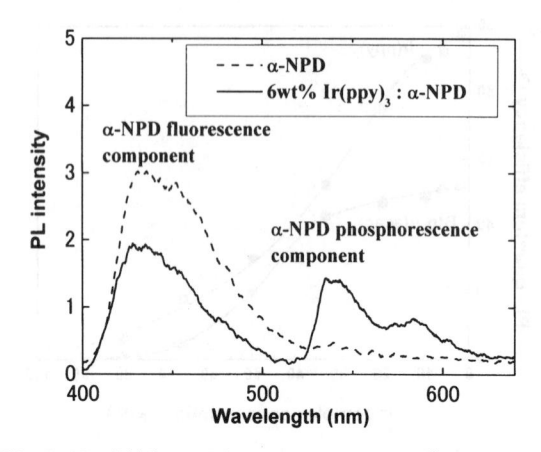

図8 T=5Kにおけるα-NPDと6wt%-Ir(ppy)$_3$：α-NPD膜のPLスペクトル

N-phenyl-amino)biphenyl]の三重項準位の方が10nm程長波長側に存在し励起子の閉じ込めが不十分であるため，ホール輸送層の三重項準位へ励起エネルギーが移動し，そこで非放射失活し発光効率に至ったと考えられる。このことを実験的に確かめるためSi基板上にIr(ppy)$_3$を6wt%ドープしたα-NPD薄膜(50nm)を作製し，温度を5～300Kまで変化させストリークカメラを用いてPL過渡スペクトルを測定した。また比較のためにホスト材としてTPD，CBP，TRZ（トリアジン誘導体）についても検討した。

図8にα-NPD膜及びIr(ppy)$_3$を6wt%ドープしたα-NPD膜におけるT=5K時のPLスペクトルを示す。540nm近傍の発光はIr(ppy)$_3$ではなくα-NPDのりん光成分である。実線はIr(ppy)$_3$をドープしたα-NPD膜における発光スペクトルを示すがIr(ppy)$_3$は全く発光を示さなかった。更にホストであるα-NPDからの発光成分は未ドープ膜に比べ，けい光強度が減少し，単層膜と比べてもPL寿命が短くなった(～1.5ns)。これは390～430nmにα-NPDの発光とIr(ppy)$_3$の吸収に重なりがあることからIr(ppy)$_3$へ一重項励起エネルギーが移動したためであると考える。ここで一番重要なのは図4から理解されるようにIr(ppy)$_3$をドープしたα-NPD膜の方がα-NPDのりん光成分が強く出ることである。これはα-NPDの一重項準位からIr(ppy)$_3$の一重項準位へエネルギー移動した後，Ir(ppy)$_3$の一重項準位から三重項準位へ重原子効果により100%項間交差し生成された三重項励起子が，再びα-NPDの三重項準位へほぼ100%の効率でエネルギー移動していると考える。そのため，α-NPD単層に比べIr(ppy)$_3$をドープしたα-NPDのりん光が強くなり，またIr(ppy)$_3$が発光しないと結論できる。

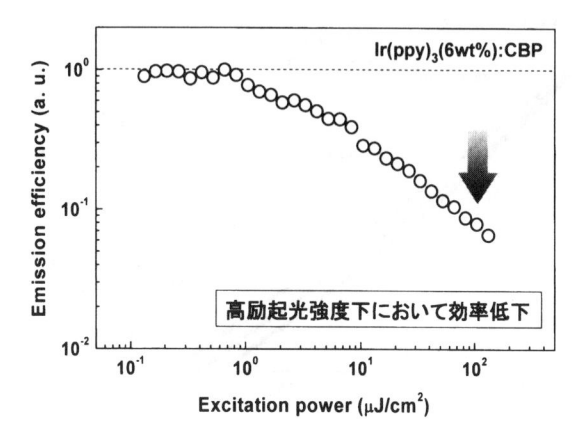

図9 Ir(ppy)₃(6wt%):CBP薄膜の光励起下でのPL効率の励起強度依存性
（励起：窒素ガスレーザー（337nm））

1.6　高強度励起光下におけるIr(ppy)₃:CBP共蒸着膜の光物性[16]

　リン光OLEDは，三重項励起子からの発光を利用することによりほぼ100％の内部量子収率が得られるが，高電流密度下においては顕著な発光効率の低下が観測されている。その要因として，三重項励起子間でのT-T annihilation（TTA）による失活を提案してきた。ここでは，Ir(ppy)₃をドープした有機薄膜層の光励起下におけるPL効率を測定し電流励起下でのEL効率の比較から三重項励起子失活のメカニズムについて議論する。ホスト材料としてCBPを用い，Ir(ppy)₃を6wt％ドープした層をガラス基板上に真空蒸着により100nm成膜し，N₂ガスレーザー（波長337nm）による光励起時の発光スペクトル及び発光強度の励起光強度依存性の結果を図9に示す。その結果，励起強度（P_{in}）の上昇に伴いIr(ppy)₃のη_{PL}が減少すること，また，CBPホストの発光が出現することがわかった。また，何れの光強度下においてもAmplified Spontaneous Emission（ASE）に基づく発光は観測されなかった。

　図10にはIr(ppy)₃:CBP薄膜のPL過渡現象の励起強度依存性を示す。励起強度の増大に伴い，減衰曲線はsingle exponentialから大きく外れることがわかった。この依存性は，従来のT-T annihilationのモデルでは説明ができずFörster型のエネルギー移動で説明が可能である。このことは，三重項同士の励起子失活が，Förster型のエネルギー移動を介して生じていることを意味している。

有機ＥＬ材料技術

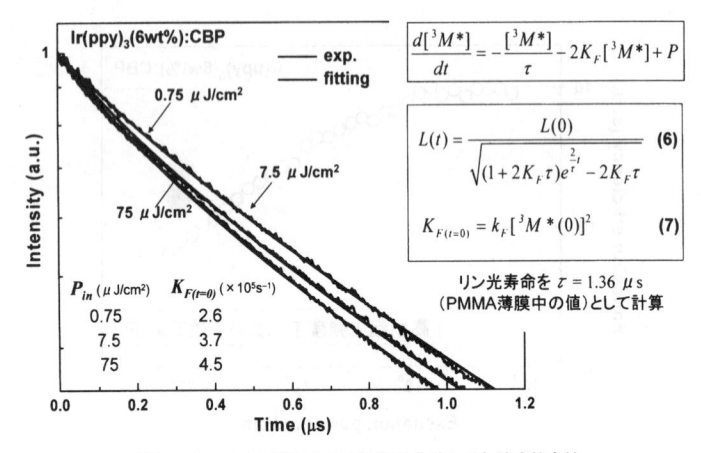

図10　Ir(ppy)₃:CBP膜における過渡PL曲線の励起強度依存性

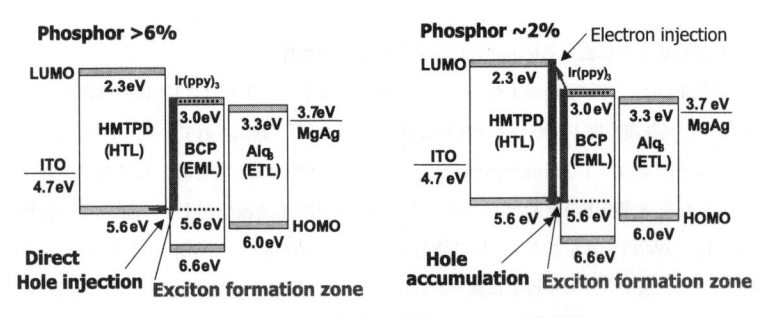

$$\frac{d[^3M^*]}{dt} = -\frac{[^3M^*]}{\tau} - 2K_F[^3M^*] + P$$

$$L(t) = \frac{L(0)}{\sqrt{(1+2K_F\tau)e^{\frac{2}{\tau}t} - 2K_F\tau}} \quad (6)$$

$$K_{F(t=0)} = k_F[^3M^*(0)]^2 \quad (7)$$

リン光寿命を $\tau = 1.36 \mu s$
（PMMA薄膜中の値）として計算

P_{in} (μJ/cm²)	$K_{F(t=0)}$ (×10⁵s⁻¹)
0.75	2.6
7.5	3.7
75	4.5

図11　有機リン光EL素子におけるキャリヤー注入機構

1.7　Direct exciton形成機構

　有機ELにおける励起子生成過程には，大きく分けて2種類に分類できる。①ホストで励起子が生成されゲスト分子にエネルギー移動する過程と②ゲスト分子でダイレクトにキャリヤ再結合・励起子生成が生じる場合の二つに大別することができる。Ir(ppy)₃の濃度を変化させた場合，EL発光スペクトルは，ゲスト分子の濃度に依存して大きく変化する。通常，①の機構が働いている場合，濃度の減少と共に，ホスト材料の発光が見られるが，リン光デバイスの場合，ホール輸送材層（HTL）の発光が強くなっていく様子が見られ，このことは，ゲスト分子の濃度が高い場合は，HTLからゲスト分子のHOMOレベルにホール注入がダイレクトに生じ，主にホストに

第2章 高発光効率化技術

よって運ばれてきた電子と再結合すると考えられる（図11）。一方，ゲスト濃度が低い場合では，HTL／発光層界面においてゲスト分子へのホール注入サイトが減少するために，ホールがゲスト分子のHOMOレベルに注入できず，逆に電子注入がHTL内部に生じてしまい，HTL内でも励起子生成が生じてしまうことを意味している。CBPをホストとしたデバイス構造においても同様な発光スペクトルのゲスト分子濃度依存性が見られ，Directな電荷再結合過程と励起子生成がリン光デバイスの特徴的な過程である。現在，高効率発光が得られているリン光デバイスでは，キャリヤートラップ機構による励起子生成を経由している場合が多い。

文　献

1) M. Pope and C. Swenberg, "Electronic Processes in Organic Crystals and Polymers" (Oxford Science Publications)
2) C. Adachi, M. A. Baldo, S. R. Forrest, *Appl. Phys. Lett.*, **77**, 904 (2000)
3) C. Adachi, M. A. Baldo, S. R. Forrest, S. Lamansky, M. E. Thompson and R. C. Kwong, *Appl. Phys. Lett.*, **78**, 1622 (2001)
4) C. Adachi, Raymond C. Kwong, Peter Djurovich, Vadim Adamovich, Marc A. Baldo, Mark E. Thompson and Stephen R. Forrest, *Appl. Phys. Lett.*, **79**, 2082 (2001)
5) S. Tokito, T. Iijima, Y. Suzuri, H. Kita, T. Tsuzuki, and F. Sato, *Appl. Phys. Lett.*, **83**, 569 (2003)
6) R. J. Holmes, S. R. Forrest, Y.-J. Tung, R. C. Kwong, J. J. Brown, S. Garon, and M. E. Thompson, *Appl. Phys. Lett.*, **82**, 2422 (2003)
7) C. Adachi, M. A. Baldo, M. E. Thompson, and S. R. Forrest, *J. Appl. Phys.*, **90**, 5048 (2001)
8) C. Adachi, M. E. Thompson, and S. R. Forrest, *IEEE Journal on Selected Topics in Quantum Electronics*, **8**, 1077 (2002)
9) N. J. Turro, "Modern Molecular Photochemistry" University Science Books
10) M. Morikawa, C. Adachi, T. Tsutsui, and S. Saito, 51st Fall Meeting, Jpn. Soc. Appl. Phys., Paper 28a-PB-8 (1990)
11) S. Hoshino and H. Suzuki, *Appl. Phys. Lett.*, **69**, 224 (1996)
12) C. Adachi, R. C. Kwong, and S. R. Forrest, *Organic Electronics*, **2**, 37 (2001)
13) K. Goushi, H. Sasabe and C. Adachi, *Phys. Rev. Lett.*, (submitted)
14) Y. Kawamura, H. Sasabe and C. Adachi, *Appl. Phys. Lett.*, (submitted)
15) K. Goushi, H. Sasabe and C. Adachi, *J. Appl. Phys.*, (submitted)
16) Y. Kawamura, H. Sasabe and C. Adachi, *Appl. Phys. Lett.*, (submitted)

2 光取り出し効率

三上明義[*]

2.1 内部量子効率と外部量子効率

2.1.1 内部量子効率

有機EL素子の動作発光過程は図1に示すように，①陰極および陽極からの電子および正孔の注入過程，②発光層近傍における電子－正孔対生成による励起子形成過程，③励起子の輻射的再結合過程，および④外部への光放出過程に分けられる。各過程の量子効率を，それぞれγ（注入効率），η_{ex}（励起子形成効率），η_r（輻射再結合効率）およびη_o（光取出し効率）で表わすと，発光の内部量子効率η_{int}および外部量子効率η_{ext}は次式で与えられる。

外部量子効率 $\eta_{ext} = \eta_{int} \eta_o = \gamma \eta_{ex} \eta_r \eta_o$。

キャリア注入効率γは有機層のバルク伝導機構と電極からのキャリア注入機構に依存し，電極注入機構については，低電界ではショットキー機構，高電界ではトンネル機構が考えられる。有機層は分子状結晶で構成されたアモルファス状態のため，バルク伝導機構は原子配列の周期性に依存するバンド伝導ではなく，有機分子間に分布したLUMO準位を介してのホッピング伝導と

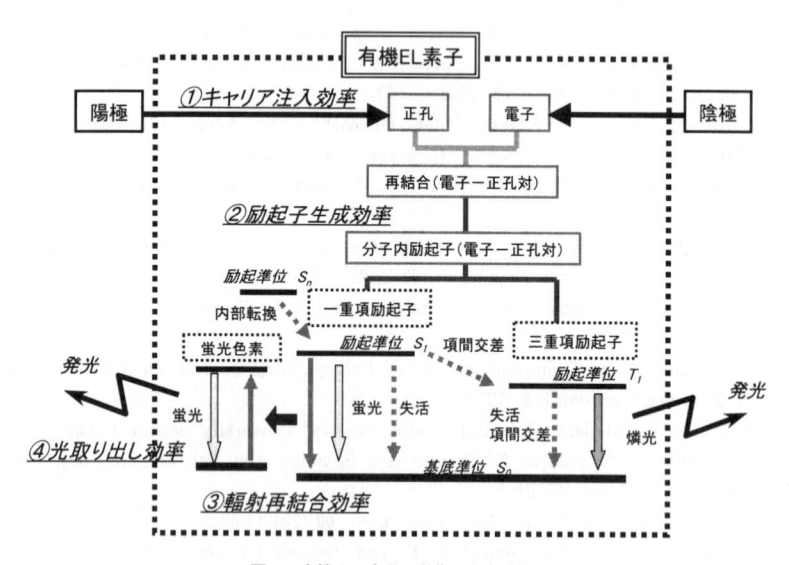

図1 有機EL素子の動作・発光過程

* Akiyoshi Mikami　金沢工業大学　電子工学科　教授

第2章　高発光効率化技術

空間電荷制限電流に支配される。電子および正孔の注入効率は電極材料の仕事関数に依存するが，例えば陰極から注入された電子電流J_eについて，有機層内で再結合等により消失する電流J_{re}と陽極まで通過する電流J_{te}には，$J_e = J_{re} + J_{te}$の関係が成り立つ。正孔に対しても同様に定義すると，キャリア注入効率η_{eh}は次式で表される。

$$\gamma = J_{re} / (J_e + J_{th}) = J_{rh} / (J_h + J_{te})$$

ここでJ_hは正孔電流を示す。素子の構造設計では，電子および正孔に対するブロック層を挿入することで，J_{te}およびJ_{th}は十分に小さくすることができるため，γはほぼ1に近い値が得られる。

　有機分子上で結合した電子－正孔対は電子の軌道関数とスピン関数を考慮に入れたスペクトル計算から1/4の確率で一重項励起子，3/4の確率で三重項励起子を形成する。一重項励起子が支配的な蛍光色素では励起子生成効率$\eta_{ex}=0.25$が基本的指標となる。三重項状態は分子軌道の空間的重なりに依存する交換積分項の効果により，エネルギー的には一重項状態より低く，スピン禁制状態により励起寿命が長く，このため失活確率は高い。前節で詳しく述べられたように，ドーパント材料としてイリジウム(Ir)錯体を用いた場合，ホスト材料からDexter機構（電子交換相互作用）によりIr錯体へのエネルギー移動が生じ，Irの三重項励起子からの発光が高い確率で生じる[1]。三重項状態の失活過程は緩和時間の長い燐光と無輻射遷移の競合であり，スピン－軌道相互作用の強い状態では禁制が緩和され，発光確率は高くなる。Irなどの原子量の大きい元素では一重項からの蛍光効率が低く，項間交差による一重項－三重項への転換が生じていると考えられる。三重項励起子の利用により，励起子生成効率は大きく改善され，$\eta_{ex}=0.75$となる。更に，三重項－三重項間のエネルギー交換効果（消滅過程）により，三重項励起子の一重項への転換を考慮すると，励起子生成効率η_{ex}は更に大きくなり，ほぼ1に近い値が得られる。

　輻射再結合効率η_rは励起子が発光層内を拡散し，再結合発光する確率である。この際，発光寿命をτ_r，非輻射再結合寿命をτ_nとすれば，輻射再結合効率は次式で与えられる。

$$\eta_r = \tau_n / (\tau_r + \tau_n)$$

τ_nが大きいほど，η_rは大きくなるが，非輻射再結合の原因としては有機分子内の失活過程の他，陰極界面での励起子解離が関係する。励起子の拡散長はAlq_3において10～20nmと見積もられ，膜厚を拡散長以上に設定するか，励起子を発光層内に閉じ込める方法が効果的である。η_rを大きくする（τ_nを長くする）ためには有機分子の蛍光量子収率を1に近づけることが必要である。有機分子上で形成された一重項励起子はFörster機構（双極子間相互作用）によりドーパントへエネルギー移動し，高い確率で発光する。エネルギー移動確率は母体とドーパントの発光－吸収係数の整合性に強く依存しており，高効率EL素子の殆どは量子収率の高い蛍光色素を添加したドーピング型であり，従ってη_rはほぼ1に近い。以上のことから，有機EL素子の内部量子効率（$\eta_{int} = \gamma \eta_{ex} \eta_r$）はほぼ100%に近いと考えられている[2]。

有機ＥＬ材料技術

2.1.2 外部量子効率と光取り出し効率

光取り出し効率η_oは有機層内で発生した光波エネルギーの外部への放出確率と定義できる。図2に示すように、有機層，電極および基板材料の屈折率差に依存して、境界面では全反射現象が生じる。スネルの公式による全反射の臨界角θ_cに基づく立体角制限では、光源を有機層内の点光源に起因すると仮定した場合（点光源近似），および光源をランベルトの余弦則に従う拡散面と仮定した場合（拡散面近似）において、光取り出し効率はそれぞれ次式で表わされる。

（点光源近似）
$$\eta_o = \frac{2\pi I_o \int_0^{\theta_c} \sin\theta \, d\theta}{2\pi I_o \int_0^{\frac{\pi}{2}} \sin\theta \, d\theta} = 1 - \sqrt{1 - \left(\frac{n_o}{n_e}\right)^2}$$

（拡散面近似）
$$\eta_o = \frac{2\pi I_o \int_0^{\theta_c} \cos\theta \sin\theta \, d\theta}{2\pi I_o \int_0^{\frac{\pi}{2}} \cos\theta \sin\theta \, d\theta} = \left(\frac{n_o}{n_e}\right)^2$$

ここで、n_eとn_0はそれぞれ有機発光層および媒質の屈折率，I_0は正面方向における単位立体角当たりの発光強度である。点光源近似では発光強度分布は等方的であり、拡散近似では余弦則に従うと仮定している。なお、パネルの背面側への放射光は背面基板側から外部に取り出されると考え、光取り出し効率に加算している。有機層，基板および媒質の屈折率をそれぞれ1.7，1.5および1.0とした場合，有機層から媒質を見た臨界角θ_cは36°となり、両近似式で求めた光波エネルギーの配分比は図2のようになる。例えば点光源近似では、有機層で47.1％（薄膜損失），ガラス基板内で33.8％のエネルギーが閉じ込められる（基板損失）。実際には基板の屈折率が有機層よりも小さいため、基板モード光は有機層内に染み出して伝搬しており、正確には"基板・薄膜損失"の方が適している。これらの導波光は基板横方向へ伝播した後、端面発光として放出されるか，あるいは伝播途中で非輻射的に失活する。この結果，外部に放出される光波エネルギーの比率，

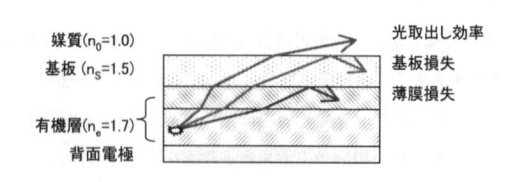

	光取出し効率	基板損失	薄膜損失
点光源近似	19.1 %	33.8 %	47.1 %
拡散面近似	34.6 %	43.3 %	22.1 %

図2　有機ＥＬ素子における全反射効果と光学損失
（光取り出し効率と各損失はスネルの公式を用いた立体角からの計算値）

第2章 高発光効率化技術

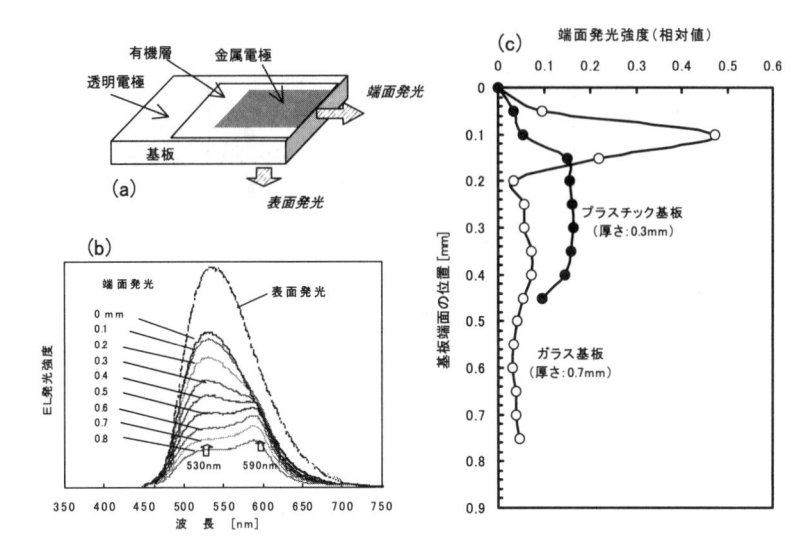

図3 有機EL素子からの端面発光解析（基板および薄膜モードの強度分布）
(a) 素子構造と端面発光
(b) 端面発光スペクトルの位置依存性および表面発光スペクトル
(c) 端面発光強度の位置依存性

即ち，光取り出し効率はわずか19.1％に過ぎない。背面側への出射光が外部に取り出せない場合，この値は更に1/2程度となる。なお，拡散近似では正面方向への強度成分が大きいため光取り出し効率は約35％であるが，発光が有機分子からの3次元放射光の積算であることを考慮し，本稿では点光源近似を用いて議論する。

図3は屈折率が異なるガラス基板（$n=1.52$, $d=0.7mm$）およびプラスチック基板（$n=1.65$, $d=0.3mm$）を用いて，基板端面から観察される内部伝搬光の発光強度分布を測定した結果である[3]。測定では直径100μmの光ファイバーを端面に接触し，厚み方向に0.1mm間隔で移動させた。同図(b)の発光スペクトルはガラス基板を用いた場合の位置依存性である。Alq_3の緑色発光は端面部からは520nmおよび590nmに波長ピークを示す2つの発光バンドに分かれており，複数の伝播モードの存在を示している。ガラス基板では薄膜モードに起因する強い発光ピークが現れているのに対し，プラスチック基板では基板モードによる発光が端面全体に一様に分布し，薄膜モードに起因する発光は抑制されている。この結果は高屈折率基板の使用により導波光の基板領域への染み出しが顕著になることを示している。

スネルの公式の範囲内では，蛍光および燐光材料における外部量子効率の上限値はそれぞれ約

有機ＥＬ材料技術

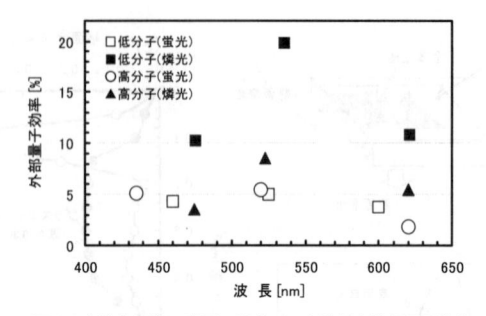

図4　高効率有機EL素子の発光ピーク波長と外部量子効率
(a) 低分子系蛍光材料
(b) 低分子系燐光材料(CDBP:Firpic[4]/CBP:Ir(ppy)[5]/CBP:Btp[2]Ir(acac)[6])
(c) 高分子系蛍光材料(PVK:NPD/PVK:C6/PVK:DCM)[7]
(d) 高分子系燐光材料(RPP/GPP/BPP)[8]

5％および20％である。図4に示すように，これまでに報告された外部量子効率の報告例[4〜8]は正にその上限値に近く，それを超える発光効率は報告されていない。このことから，光学設計を駆使した光取り出し効率の改善が，発光効率を向上させるために残された大きな課題となっている。

2.2　発光特性と光学的効果

電子の波動性に起因した電子場の量子化あるいは電子の局在化は光の回折限界以下〜10nm程度の空間領域で現れる。近接場光学の特徴はそれらの境界条件が伝播光の波長よりも十分小さいことであり，例えば有機EL素子に使用される電極バッファ層や数nm程度まで薄膜化されたプローブ層において考慮する必要がある。しかし，誘電体多層膜として知られる光学フィルム(1/4波長膜)，微小共振器構造(〜1/2波長)，フォトニクス結晶の周期構造(〜1波長)などは波長に比べて少し短い領域で生じる電磁場の量子化であり，特別な場合を除いては，まだ電磁場が伝播光の境界条件の範囲で記述できることが知られている。

代表的な二層構造低分子系有機EL素子について，正面輝度，発光スペクトルおよび輝度の角度特性の発光層膜厚依存性を図5に示す。素子構成はガラス基板／ITO透明電極／PVK正孔輸送層／Alq$_3$発光層／Al背面電極である。正面輝度はAlq$_3$膜厚の増加につれて最初は急激に増大しており，膜厚50〜60nm付近で最大値を示し，その後は再び低下する。実線は後述するフレネル解析で求めた光学シミュレーション結果であり，正面輝度が周期的に変動する様子が再現できる。パラメータは発光が生じている領域幅であり，発光領域が広がるにつれて，ピーク膜厚が高膜厚側に移動しながら変動範囲は小さくなる。発光スペクトルはAlq$_3$膜厚の増大につれて，徐々

第 2 章　高発光効率化技術

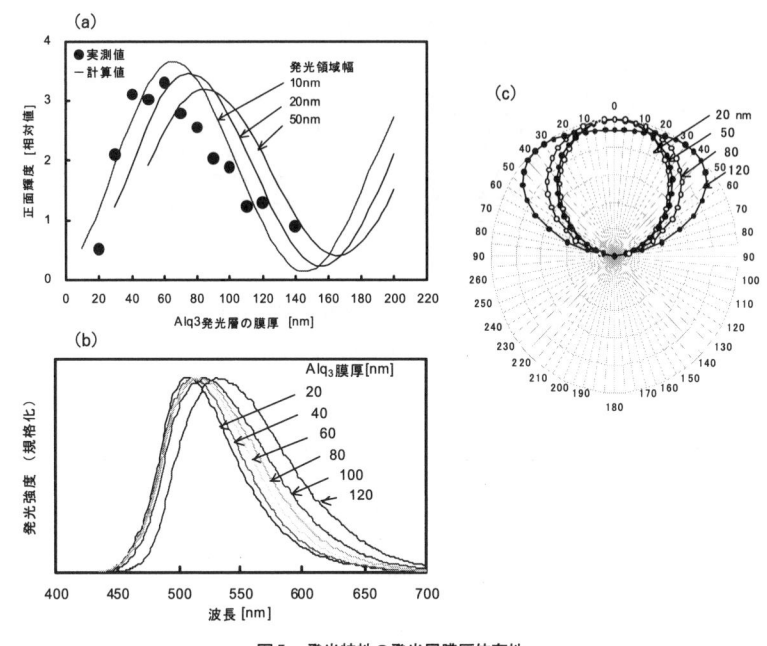

図 5　発光特性の発光層膜厚依存性
ITO(150nm)/PVK(30nm)/Alq₃/LiF(0.6nm)/Al
(a) 正面輝度
(b) 発光スペクトル
(c) 輝度の角度依存性

に長波長側へシフトし，半値幅が増大する。特に100nm以上の膜厚では長波長成分の増大が著しく，輝度の角度分布ではランベルト則からの大きな歪が生じる。

　Alq₃層の屈折率を1.75とした場合，ピーク波長λ_P=520nmの1/4波長($\lambda_P/4n$)は74nmに相当し，この値は最大輝度を示すAlq₃膜厚(実験:60nm，計算:65nm)とほぼ一致する。計算値における約9nmの差は金属電極におけるグースヘンシェンシフトの影響である。また，実測値が約5nm小さいのは，キャリア移動度や電界分布などの電気的要因が加わるためと推定される。更に，輝度が最小値を示すAlq₃膜厚(140〜150nm)は発光ピークの1/2波長($\lambda_P/2n$)にほぼ相当しており，これらの結果は有機EL素子の発光特性が薄膜内の多重反射効果に強く依存していることを裏付けている。

2.3　光学理論とシミュレーション解析技術

　光源部を内部に含む積層薄膜の放射特性は発光層内部の多重干渉効果と周辺多層膜の光学特性

有機ＥＬ材料技術

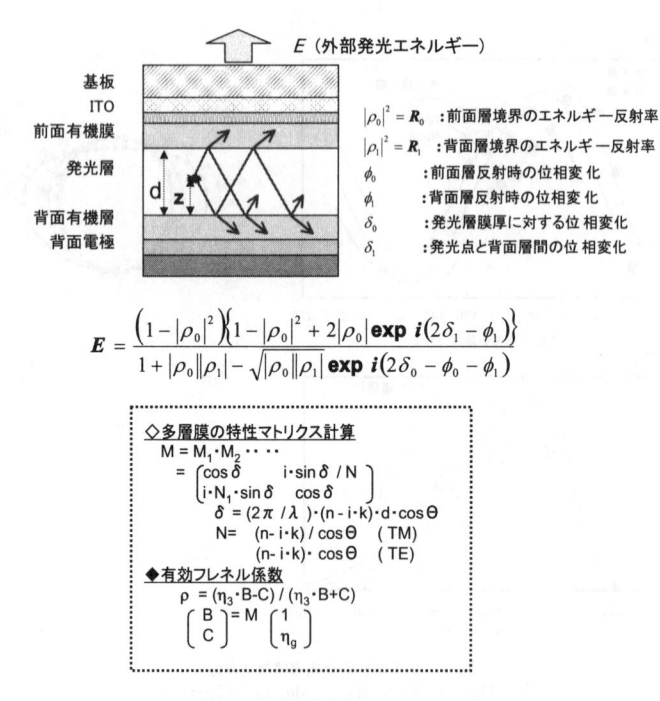

```
基板
ITO
前面有機膜        |ρ₀|² = R₀ : 前面層境界のエネルギー反射率
発光層            |ρ₁|² = R₁ : 背面層境界のエネルギー反射率
                  φ₀ : 前面層反射時の位相変化
背面有機層        φ₁ : 背面層反射時の位相変化
背面電極          δ₀ : 発光層膜厚に対する位相変化
                  δ₁ : 発光点と背面層間の位相変化
```

$$E = \frac{(1-|\rho_0|^2)\{1-|\rho_0|^2 + 2|\rho_0|\exp i(2\delta_1 - \phi_1)\}}{1+|\rho_0||\rho_1| - \sqrt{|\rho_0||\rho_1|} \exp i(2\delta_0 - \phi_0 - \phi_1)}$$

◇多層膜の特性マトリクス計算
$$M = M_1 \cdot M_2 \cdots$$
$$= \begin{pmatrix} \cos\delta & i\cdot\sin\delta / N \\ i\cdot N_1\cdot\sin\delta & \cos\delta \end{pmatrix}$$
$$\delta = (2\pi/\lambda)\cdot(n-i\cdot k)\cdot d\cdot\cos\Theta$$
$$N = \begin{array}{l}(n-i\cdot k)/\cos\Theta \quad (TM)\\ (n-i\cdot k)\cdot\cos\Theta \quad (TE)\end{array}$$

◆有効フレネル係数
$$\rho = (\eta_3\cdot B - C)/(\eta_3\cdot B + C)$$
$$\begin{pmatrix} B \\ C \end{pmatrix} = M \begin{pmatrix} 1 \\ \eta_g \end{pmatrix}$$

図6　フレネル理論を用いた有機EL素子の光学シミュレーション解析

を波長および光伝播角度の関数として計算することで求められる[3]。即ち，電極層を含めた周辺多層膜を光学的に等価な単層膜に置き換え，特性マトリクス計算により算出した有効フレネル係数を発光層内の多重干渉計算における境界条件として用いる。図6にそのアルゴリズムと簡単な計算式を示す。計算では発光源は発光層の特定領域にランダムに分布した点光源の集まりとし，各点からの放射光を積分することで外部放射強度とその角度特性が得られる。

　多層構造から成る分子分散型高分子系EL素子について，正面輝度および発光スペクトルの膜厚依存性の実測値とシミュレーション結果を図7に比較する。計算ではp偏光・s偏光に対する光学特性を別々に求めているが，一般に有機ELの発光特性は顕著な偏光特性を示さないことから，両偏光成分の平均値で表した。各層の光学定数とその波長分散は実測値を用いており，発光領域はPVK層とBu-PBD層の境界から10nmの領域と仮定した。正面輝度の実測値は計算結果とよく合致しているが，低膜厚側で両者に偏りがある。これは，正孔ブロック層によるキャリア閉じ込め効果の影響であり，光学解析では考慮できない部分である。発光スペクトルについても極めて微小な変化をよく再現している。ただし，Bu-PBD層のない場合は，正孔ブロック効果がな

第 2 章　高発光効率化技術

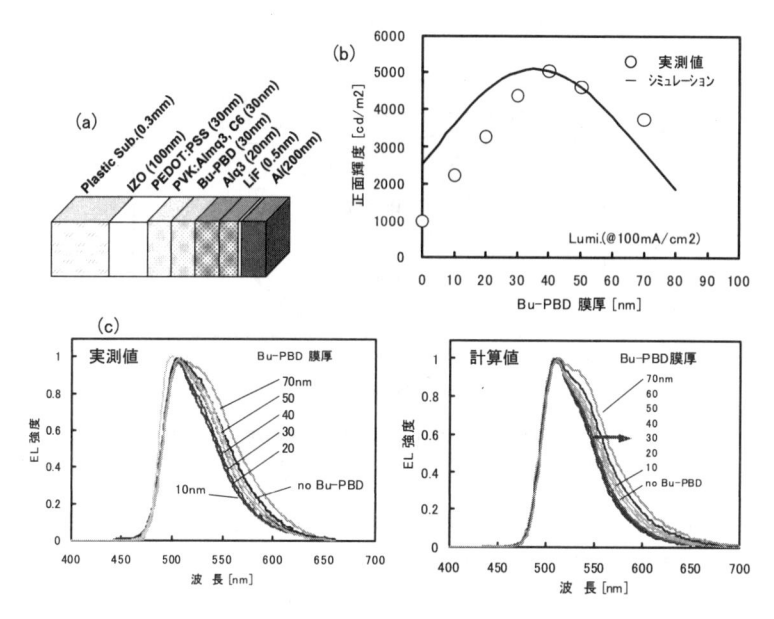

図7　分子分散型高分子系EL素子における光学干渉効果（実験とシミュレーションの比較）
(a) 素子構造
(b) 正面輝度の正孔ブロック層膜厚依存性（実測値と計算値は最大値で合致させている）
(c) 発光スペクトルの正孔ブロック層膜厚依存性

いためにAlq_3電子輸送層が発光しており，Coumarin6が発光すると仮定した光学計算とは合致しない。このように，フレネル理論では複雑な多層構成であっても，各層内の多重干渉効果を考慮できるため，発光特性を精度良く再現することができる。

　同解析で得られた全方向の発光強度分布を積分すれば，光取り出し効率を求めることができる。図7(a)に記載した標準膜厚をベースとして計算した光取り出し効率の各層膜厚依存性を図8に示す。光取り出し効率はBu-PBD層，Alq_3層など，背面反射電極と発光層の間に挿入された膜の影響が最も大きく，その値は3～36％の範囲で変化しており，多重干渉効果により大きく増減することを意味している。その他，屈折の比較的大きな透明電極の影響が次に大きい。標準膜厚が実験的に得られた最適値であることを考慮すれば，図9の計算結果は実測値との良い一致を示しており，同時に光取り出し効率が約35％に達する可能性のあることを示唆している。既に2.1.2項でスネル則に基づく全反射効果から計算した約20％は多重干渉効果が無視できない多層構造では平均的な値に過ぎない。同素子では量子収率の高い蛍光色素としてCoumarin6を用いて励起効率を高め，電流注入層や正孔ブロック層の挿入によりキャリア注入・再結合効率を高めてお

有機ＥＬ材料技術

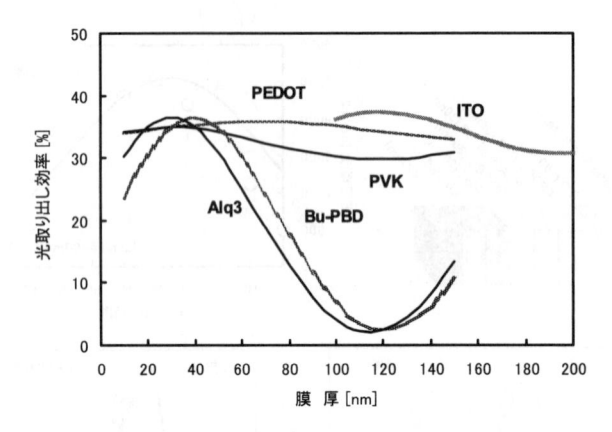

図8　光取り出し効率の各層膜厚依存性
（構造および標準膜厚は図7に示した分子分散型高分子EL素子に従う）

り，更に光学設計による光取り出し効率の最適化により，前項で述べた上限値を超える外部量子効率5.5％，可視発光効率10.2-lm/Wの緑色発光が得られている[7]。

　光伝播の広角領域ではスラブ構造の導波路が形成されていることによるモード変調効果が発光特性に影響を及ぼす。ITO電極の膜厚が100nmでは，有機層を含めた全厚が200nm程度となり，各層の屈折率が1.7～2.0の範囲にあることから，光学的等価膜厚は350～400nmまで小さくなる。Alq_3の発光波長は500nm付近であることから，薄膜内の横方向へ伝播する3次元波は薄膜面間の反射を繰り返すだけとなり，薄膜内では基本周波数までが遮断状態になる。このため，薄膜層の導波モードは消失し，伝播モードの分布は制限を受けることになり，光取り出し効率が更に高くなる可能性がある。また，有機層と同程度の高屈折率基板(n=1.65～1.80)を使用した場合，薄膜モード光の大部分を基板モードに転換することができるため，後述するマイクロレンズ等の表面形状設計や屈折率傾斜構造の採用により，更に光取り出し効率を高くできる。本項のフレネル解析では実験結果との比較的良い合致が得られたが，広角側の計算結果に対する特性マトリクス計算の信頼性不足，表面平坦性などの形状効果，横伝搬光の空間コーヒーレンスの影響が無視できない。光取り出し効率の限界を予測するには，本稿で述べたフレネル理論に加えて，導波路解析法および光線追跡法などを組み合わせた薄膜光学理論の確立が必要である。

2.4　光取り出し効率の向上技術

　光取り出し効率の向上は損失原因である薄膜モードおよび基板モード光を外部発光モードに転換することに帰着する。素子構成の設計変更は電気的特性の低下を招く可能性があるため，有機

第2章 高発光効率化技術

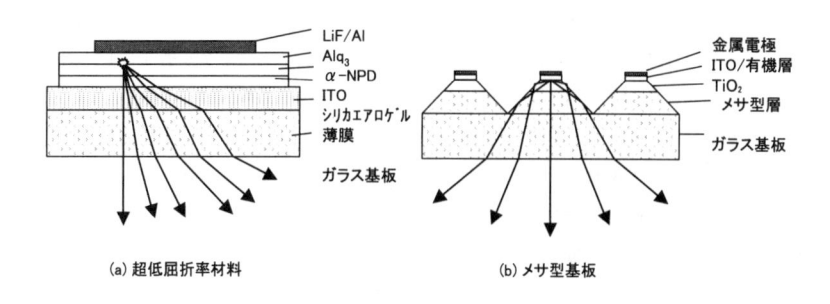

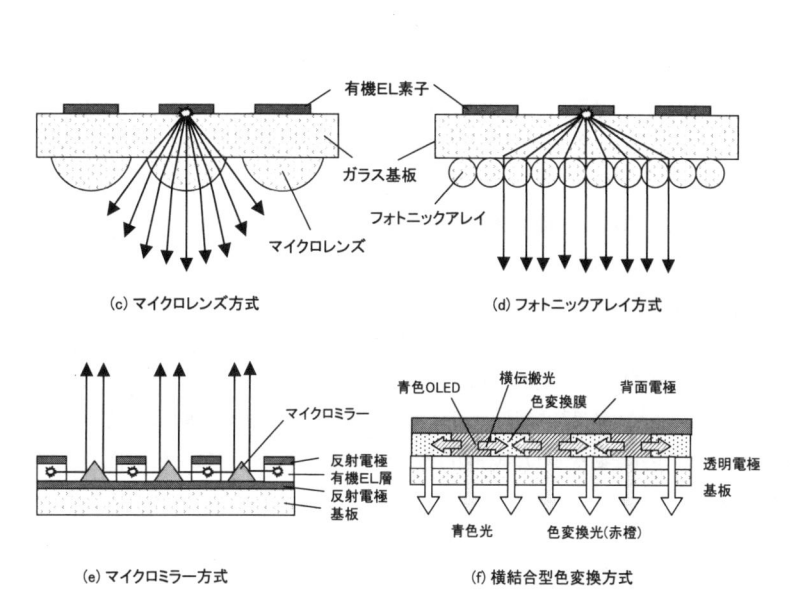

図9 有機ELディスプレイにおける光取り出し効率の向上技術

(a) 超低屈折率材料
(b) メサ型基板
(c) マイクロレンズ方式
(d) フォトニックアレイ方式
(e) マイクロミラー方式
(f) 横結合型色変換方式

層や透明電極の光学特性の微調整では大幅な改善は期待できない。このため,導波モードの制御,基板形状の工夫,回折・散乱現象,量子効果などを利用したパネル構造あるいは基本原理が提案されている。その幾つかの例を図9(a)～(f)に示す。

(a) 低屈折率層の挿入による薄膜導波モード光の低減[9]

薄膜層の光学膜厚を可視光のカットオフ波長よりも薄くすると共に,素子を低屈折率基板上に形成することで薄膜内の導波光を消失させ,薄膜モード損失および基板モード損失の再配分により,外部発光モードの増大が可能である。この基本原理に基づき,超微細構造を有する多孔質体

であり，低屈折率(n=1.1)を特徴とするシリカエアロゲル層($d=3\mu m$)をガラス基板とITO透明電極の間に挿入した有機ＥＬ素子が試作提案されている(図9(a))。エアロゲル層はゾルゲル法により作製され，高い透明性(〜100%)と疎水性を付加することで有機膜成長を可能としている。発光の目視観察では基板モード光の消失が確認されており，Alq_3膜からのPL強度は約2倍に増大する。また，エアロゲル層上に形成したITO(100nm)/α-NPD(40nm)/Alq_3(50nm)/LiF/Al構造の有機ＥＬ素子において，電流輝度効率は約1.6倍に改善されている。

(b)メサ型基板を利用した前面指向性の改善[10]

ガラス基板上にメサ型の凹凸を形成し，トップ面に有機ＥＬ素子を形成することで，基板内の導波モードを抑制する方法が提案されている(図9(b))。光線解析の結果からメサ型のテーパ角が35〜40°付近で基板モード光の取り出し効率は最大となり，メサ構造によるフィルファクタの低下を考慮に入れ，メサ構造のアスペクト比を0.7としたパネルにおいて，電流輝度効率は約2倍に改善された。更に，ITO膜と基板間に高屈折率のTiO_2層(n=2.58)を挿入することで，薄膜モードの一部を基板モードに転換し，約4倍の高効率化が確認されている。メサ端面には反射鏡を兼ねた金属膜により，ITOドット間の電極接続が行われている。

(c)マイクロレンズアレイ方式

波長に比べて十分に大きなマイクロレンズを基板表面に形成することで，容易に光取り出し効率を高めることができる(図9(c))。各画素にひとつの半球レンズを付けた場合，全光束で約3倍の改善が認められている[11]。また，ピッチ$20\mu m$マイクロレンズを形成した場合，光線追跡法によるシミュレーション結果から頂角90°のピラミッド型レンズが最も改善効果が見られ，プラスチックレンズアレイを貼り付けた試作の白色パネルにおいて，正面輝度で約1.7倍，全光束で約1.4倍の改善が得られた[12]。マイクロレンズ方式は既に液晶ディスプレイにおけるバックライトやプロジェクションエンジン等で利用されており，有機ＥＬではガラス基板に比べて成型加工性に優れ，屈折率制御が容易なプラスチック材料を基板に使用できることから，最も簡便な効率改善策のひとつである。ただし，発光の"にじみ効果"により，高精細表示の視認性を損なうことが課題である。

(d)フォトニクスアレイ方式

波長オーダーの2次元的な周期構造を基板の片面に形成し，基板内導波光の回折効果を利用することで，基板モード光を外部に取り出すことが可能である。基板表面に粒径550nmのシリカ球を六方最稠密配列させることで可視光波長に対するグレーティングを作製し，導波光の回折作用により光波の反射角度を前面方向へ変換する方法が報告されている(図9(d))[13]。ITO/TPD(100nm)/Alq_3(100nm)/MgAg構造の有機ＥＬ素子を用いた場合，素子形成領域の周辺部に発光が拡散する様子が確認されており，基板モード光の外部モードへの転換を示している。周囲部の発

第2章 高発光効率化技術

光強度は中央部の35〜70％であり，発光色は回折原理に従い，素子部から遠ざかるにつれて赤色側へシフトする。

(e)端面発光を利用したマイクロミラー構造[14]

基板および薄膜に閉じ込められた導波光を端面から取り出し，基板上に形成した三角形状のマイクロミラーにより，前面方向へ出射させる方法により，光取り出し効率の改善が試みられている(図9(e))。ＥＬ素子は両電極を反射金属で形成して，意図的に素子内に光を閉じ込める。薄膜層内での光吸収を無視できる程度に微細化できれば，発光はほぼ100％を外部に取り出せる。

(f)薄膜モード光を利用した色変換カラー化方式[7]

薄膜あるいは基板内に閉じ込められた伝搬光を発光層に並置した色変換蛍光膜で表面発光に変換する横結合型色変換方式SC^3M (Side-Coupling Color Changing Method)の基本構造を図9(f)に示す。青色発光を示す有機ELセルの間隙に橙色の色変換層を配置し，青色光から橙光を得ることで白色発光を実現している。従来の表面結合型色変換方式(CCM)では青色表面光の一部を変換するために，青色励起光と比較してエネルギー効率は1より低くなる欠点があった。SC^3M方式では外部に放出されない薄膜損失光を利用しているために，このエネルギー効率を1以上にすることが可能であり，外部量子効率5％の青色ELを用いて，7％の白色ELが得られる。カラー化にはCCM方式とSC^3M方式の混合が効果的である。

以上の実施例は製造歩留まりやコスト性能比を考慮に入れると，まだ実用化の域には達していないものの，光学理論で予想されるように，有機ＥＬ素子内部の光閉じ込め効果が発光効率を低減しており，素子構造や基板形状の工夫により，大幅な効率改善が可能であることを実証するものである。発光効率の改善は低消費電力化および長寿命化にとっても有効な対応策であることから，今後はより現実的な光学設計を簡便な方法により実現することが期待される。更に，有機ＥＬ素子の基本構造の設計，例えば，トップエミッション構造とボトムエミッション構造の特性比較，あるいは新規用途を目指した透明ディスプレイ，エッジエミッター，照明用光源などの高効率化においても，光取り出し効率の改善を目指した光学設計は欠かせない技術要因となっている。

文　　献

1) M. A. Baldo, S. Lamansky, P. E. Burrows, M. E. Thompson, S. R. Forrest, *Appl. Phys. Lett.*, **75**, No.1, p.4 (1999)
2) C. Adachi, R. C. Kwong, M. A. Baldo, M. E. Thompson, S. R. Forrest, Proc. 8th IDW'01,

p.1420 (2001)
3) A.Mikami, T.Ikeda, Proc.9th IDW'02, p.1193(2002)
4) S.Tokito, Y.Suzuki, H.Kita, T.Tsuzuki, F.Sata, *Appl. Phys. Lett.*, **83**, p.569 (2003)
5) M.Ikai, S.Tokito, Y.Sakamoto, T.Suzuki, Y.Taga, *Appl. Phys. Lett.*, **79**, p.156 (2001)
6) C. Adachi, M. Baldo, S. R. Forrest, S. Lamansky, M. Thompson, R. C. Kwong, *Appl. Phys. Lett.*, **78**, p.1622 (2003)
7) A.Mikami, A.Okada, Proc. 10th IDW'03, p.1293 (2003)
8) S.Tokito, M.Suzuki, F.Sato, *Information Display* **6/03**, p.22 (2003)
9) 横川, 有機分子バイオエレクトロニクス分科会, 2001. 3. 9. ; T. Tsutsui, M. Yahiro, H. Yokogawa, *Advanced Materials*, **13**, No.15, p.1149 (2001)
10) G.Gu, D.Z.Garbuzov, P.E.Burrows, S.Venkatesh, S.R.Forrest, *Optics lett.*, **22**, No.6, p.396 (1997)
11) C. F. Madigan, M. H. Lu, J. C. Sturm, *Appl. Phys. Lett.*, **76**, p.1650 (2000)
12) N.Sone, Y.Kawakami, Proc.10th IDW'03, p.1297 (2003)
13) T.Yamasaki, K.Sumioka, T.Tsutsui, *Appl. Phys. Lett.*, **76**, No.10, p.1243 (2000)
14) W.M.Cranton, C.B.Thomas, R.Steavens, *Information Display*, **4&5/02**, p.22 (2002)

第3章　駆動回路技術

1　TFT技術性能比較

服部励治*

1.1　はじめに

　アクティブ・マトリックス（AM）駆動はOLEDディスプレイにおいて大型・高精細を必要とするTV応用に向けて重要な技術である。今のところOLED-TVを実現する唯一の方法と言ってよいであろう。そのAM駆動にはTFT技術が必須であるが，TFT作製には低温ポリシリコン（LTPS）技術とアモルファス・シリコン（a-Si）技術の選択が可能である。LCDにおいて，その選択は小型ではLTPS，大型ではa-Siと一般的に認識されているが，実際その境界線はかなり複雑で流動的である。コスト・性能，更にその他多くの要因が複雑に絡まり合い，どちらがどのサイズで優位か一概に述べることはできない。この構図はOLEDの世界でも実は変わらないのである。数年前まではOLEDはLTPSというのが通説であったが，実は昔からLTPSかa-Siかの選択は可能であり，その選択は注意深くなされるべきであったのである。この節ではそれぞれのOLED駆動における特性を明らかにする。

1.2　TFT寸法

　「a-SiはLTPSに比べ移動度が約100分の1であり，OLEDに必要な電流が流せない。」――これがOLEDはLTPSでしか光らないという説の理由であった。しかし，この説は感覚的なものであり，定量的計算に基づいたものではない。実際，定量的計算を示した論文・発表は非常に数少なく，たとえ計算されていたとしてもその条件は決して一般的ではない。たとえば参考文献[1]ではa-Si TFTにおいては燐光OLEDのみでAM駆動が実現できるとされており，蛍光OLEDでは実現不可能とされている。しかし，ここではa-Si TFTのゲートに印加できる電圧を5Vとa-Siのゲート電圧としては非常に小さい値としている。これは5V以上の場合，閾値電圧のシフトが顕著になるというのがこの条件を定めた理由である。確かにa-Si TFTにおいて後に示すように閾値電圧シフトは大きな問題である。しかし，この閾値電圧シフトを何らかの方法で回避すれば20V駆動ができ，a-Si TFTで十分な電流を得ることができるのである。このことを以下に示す。

---

　*　Reiji Hattori　九州大学大学院　システム情報科学研究院　電子デバイス工学部門
　　　助教授

有機ＥＬ材料技術

　図1は横軸にOLEDの外部量子効率，縦軸に100cd/m²を出力するために必要なTFTチャネル幅をプロットしたものである。外部量子効率とは電子一つからフォトン一つを外部に取り出す確率である。蛍光OLEDの理論的上限値は，内部量子効率25％（統計上，一重項励起子と三重項励起子の生成割合が1:3であるため），取り出し効率20％（OLEDとガラスの屈折率より決まる）と理論的に与えられることから5％で与えられる。設計では外部量子効率3％を想定すれば現実的な値である。また，人の目は赤(R)，緑(G)，青(B)の各色で視感度が異なりOLEDが同じ外部量子効率を

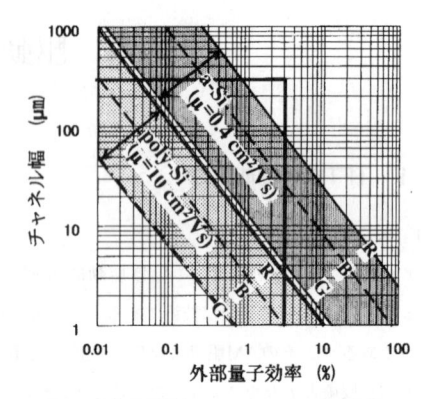

図1　外部量子効率とTFTチャネル幅の関係
輝度：100cd/m²，ピクセルサイズ：116μm×350μm，チャネル長：10μm，（ゲート電圧－閾値電圧）：10V，絶縁膜厚：300nm，比誘電率：7，飽和領域での駆動を仮定。

有していてもそれぞれ必要なチャネル幅が異なる。これを考えれば視感度の一番低い赤色が最も大きいチャネル幅を必要とし，設計の限界を与えることになる。ここではa-Siの移動度を0.4cm²/Vs，LTPSを10cm²/Vsとした。両者とも量産ラインでこの値を実現するのは全く問題ない。

　今，外部量子効率3％に着目するとa-Siの場合，緑色，青色ではチャネル幅はそれぞれ4.2μm，25μmとなりTFTの大きさとして余裕ある数値である。問題の赤色ではチャネル幅75μmを必要とする。この値はピクセルサイズ350μmに比べ小さく，a-Si TFTでもドット内に十分に収めることがわかる。よって100cd/m²の輝度ではa-Si TFTで駆動できるのである。一方，LTPSでは赤色でも3μmもあれば十分であることが分かる。緑色に関しては1μmを遥かに下回る。これら数値はデザイン・ルール以下となるのは確実である。したがって，必要とするチャネル幅より大きなものを使わなければならない。このような大きなTFTの場合は電流が指数関数的に増加する閾値電圧近辺で制御しなければなくなり，かえって中間調制御が難しくなってしまう。この場合，反対にチャネル長を大きくしなければならない。

　ここで仮定した100cd/m²という輝度はPCモニター応用としては十分であるが，モバイル応用では十分とは言えない。屋外使用を考え200cd/m²程度は確保したい。またTV応用では400cd/m²が必要となる。こうなるとチャネル幅は300μmとなり通常のTFT形状ではドット内には収まらず，ボトム・エミッションでは開口率確保が困難になるかもしれない。

　しかし，ここでの計算は赤色を純色660nmという波長で行われており，実際はもっと純度が低く視感度の高い赤色であることが多い。また，その場合，色温度を考えてこれほど赤色には負担

第3章　駆動回路技術

がかからなくなる。また，近年，燐光OLEDという赤色に関して外部量子効率が10%を超え素子寿命も長い非常に優秀な材料も開発されている。したがって，実際の設計では赤色ドットがこれほど厳しくなることはない。

　また，トップ・エミッション構造をとれば開口率確保の問題はなくなり，TFT寸法の制限は大幅に緩和される。実際のピクセル回路レイアウトではTFT面積よりもバス配線や蓄積容量などが面積を占めていることから，TFT寸法よりも補償回路によってピクセル回路が複雑になるほうがレイアウトするのに厳しくなる。つまりLTPSでもピクセル回路が複雑ならば状況は余り変わらずトップ・エミッションが必要となる[2]。

　以上，OLEDがa-Si TFTで光らないというのはもともと全くの間違った考えだったのである。a-SiかLTPSの選択はTFT寸法ではなく他のファクターで行わなければならない。

1.3　輝度ムラと焼きつき

　輝度ムラはディスプレイ品位において重要なファクターの一つである。中間調や色範囲よりもその重要性は高いと考えられる。しかしながら，LTPS-TFTの特性はパネル上で一様でなく，たとえOLED特性が一様であっても輝度ムラとして現れる。この問題点を初めて指摘したのがDawsonら[3]である。LTPSではチャネル内の粒界の影響がプロセス条件にも大きく左右されるため閾値電圧，移動度とも数十%のバラツキが存在し，これはいくらプロセスを工夫しても避けることはできない。LTPSを用いたAM-LCDにおいてこのTFT特性の非一様性が余り問題になっていないのはTFTが単にスイッチとして使われているためである。ちなみに結晶シリコンを用いているLSIの中でさえトランジスターのドレイン電流のバラツキは「倍・半分」といわれ数年前までは±50%を見込んで設計されていた。現在の精練されたプロセスでも少なく見積もって±10%はバラツキが存在する。これらが目立たないのもLCD内のTFTと同様にロジック回路内で単にスイッチとして用いられているからである。アナログ回路では重大な問題となっており，様々な回路的工夫がなされているのが現状である。AM-OLEDではOLEDに直列に接続されるTFTをアナログ的に使用する場合がある。この場合，電圧－電流変換することになり，どうしても閾値や移動度のバラつきが影響することになる。

　一方，a-Si TFTの場合TFT特性のパネル内での均一性は初期状態では非常に良好である。閾値電圧，移動度とも10%以下であろう。これがa-Si TFTを用いた液晶パネルの大型化を可能にした要因である。したがって上記の輝度ムラは初期状態においては問題にならない。しかしながら，a-Si TFTには電圧温度ストレス（BTS）による閾値シフトという大きな問題が存在する。図2は米国ミシガン大学で作製されたa-Si TFTのBTSシフト[4]を測定したものである。横軸はゲート電圧V_{GS}で縦軸はドレイン電流I_Dの平方根でプロットしている。このプロットにおいて直

線部分の傾きは移動度，その直線と横軸と交点の値は閾値電圧を示す。ここでBTSは室温においてソース／ドレインを接地しゲートに20Vを印加することによって行った。この図からわかるように初期に4V程度であった閾値電圧が10,000秒BTS印加後には7V近くにまで簡単に増加してしまう。この時点でI_Dの減少は40％になる。さらにBTS時間を増やすことによってこのシフトは増大し，実用時間内では10V以上に変化することを見込んで設計しなければなら

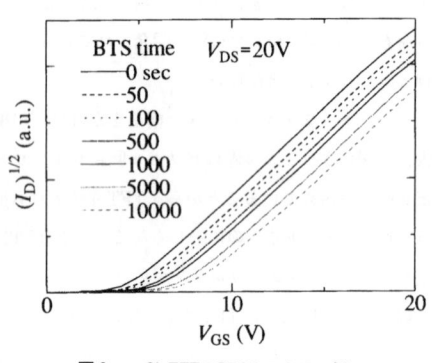

図2　a-Si TFTのBTSシフトの一例

ないであろう。ディスプレイにおいて固定した領域で3％の輝度変化があると人間の目には焼きつきとして認知されてしまう。したがって，50秒後でもI_Dの減少率は3％以上になり，これは1分間程度の固定画像の表示で焼けつきが起こってしまうことを意味する。ちなみにこの図より直線の傾きである移動度は閾値電圧に比べ非常に少ない変化であることが分かる。

このようにLTPS，a-Siともそれぞれ輝度ムラ，焼きつきというTFT特性ばらつきによる表示品位劣化という問題を抱えていることが分かる。また，両者とも原因が材料自体の本質的なものであり，作成プロセスや構造の改善では根本的な解決とはならない。両者とも駆動方法で回路的にバラつき・シフトを補償することが最低必要なのである。したがってこの問題ではLTPSかa-Siかを選択する決定的な判断基準にはならないのである。

1.4　駆動方法

図3に現在，提案されているAM-OLEDの駆動法の分類を示す。AM-OLEDの駆動方法は大きくデジタル駆動法とアナログ駆動法に分かれる。前者のデジタル駆動法は面積分割階調法[5]と時間分割階調法[6]に分かれるが，どちらもTFTを単なるスイッチとして用いることにより特性バラツキを排除している。つまり，TFTのON抵抗による電圧降下を無視できるぐらい小さくし全てのOLEDに等しい電圧が印加されるようにするのである。この場合，チャネル材料としてLTPSを用いなければ十分にON抵抗が小さくならない。つまり，デジタル駆動ではa-Siの選択はありえない。同様な原理で一様性を確保する駆動法としてクランプト・インバーター回路を用いた時間変調駆動がある[7]。これはアナログ駆動法に分類されるがON抵抗を近似的にゼロにする必要性がある他，インバーターにはpチャネルTFTが必要であるので，この駆動法でもa-Siの選択はありえない。

第3章　駆動回路技術

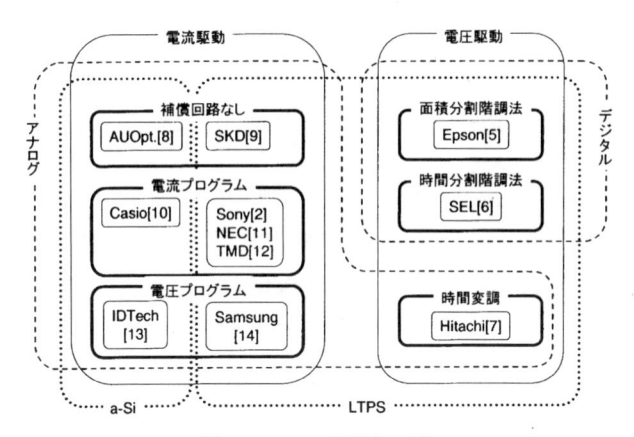

図3　AM-OLED駆動法の分類

　また，後者のアナログ駆動法には実に様々な駆動法[2, 8〜15]が提案されている．それを大きく分類すると，補償回路を用いないもの[8, 9]，電流プログラム[2, 10〜12]，電圧プログラム[13, 14]に分けることができる．その全てが基本的に定電流駆動するものであり，その電流値をアナログ的に変調することにより中間調を得る．OLEDは電流値に対し輝度は線形に変化し電流効率のバラツキが小さいことから定電流駆動することにより一様性を得ることができる．その電流値は先に述べたようにa-Siでも供給可能であることから，これら駆動法のそれぞれにa-Si TFT駆動[8, 10, 13]とLTPS TFT駆動[2, 9, 11, 12, 14]が存在する．つまりアナログ駆動法においてはa-SiとLTPSの両者の選択が可能となる．

1.5　ディスプレイ寿命

　OLED素子の寿命は一般的にその輝度が半減する時間と定義される．この時間がそのままディスプレイでの寿命とできるかと言えばそうではない．ディスプレイ内で一様に輝度が減少するならばこれは成り立つが，一様でない場合，輝度むらや焼き付きとなって半減期よりかなり短い時間を寿命としなければならない．ディスプレイでの寿命の定義はまだ確定されていないが，パターン化された領域で3％の輝度劣化があると，人間の目はそれを認知すると言われている．したがって最悪3％劣化する時間を寿命とすべきである．しかし，このようにある領域だけを光らせる使い方はある程度避けられることなので，実際はこれより大きな値で定義してもかまわないであろう．何％劣化を寿命とするかは論議のあるところであるが，ひとつの目安として80％に減衰する時間をもって80％寿命という指標が用いられ始めた．

　ここで忘れてはならないのがその寿命の測定方法である．これら寿命の測定は定電圧駆動では

有機EL材料技術

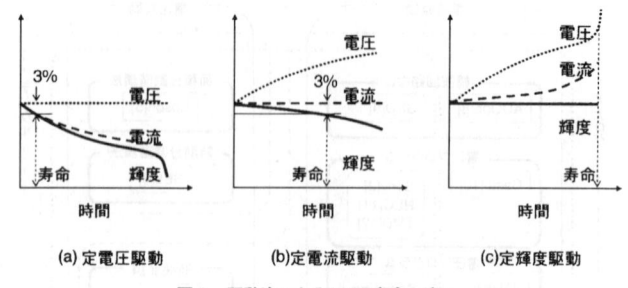

図4 駆動法によるOLED寿命の違い
(a) 定電圧駆動　(b) 定電流駆動　(c) 定輝度駆動

なく定電流駆動で行われていることである。輝度劣化の様子は駆動方法によって大きく異なる。図4にその違いを模式図的に示す。(a)はOLED素子をそれぞれ定電圧で駆動したときの輝度，電圧，電流の変化の様子を示している。当然，電圧は一定となるが，電流は素子の高抵抗化のために時間とともに減少する。一般的に輝度は電流とほぼ同じように変化するが，効率の劣化もあり，その減少率は電流の減少を上回る。OLED素子の高抵抗化は発光開始時に特に顕著に起こり，発光開始時の輝度を基準値とするなら寿命はかなり短くなる。したがって，一般的に寿命を測定する場合には定電圧駆動ではなく定電流駆動するのである。その時の変化を示したのが(b)である。定電流駆動なので電流値は一定で，高抵抗化に伴い，電圧は増加する。輝度の劣化は電圧変化に比べずっと少ないが，効率劣化の分だけ減少する。現在，この駆動においてOLED素子の寿命は実用の10,000時間を越えたといわれている。もちろんこの場合の減少率は50％とした値である。(c)は輝度を一定として駆動した場合である。電圧，電流の値は双方とも輝度を一定とするために時間とともに増加し，最後に素子が破壊するまで輝度は一定である。したがって，この場合，寿命は素子の破壊寿命まで延びることになる。

AM駆動では駆動方法により定電圧駆動，定電流駆動，定輝度駆動に分かれる。また，それぞれの駆動方法で用いることのできるTFTチャネル材料が異なる。図3にあるように定電圧駆動するのはデジタル駆動法[5,6]および時間変調駆動法[7]であるのでチャネル材料はLTPSに限られるが，この場合，OLED寿命よりもディスプレイ寿命が短くなることに注意しなければならない。定電流駆動の場合はa-SiとLTPSの選択が可能である。定輝度駆動はディスプレイ寿命に関してきわめて有望であるが，今のところLTPSでしか報告[15,16]がなされていない。しかしながら，a-Siでの駆動が不可能であることを意味しているのではない。

1.6 消費電力

TFTの移動度は消費電力においては大きく関係する。その様子を示したのが図5である。AM

第3章　駆動回路技術

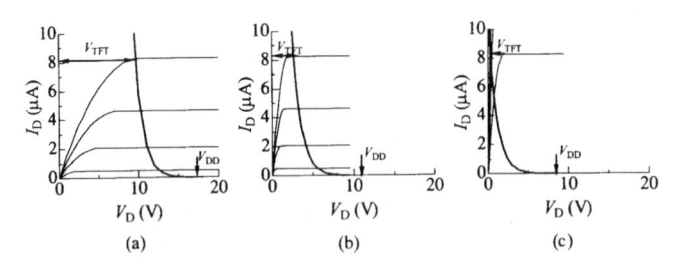

図5　AM駆動におけるTFTの出力特性とOLED負荷曲線
(a)a-Si TFTの場合，(b)LTPS TFTの場合，(c)デジタル駆動または時間変調駆動の場合

駆動のピクセル回路は，その全てにおいてOLEDとTFTが必ず直列に接続されている。よって，TFTとOLEDにどのような電圧が印加されているかを知るには各種TFTの出力特性にOLEDの出力特性を負荷曲線として描けば，その交点からそれぞれにかかる電圧が分かる。(a)はa-Si TFTの場合は，電流量8μA（前節で述べたパネルで電流効率が1cd/Aの場合，輝度200cd/m²を得るのに必要な電流量）を得るためにはチャネル幅100μmで電源電圧V_{DD}が18V程度必要となる（当然この電圧はOLEDのターン・オン電圧に大きく左右される）。この18Vのうち10VはTFTに残り8VがOLEDに掛かっていることが分かる。これはOLEDで消費される電力よりTFTで消費されるほうが大きいことを示している。これら数値は一例であり，OLEDの効率が上がり，トップ・エミッションを用いてチャネル幅を稼げばこのような状況は格段に改善されるのは言うまでもない。(b)はLTPSを用いた場合である。同じチャネル幅を想定すると移動度が上がるためV_{DD}を11V程度まで減少することができていることがわかる。アナログ駆動の場合，(a)，(b)のように平衡点は飽和領域にあるのが望ましい。なぜならばOLEDを定電流駆動させるためにはTFTの飽和特性を使うためである。もし，線形領域に平衡点があると負荷曲線が左右に変化したとき平衡点の電流量が変化するのは明らかである。一方，(c)はデジタル駆動の場合である。TFTはスイッチと見なされ，ON抵抗が極めて小さくなる。平衡点は線形領域にあり，図のようにTFTでの電圧降下は極めて小さい。これはTFTでの消費電力が小さいことを示しており，これら三つの場合で最も高効率な駆動法と言える。このモードで動かすためにはa-Siの移動度では無理で必ずLTPSでなければいけない。また，アナログ駆動でもクランプト・インバーター回路を用いて時間変調する場合は(c)のモードで動いている。

1.7　製造コスト

製造コストはそのパネルの競争力を示す最も重要な要因である。OLEDの製造コストはLCDに比べ部材が少なくて済み作製プロセスも単純なので，うまくすればLCDパネルよりも低価格

有機ＥＬ材料技術

で生産できる可能性を持つ。これまでの議論のようにAM-OLEDではa-SiとLTPSの差異が消費電力以外にあまり見出せないことから，a-SiかLTPSかを決める最も重要なファクターは，TFT基板自身の製造コストとなる。すなわちTFT基板のコストの優位性はLCDでどちらが用いられているかを参考にすれば直ちに分かるのである。

　現在，LCDにおいて17inchを超える大型パネルはa-Siであり，それ以下の中型，小型サイズではLTPSとa-Siが凌ぎを削っている。LTPSは製造コストがa-Siより高く歩留まりが低いが周辺ドライバーを内蔵して全体としてコストを抑えるというのがLTPSの戦略である。しかしながら小型LCDパネルでもa-Siが十分競争力を持っている。その理由はLTPSの歩留まりの問題が一番であるが，8 bit DAC回路が内蔵できない，シフト・ドライバーの消費電力がLSIに比べ高いなど歩留り意外の問題点が存在する。さらに，携帯用小型パネルではバッファー・メモリをドライバーLSIに持たせ，プロトコルの消費電力を低減するようになっている。したがって，LTPSでも周辺LSIが最低一つは必要になりa-Siとの競争力が絶対にならないのである。OLEDでも全く同じことが言える。ただ，LCDとの違いがあるとすれば電流プログラムAM-OLEDにおいてデータ・ドライバーDAC回路が電流DACとなって非常にコンパクトになり得ることである。実際，参考文献[11]では6 bit DACが内蔵されている。LCDでさえこの時期に初めて6 bit DAC内蔵パネルが発表[17]されただけであった。すなわちこの時点でOLEDは内蔵技術ではLCDに追いついているのである。もし，このAM-OLEDパネルが競争力を待たず世の中に出ないのならばLTPS TFT AM-OLEDは小型であっても非常に苦しい展開となるであろう。

　OLED大型パネルではLTPSパネルがa-Siパネルより先に出てくることは考えられない。なぜならば，LTPS TFTパネルがこれらの大きさで歩留まり良く製造できるならば，先ずLCDからパネルが出てくるはずだからである。

1.8　おわりに

　AM-OLEDにおいてLTPS TFTとa-Si TFTの性能比較をおこなった。TFT寸法ではa-Siの方が大きくなるが電流駆動能力は十分である。輝度の一様性においてはLTPSでは輝度ムラがありa-Siでは焼きつきがあって両者とも駆動法で補償しなければならない。駆動法においてデジタル駆動にはLTPS TFTが必須であるが定電圧駆動になるのでディスプレイ寿命が問題となる。しかし，消費電力ではデジタル駆動が最も優れており，a-Si駆動はLTPSに比べて不利である。一番競争力に重要な製造コストでは大型パネルではLCDと同様，a-Siが有利であると考えられる。小型パネルでは完全集積できる電流プログラムLTPSに低消費電力と低コストという面から勝機が残されている。これら結論は現時点での技術から得たものであり，今後新しい技術が開発されたならばこの状況は一変する。特にLTPSの特性を生かした新しい駆動法の開発に期待したい。

第3章　駆動回路技術

文　　献

1) M. Hack, M. Lu, R. Kwong, M. S. Weaver, J. J. Brown, J. A. Nichols and T. N. Jackson, Eurodisplay '02/IDRC'02 p.21 (2002)
2) A. Yumoto, M. Asano, H. Hasegawa and M. Sekiya, Asia Display/IDW'01, p.1395 (2001)
3) R.M.A. Dawson, Z.Shen, D.A.Furst, S.Conner, J.Hsu, M.G.Kane, R.G.Stewart, A. Ipri, C.N.King, P.J.Green, R.T.Flegal, S.Pearson, W.A.Barrow, E.Dickey, K.Ping, C. W. Tang, S. Van Slyke, F.Chen, J.Shi, J.C.Sturm, M.H.Lu, SID 98 Digest, p.11 (1998)
4) R.Hattori, T.Tsukamizu, R.Tsuchiya, K.Miyake, Y.HE, J.Kanicki, IEICE Transactions on Electronics, Vol.E83-C, No.5, p.779 (2000)
5) S. Miyashita, Y. Imamura, H. Takahashi, M. Atobe, O. Yokoyama, Y. Matsuda, T. Miyazawa and M. Nishimaki, Asia Display/IDW'01, p.1399 (2001)
6) T. Nishi, J. Koyama, S. Yamazaki, T. Tsutsui, SID 00 Digest, p.912 (2000)
7) H. Kageyama, H. Akimoto, T. Ouchi, N. Kasai, H. Awakura, N. Tokuda, T. Sato SID 03 Digest, p.96 (2003)
8) J.-J. Lih, C.-F. Sung, M.S.Weaver, M. Hack, J.J. Brown, SID 03 Digest, p.14 (2003)
9) G. Rajeswaran, M. Itoh, S. Barry, T. Hatwar, K. Kahen, K. Yoneda, R. Yokoyama, T. Yamada, N. Komiya, H. Kanno, H. Takahashi, SID 00 Digest, p.974 (2000)
10) T. Shirasaki, R. Hattori, T. Ozaki, K. Sato, M. Kumagai, M. Takei, Y. Tanaka, S. Shimoda, T. Tano, IDW'03, p.1665 (2003)
11) M. Ohta, H. Tsutsu, H. Takahara, I. Kobayashi, T. Uemura, Y. Takubo, SID 03 Digest, p.108 (2003)
12) K. Abe, M. Shimoda, H. Haga, H. Asada, and H. Hayama, K. Iguchi, D. Iga, Y. Iketsu, H. Imura, and S. Miyano, Eurodisplay '02/IDRC'02 p.279 (2002)
13) T. Tsujimura, Y. Kobayashi, K. Murayama, A. Tanaka, M. Morooka, E. Fukumoto, H. Fujimoto, J. Sekine, K. Kanoh, K. Takeda, K. Miwa, M. Asano, N. Ikeda, S. Kohara, S. Ono, C.-T. Chung, R.-M. Chen, J.-W. Chung, C.-W. Huang, H.-R. Guo, C.-C. Yang, C.-C. Hsu, H.-J. Huang, W. Riess, H. Riel, S. Karg, T. Beierlein, D. Gundlach, S. Alvarado, C. Rost, P. Mueller, F. Libsch, M. Mastro, R. Polastre, A. Lien, J. Sanford, R. Kaufman, SID 03 Digest, p.6 (2003)
14) W. K. Kwak, K. H. Lee, C. Y. Oh, H. J. Lee, S. A. Yang, H. E. Shin, H. K. Chung, SID 03 Digest, p.100 (2003)
15) W.A. Steer, M.J. Childs, D.Fish, N.D. Young, A. Giraldo, M.T. Johnson, M. Klein, AM-LCD'03 p.285 (2003)
16) 特開2003-271098
17) Y. Kida, Y.Nakajima , M.Takatoku , M.Minegishi , S.Nakamura , Y.Maki , and T.Maekawa, Eurodisplay '02/IDRC'02 p.831 (2002)

2 ポリシリコン薄膜トランジスタ駆動の有機ELディスプレイ

木村　睦[*]

2.1 はじめに

最近の有機ELディスプレイのブームには，トリガーのひとつとなった研究発表がある[1,2]。この研究発表は，低温ポリシリコン薄膜トランジスタ（poly-Si TFT）と発光ポリマー素子を組み合わせた世界初のディスプレイについての発表であったが，デバイス構造が具体的かつ詳細に記載してあったため，これまで基盤技術を蓄積していた研究機関では，追従して試作品を完成することが可能となった。それ以来，多数の研究機関が，poly-Si TFTあるいはアモルファスSi TFTと低分子EL素子あるいは発光ポリマー素子を組み合わせて，様々なディスプレイの試作品を発表し，同時に，多様な駆動方式を提案している。なかでも，poly-Si TFTを用いた駆動方式は，poly-Si TFTがトランジスタ特性に優れており，TFT素子自身や有機EL素子の特性バラツキや経時劣化の影響を抑制する能力が高いため，実用的に有望であると思われる。さらに，画素回路だけでなく，駆動回路やほかの高度機能を内蔵するシステムオンパネルの実現が可能であるため，将来的にもたいへん興味深い。

この節では，まず，各種の駆動方式，すなわち，単純駆動法・ダイオード接続法・電圧プログラム法・電流プログラム法・カレントミラー法・面積階調法・時間階調法について，その原理・特長・課題を説明する。これらの駆動方式を冷静に見ると，それぞれ階調を実現するための手段と発光均一化を実現するための手段の組み合わせであることがわかる。これは，これまでは特に意識されてこなかったことである。そこで，これらの駆動方式を，階調方式と発光均一化方式の観点から分類する。次に，その結果として着想した，時間階調法と電流プログラム法を組み合わせた，新しい駆動方式を提案する。この新提案では，電流プログラム法による発光均一化を維持しつつ，低階調レベルでの画素回路の電流不足を解決できる。最後に，液晶ディスプレイよりも有機ELディスプレイのほうが，poly-Si TFTによるシステムオンパネルを実現するのに適していることを説明し，その例として，画素メモリ内蔵構造について紹介する。

2.2 駆動方式の比較

2.2.1 基本要素

画素回路の基本要素を図1に示す。駆動TFT（Dr-TFT）は，制御電圧（Vctrl）により，低分子EL素子あるいは発光ポリマー素子からなる有機発光ダイオード（OLED）を流れる電流（Ioled）を制御する。Dr-TFTはn型トランジスタあるいはp型トランジスタであり，OLEDは逆方向に

---

[*] Mutsumi Kimura　龍谷大学　理工学部　電子情報学科　講師

第3章　駆動回路技術

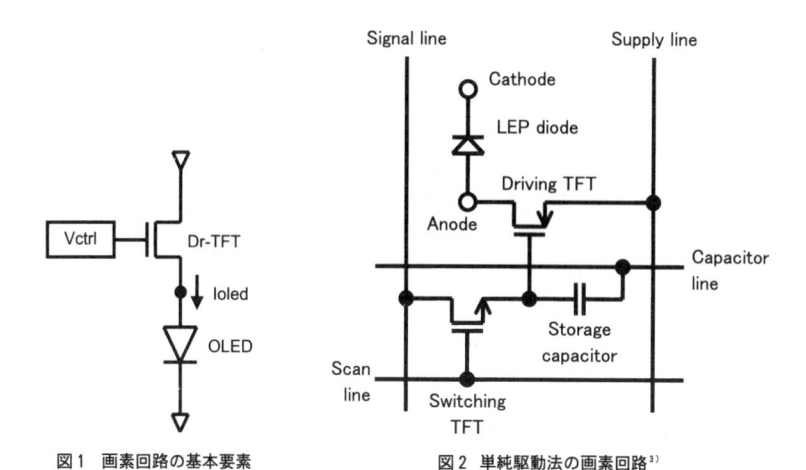

図1　画素回路の基本要素

図2　単純駆動法の画素回路[3]

接続してもよいので，4とおりのバリエーションがある．以下に説明するすべての駆動方式で，この基本要素を用いているが，各種の駆動方式の違いは，Vctrlの印加方法に帰するものである．

2.2.2　単純駆動法

図2に示す単純駆動法では[3～5]，各画素の階調に応じたアナログ電圧である信号電圧（Vsig：Signal lineの電位）を，直接にVctrl（Driving TFTのゲート電位）として印加する．この駆動法の特長は，画素回路と駆動回路が単純であり，また，駆動システムを液晶ディスプレイとコンパチブルにできることである．一方，この駆動法の課題は，Dr-TFTの特性とOLEDの特性の画素間バラツキによるIoledの不均一が発生することである．この駆動法の改善案も発表されており[6]，この改善案では，走査期間にOLEDを電気的に切断し，横クロストークを抑制している．

2.2.3　ダイオード接続法

図3に示すダイオード接続法では[7～9]，疑似ダイオード素子，すなわち，ゲート端子とドレイン端子を短絡したTFT（補償用TFT）を，VsigとVctrl（Vg）のあいだに接続する．この駆動法の特長は，TFTの閾値電圧（Vth）のバラツキによるIoled（Id）の不均一を抑制することが可能なことである．ここでは，Vsigは，疑似ダイオード素子のVthだけの電圧上昇をともなって，Vctrlに伝えられる．すなわち，Vctrl = Vsig + Vth (diode) が成り立つ．一般的なMOSFETの解析式を用いると，Dr-TFT（駆動用TFT）を流れる電流は，Vctrl - Vth (Dr-TFT) という項により決まる．もし，Vth (diode) = Vth (Dr-TFT) ならば，Vctrl - Vth (Dr-TFT) = Vsig + Vth (diode) - Vth (Dr-TFT) = Vsigとなり，これはVthを含まない．故に，IoledはVthの影響を受けないことになる．これをVth補償と呼ぶ．一方，この駆動法の課題は，Dr-TFTの移動度とOLEDの特性のバラツキによるIoledの不均一は，依然として発生することである．

81

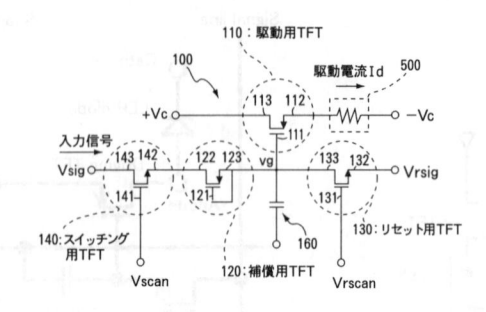

図3 ダイオード接続法の画素回路[7]

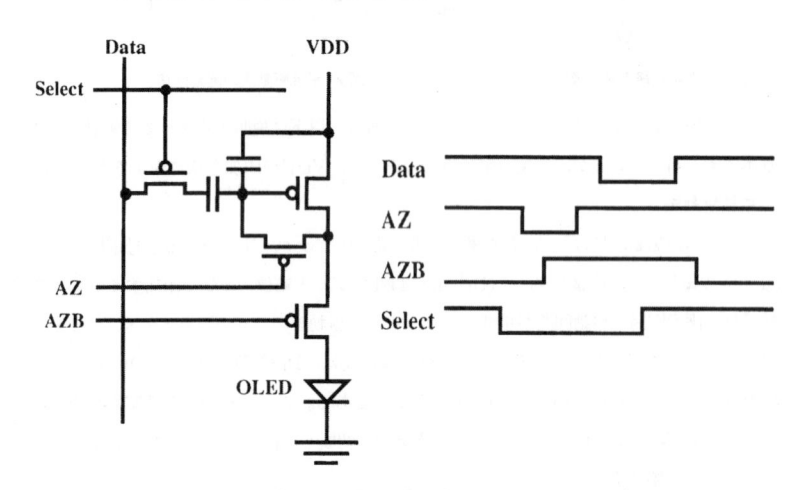

図4 電圧プログラム法の画素回路とタイミングチャート[10]

2.2.4 電圧プログラム法

　図4に示す電圧プログラム法では[10~12]，走査期間は2つの期間からなる。この駆動法の詳細は参考文献[13]に記載しているが，ここでは要点を説明する。第1の期間（AZが低電位となっている期間）では，Dr-TFTのゲート端子とドレイン端子を短絡して疑似ダイオード素子とし，VthをVctrlに記憶する。そして，第2の期間（Dataが階調に応じたアナログ電圧となっている期間）では，Vsig（Data）を容量カップリングを通じてVctrlに重畳する。前述のダイオード接続法と同様に，Dr-TFTを流れる電流を決める項はVthを含まないので，IoledはVthの影響を受けないことになる。この駆動法の特長は，前述のダイオード接続法とは異なり，Vthの自己補償を行うことである。すなわち，Dr-TFT自身のVthによりVth補償を行っている。故に，異なる2つの

第 3 章　駆動回路技術

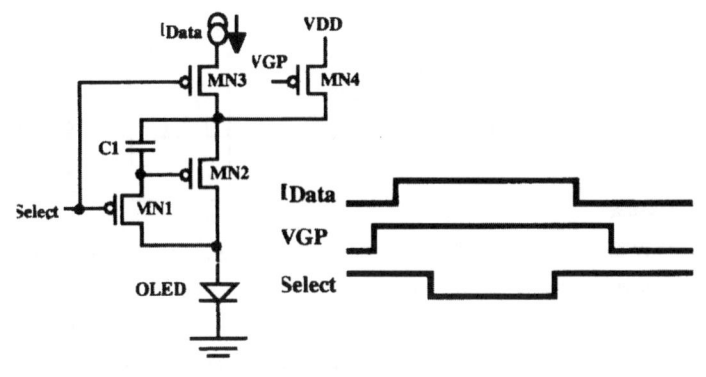

図5　電流プログラム法の画素回路とタイミングチャート[15]

TFT の Vth が同じである必要はない。この駆動法のほかの特長や課題は，前述のダイオード接続法と同様である。

　この駆動法の改善案も発表されており[14]，この改善案では，第1の期間にOLEDを電気的に切断するTFTが省略され，代わりにOLEDの陰極の電圧を変化することで，同等の動作をさせている。

2.2.5　電流プログラム法

　図5に示す電流プログラム法では[15]，各画素の階調に応じたアナログ電流である信号電流(Isig：IData) を，強制的に Dr-TFT（MN2）に流し，Vctrl（MN2 のゲート電位）を含む画素回路のすべての動作点を，自動的に決定する。この駆動法の詳細も参考文献[13]に記載している。この駆動法の特長は，TFTの特性とOLEDの特性のバラツキによるIoledの不均一を抑制することが可能なことである。一方，この駆動法の課題は，低階調レベルでは，Isigが走査期間に全画素回路を充電するのに不十分な電流量であるため，画素回路の充電不足が発生することである。

　この駆動法の改善案も発表されており，Current-Copy Pixel[16]・Current Mirror Pixel[17]・Current Memory[18]などと名付けられているが，これらの改善案では，走査期間にOLEDを電気的に切断し，OLEDの巨大な容量成分を除去することで，画素回路の充電不足を改善している。

　この駆動法のほかの改善案も発表されており，Current Scaling Scheme[19]と名付けられているが，この改善案では，IsigがスケールダウンされてIoledとなるような回路構成をとり，Isigを比較的に大電流とすることで，画素回路の充電不足を改善している。

2.2.6　カレントミラー法

　図6に示すカレントミラー法では[20]，通常の電子回路では一般的なカレントミラー回路を，画素回路に組み込む。この駆動法の特長は，Isigの経路とIoledの経路を分離して，IsigがOLEDの

有機EL材料技術

巨大な容量成分を充電する必要がないようにして，画素回路の充電不足を改善していることである。一方，この駆動法の課題は，カレントミラー回路を構成する異なる2つのTFTの特性が同じである必要があることである。

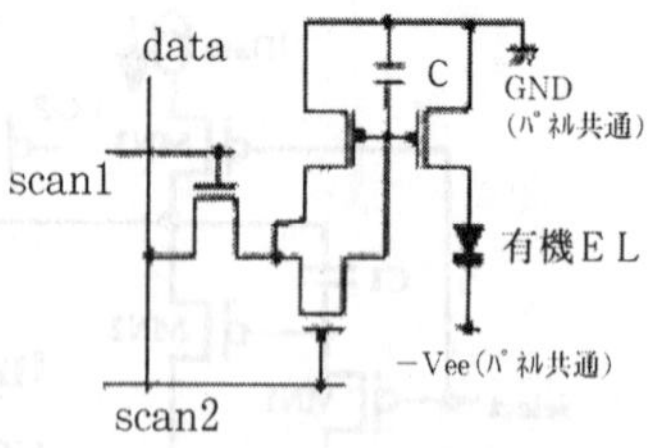

2.2.7 面積階調法

図7に示す面積階調法では[21]，階調を得るために，OLEDの発光面積を変調する。画素はいくつかのサブピクセルに分割され，各画素の階調に応じて，発光するサブピクセルの数を変調する。この駆動法の特長は，TFTの特性のバラツキによるIoledの不均一を抑制することが可能なことである。一方，この駆動法の課題は，階調数がサブピクセル数で制限されることである。この駆動法は，オンとオフの2状態のみのデジタル電圧であるVsigを印加し，各瞬間での画素回路の状態もやはりオンかオフの2状態となるので，完全なデジタル駆動方式のひとつである。よって，画期的な面もいくつかあるので，筆者が個人的には，応用できる用途もあるのではないかと思っているが，前述の階調数の制限がネックとなり，一般的な技術としては，あまり受け入れられていない。

図6　カレントミラー法の画素回路[20]

2.2.8 時間階調法

図8に示す時間階調法では[22,23]，階調を得るために，OLEDの発光時間を変調する。初歩的な時間階調法では，画面走査の時間であるフレームはいくつかのサブフレームに分割され，各画素の階調に応じて，発光するサブフレームの数を変調する。この駆動法の特長は，前述の面積階調法と同様に，TFTの特性のバラツキによるIoledの不均一を抑制することが可能なことである。一方，この駆動法の課題は，階調数がサブフレーム数で制限されることである。この駆動法も完全なデジタル駆動方式のひとつであり，一般的な技術としても，受け入れられている。

この駆動法の改善案も発表されており，Display-Period-Separated Driving (DPS)[24]と名付けられているが，この改善案では，フレームを走査期間と表示期間で構成する。この改善案の特長は，走査期間の長さにかかわらず，表示期間を短くすることができ，低階調レベルでの短時間の発光期間を確保できることである。この駆動法のほかの改善案も発表されており，Simultaneous-Erasing-Scan Driving (SES)[25]と名付けられているが，この改善案では，画素回路に3個のTFTがあり，画面上のある走査線上のVsigの書込と，別の走査線上のVsigの消去を同時に行う。この改善案の特長も，低階調レベルでの短時間の発光期間を確保できることである。これらの改善案は，プラズマディスプレイ (PDP) の駆動方式を参考にしたものであると思われる[26]。PDPは放電発光が一定輝度であるため，従来から時間階調法を用いてきた。故に，ほかにもPDPの駆動方式のかなりの部分が，TFT-OLEDの時間階調法にも有用であると思う。

第3章　駆動回路技術

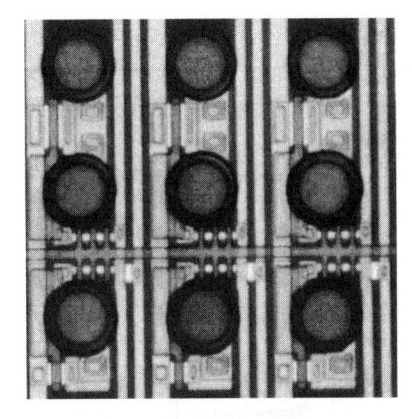

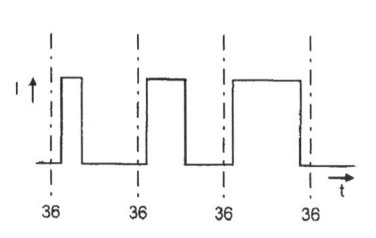

図7　面積階調法の画素構造[21]

図8　時間階調法の発光時間[23]

　この駆動法のさらにほかの改善案も発表されており，Clamped Inverter Drivingと名付けられているが[27]，この改善案では，画素回路にインバータがあり，Vsigとランプ波電圧との比較により，発光時間を変調する。この改善案の特長は，フレームをサブフレームに分割する必要がなく，低階調レベルでの短時間の発光期間が簡単に得られることである。さらにこの発表では，ガンマ補正とピーク輝度補正も行っている。なお，この改善案では，アナログ電圧であるVsigを印加するので，アナログ駆動方式に分類される。

2.3　駆動方式の分類

　前述の駆動方式を冷静に見ると，それぞれ階調を実現するための手段と発光均一化を実現するための手段の組み合わせであることがわかる。これは，これまでは特に意識されてこなかったことである。そこで，これらの駆動方式を，階調方式と発光均一化方式の観点から，表1に示すように分類する。各行は階調方式の分類で，階調を得るために何を直接に変調しているかを意味している。たとえば，行「TFT電圧」は，TFTに印加する電圧を，直接に変調することを意味している。一方，各列は発光均一化方式の分類で，発光均一化を得るために何を直接に調整しているかを意味している。たとえば，列「TFT電圧」は，電流を決める式に現れる電圧の項を，隣接画素間で直接に調整していることを意味している。列が右になるほど，発光均一化の性能は高くなる。たとえば，電流プログラム法では，階調を得るためにOLEDを流れる電流を変調し，発光均一化を得るために同じくOLEDを流れる電流を隣接画素間で調整している。また，時間階調法では，階調を得るためにOLEDの発光時間を変調し，発光均一化を得るためにOLEDに印加する電圧を隣接画素間で調整している。

85

表1 駆動方式の分類

		発光均一化方式			
		なし	TFT電圧	OLED電圧	OLED電流
階調方式	TFT電圧	単純駆動法	ダイオード接続法 電圧プログラム法		
	OLED電流				電流プログラム法 Current-Copy Current Mirror Current Memory Current Scaling カレントミラー法
	発光面積			面積階調法	
	発光時間			時間階調法 DPS SES Clamped Inverter	新提案

2.4 新しい駆動方式の提案

表1を見ると，いくつかの空白セルがあることに気付く。それらのいくつかは原理的に不可能で，またほかのいくつかは無意味である。しかしながら，残りのいくつかには有用なものがある。特にここでは，行「発光時間」と列「OLED電流」の交点のセルを，新しい駆動方式として提案する[28]。

この新提案では，時間階調法と電流プログラム法を組み合わせる。すなわち，従来の時間階調法と同じく，階調を得るためにOLEDの発光時間を変調する。しかしながら，Vsigを直接にはVctrlとして印加しない。従来の電流プログラム法と同じく，Isigを強制的にDr-TFTに流し，すべての動作点を自動的に決定する。故に，この新提案の第1の特長は，TFTの特性とOLEDの特性のバラツキによるIoledの不均一を抑制することが可能なことである。さらに，Isigは，全画素回路を充電するのに十分な，定電流とすることができる。故に，この新提案の第2の特長は，低階調レベルでの画素回路の電流不足を解決できることである。

具体的な画素回路としては，従来の電流プログラム法のほとんどの画素回路を用いることができる。ここでは，図9に示すように，Current-Copy Pixelと名付けられている画素回路を採用している。プログラム期間（Program period）では，Isigを強制的にDr-TFT（Tdr）に流し，すべての動作点を自動的にプログラムする。再生期間（Reproduce period）では，そのプログラムされた動作点を維持することにより，Ioledを再生し，OLEDを均一かつ一定の輝度で発光させる。消去期間（Erase period）では，Dr-TFTをスイッチオフし，ブランク期間（Blank period）では，OLEDを発光させない。プログラム期間と消去期間は，ある走査線では同じ期間であるが，各画素の階調に応じてプログラム期間としてのIsigを流す動作か，消去期間としてのDr-TFTを

第3章　駆動回路技術

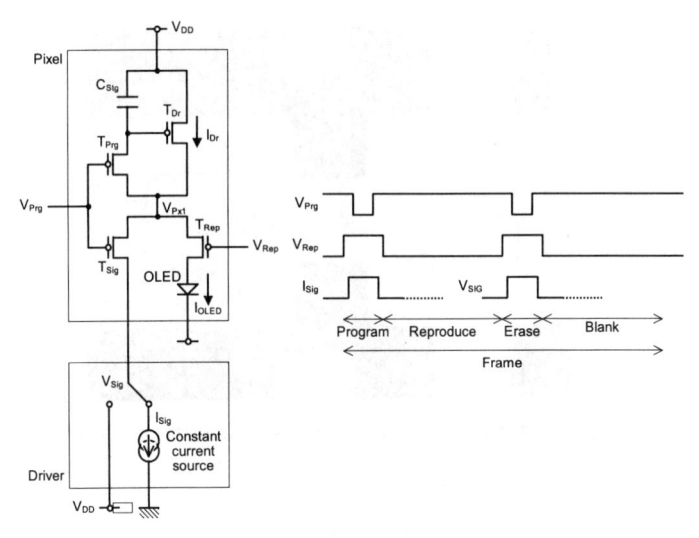

図9　新提案の画素回路とタイミングチャート[28]

スイッチオフする動作を選択する。階調を得るために，再生期間とブランク期間との比を変調する。プログラム期間・再生期間・消去期間・ブランク期間などの構成方法は，これもPDPの駆動方式であるアドレス・サステイン同時駆動方式を参考にした[26]，秀逸な駆動方式を活用できる[29]。駆動回路には定電流源とスイッチが必要であるだけなので，駆動回路を単純にすることができる。この新提案の詳細については，現在は評価中であり，近日に結果を報告する予定である[28]。

2.5　有機ELディスプレイのシステムオンパネル

　Poly-Si TFTを用いると，画素回路だけでなく，駆動回路やほかの高度機能を内蔵するシステムオンパネルの実現が可能である…，とこれまで執拗なまでにいわれてきたが，いまだ爆発的な普及には至っていない。この理由を以下に説明する。システムオンパネルの実現には，通常の半導体デバイスと同じく，トランジスタの微細化による動作高速化・高集積化・低消費電力化・低コスト化が有効である。Poly-Si TFTでも，トランジスタだけならば，図10に示すように，大型のガラス基板でゲート長$0.5\mu m$が達成されつつある[30]。しかしながら，液晶ディスプレイと組み合わせる場合には，液晶を交流で駆動することと，もともと駆動電圧が高いことで，TFTに印加する電圧は10Vを超えるものとなることもある。TFTの初期特性劣化と経時劣化を考えると，縦方向の微細化（ゲート絶縁膜の薄膜化）も横方向の微細化（ゲート長の短縮化）も，困難

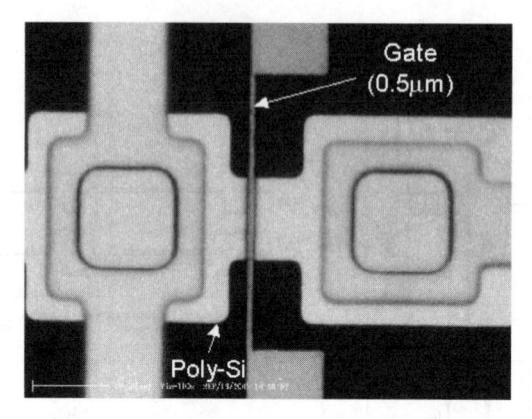

図10 大型300mm角型ガラス基板でのゲート長0.5μmのpoly-Si TFT[30]

であり，システムオンパネルの実現も容易ではない。

　一方，有機ELディスプレイと組み合わせる場合には，OLEDを直流で駆動することと，もともと駆動電圧が低いことと，poly-Si TFTがトランジスタ特性に優れていることで，TFTに印加する電圧を3.3V程度に低減することができる。この低電圧化により，微細化が可能になり，システムオンパネルの実現も容易となる。通常の半導体デバイスの微細化の歴史を振り返ってみると，1995年頃に，ゲート長0.5μmで駆動電圧3.3Vとなり，16MBのDRAMが量産されている。たとえば，8ビットのXGAの表示に必要なメモリは2.4MB程度であるので，ゲート長0.5μmのpoly-Si TFTでVRAMを内蔵することが可能である。RAMひとつあたりの回路規模は大きくなるが，SRAMであっても可能であると思われる。さらに，OLEDのトップエミッション構造を用いると，画素下の全領域を poly-Si TFT のために使用することが可能である。これらの可能性を考えると，システムオンパネルの例として，図11に示すような，画素メモリ内蔵構造を着想できる[31]。ここでは，低温poly-Si TFTと発光ポリマー素子の組み合わせを想定し，また，デジタルのSRAMを内蔵するので，面積階調法を想定している。画素メモリ内蔵構造であれば，画像書換のときのみ画面走査を行えばよく，ディスプレイと外部とのインターフェイスがたいへん軽くなる。すなわち，ディスプレイと外部との両方でインターフェイスの回路規模を小さくでき，配線数を削減でき，信号伝送周波数を低減できる。こうして，画面走査とインターフェイスに関連する内蔵回路で，長寿命化と低消費電力化が可能となる。また，液晶ディスプレイと組み合わせる場合には，液晶は交流で駆動されるために，すこし複雑な画素回路とタイミングチャートを考えねばならなかったが[32]，有機ELディスプレイと組み合わせる場合には，OLEDは直流で駆動されるために，このような複雑な画素回路などは不要である。

第3章　駆動回路技術

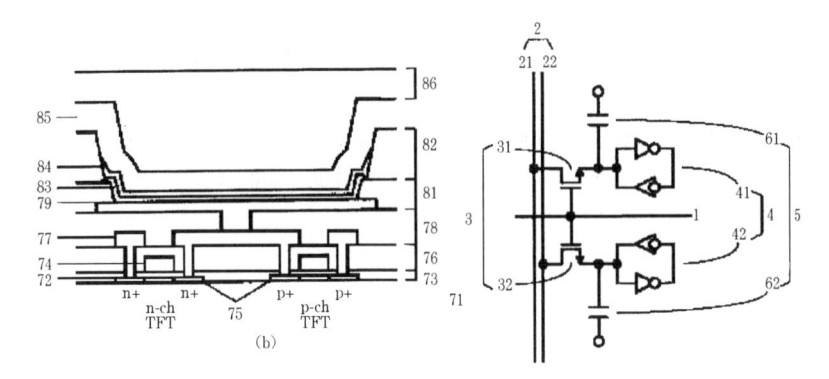

図11　画素メモリ内蔵構造の画素構造と画素回路[31]

2.6　おわりに

この節では，まず，各種の駆動方式，すなわち，単純駆動法・ダイオード接続法・電圧プログラム法・電流プログラム法・カレントミラー法・面積階調法・時間階調法について，その原理・特長・課題を説明した．これらの駆動方式を冷静に見ると，それぞれ階調を実現するための手段と発光均一化を実現するための手段の組み合わせであることがわかる．そこで，これらの駆動方式を，階調方式と発光均一化方式の観点から分類した．次に，その結果として着想した，時間階調法と電流プログラム法を組み合わせた，新しい駆動方式を提案した．この新提案では，電流プログラム法による発光均一化を維持しつつ，低階調レベルでの画素回路の電流不足を解決できる．この新提案の詳細については，現在は評価中であり，近日に結果を報告する予定である．最後に，液晶ディスプレイよりも有機ELディスプレイのほうが，poly-Si TFTによるシステムオンパネルを実現するのに適していることを説明し，その例として，画素メモリ内蔵構造について紹介した．

　今後，前述の駆動方式のうち，どれが生き残ってどれが消えてゆくかは，現時点では予測するのは難しい．しかしながら，液晶ディスプレイで，複数の駆動方式が存在することからも類推すると，有機ELディスプレイでも，複数の駆動方式が生き残ってゆくであろうと思う．各々の駆動方式のさらなる改善を進め，その原理・特長・課題を理解したうえで，ありきたりの言い回しではあるが，アプリケーションの要請に応じた駆動方式を選択してゆくことが理に適っていると思う．いずれにしろ，知財権の面でたがいに足をひっぱりやすい駆動方式についての議論がネックとなって，有機ELディスプレイの業界全体が沈んでゆくことなく，逆に，業界全体がこの有機ELディスプレイという革新的な新技術を健全に育成してゆくつもりで，研究開発を推進していただければよいなあと感じている．

有機EL材料技術

謝　辞

この節の執筆については，セイコーエプソン㈱の下田達也博士・井上聡博士・原弘幸氏・入口千春氏に感謝する。また，セイコーエプソン㈱・Cambridge 大学 Migliorato 研究室・Cambridge Research Laboratory of Epson・Cambridge Display Technology・Silvaco International・シルバコ・ジャパン・サイバネットシステムの関係諸氏に感謝する。

文　献

1) Press release 2/15/98 BBC UK (1998), http://www.cdtltd.co.uk/viewarchivearticle.asp?article=22
2) T. Shimoda, M. Kimura, et al., Asia Display '98, 217 (1998)
3) M. Kimura, et al., *IEEE Trans. Electron Devices*, **46**, 2282 (1999)
4) L. K. Lam, et al., Asia Display '98, 225 (1998)
5) Y. I. Park, et al., SID '03, 487 (2003)
6) I. M. Hunter, et al., IDW '99, 1095 (1999)
7) 木村睦ほか，公開特許広報 特願平 10-69147 (1998)
8) N. Komiya, et al., IDW '03, 275 (2003)
9) Y.-H. Yeh, et al., IDW '03, 259 (2003)
10) R. M. A. Dawson, et al., SID '99, 438 (1999)
11) 神埼晃一，フラットパネル・ディスプレイ，日経BP社，p.126 (2000)
12) J.-C Goh, et al., SID '03, 494 (2003)
13) 下田達也，木村睦，2001 FPD テクノロジー大全，電子ジャーナル，p.747 (2000)
14) J. L. Sanford, et al., SID '03, 10 (2003)
15) R. M. A. Dawson, et al., IEDM '98, 875 (1998)
16) M. Ohta, et al., SID '03, 108 (2003)
17) I. M. Hunter, et al., AM-LCD '00, 249 (2002)
18) Y. Lin, et al., SID '03, 746 (2003)
19) J.-H. Lee, et al., SID '03, 490 (2003)
20) http://www.sony.co.jp/SonyInfo/News/Press/200102/01-007/
21) M. Kimura, et al., *J. SID*, **8**, 93 (2000)
22) M. Kimura, et al., IDW '99, 171 (1999)
23) R. H. Friend, M. Kimura, et al., Int. Patent Publication WO 99/42983 (1999)
24) J. Koyama, et al., AM-LCD '00, 253 (2002)
25) K. Inukai, et al., SID '00, 924 (2000)
26) 内池平樹ほか，プラズマディスプレイのすべて，工業調査会 (1997)
27) H. Kageyama, et al., SID '03, 96 (2003)

第3章　駆動回路技術

28) M. Kimura, *et al.*, IEDM '04, (to be submitted)
29) 伊藤明彦, 公開特許広報 特願平 11-350558 (1999)
30) C. Iriguchi, *et al.*, AM-LCD '03, 9 (2003)
31) 木村睦, 公開特許広報 特願平 2002-2328 (2002)
32) T. Maeda, *et al.*, AM-LCD '02, 13 (2002)

3　a-Si技術及びトップエミッション構造

辻村隆俊[*]

　有機ELは現在，携帯電話端末，カーナビゲーション，デジタルカメラのビューワーといった小型用ディスプレイ用途に用いられている。しかし，有機ELは高コントラスト，短い応答速度，広視野角といった点で実はテレビに非常に向いた特徴を持っている。

　ところが，有機EL技術をテレビとして用いるにはひとつだけ重要な特性に欠けている。それはアクティブマトリクス駆動用バックプレーンが今のところ単結晶シリコン[1,2]とポリシリコン[3,4]に限られているためにサイズが大きく出来ない事である。一方，テレビの市場調査結果を調べてみると，世の中で売られているテレビのほとんどが20インチ以上である。テレビにはサイズというパラメータが非常に重要である事を示している。

　有機ELの優れた表示特性を生かしたテレビを実現するには，従来サイズ上での制約となっていたバックプレーンに新技術を持ち込む必要がある。Tsujimuraらは複数の新開発技術を組み合わせる事により，輝度，寿命，分布等あらゆる観点よりアモルファスシリコンTFTが大画面有機ELディスプレイを駆動できる事を発表[5~7]，SID2003において世界最大の20.0インチ有機ELディスプレイを展示し，有機ELがテレビとして非常に優れた能力を持つことを示した。有機ELは液晶ディスプレイと比較して，原理的に非常に少ない部材で作成する事ができる事から，生産インフラの成熟とともに大幅なコスト低下が可能となる可能性があり，アモルファスシリコンTFTによる大型ディスプレイの駆動が可能となれば，将来テレビ技術の主流となる可能性がある。

　今日までたくさんの文献がアモルファスシリコンでの有機EL駆動は不可能であると断言してきた。この理由をまとめると大きく2つに分類される。

　① アモルファスシリコンはモビリティーが$0.4 \sim 0.6 \mathrm{cm^2/Vsec}$程度と，ポリシリコンのモビリティー（$>100$以上$\mathrm{cm^2/Vsec}$）に比べて1/100以下である為に，有機EL素子に十分なオン電流を供給できない。

　② アモルファスシリコンTFTは電流を流した時に大きな特性変動を起こすので，時間と共に電流を流せなくなる。

　①の問題を解決する為には，数倍のTFT電流改善，もしくは有機ELデバイスの効率改善が不可欠である。アモルファスシリコンの改良だけでモビリティーを数倍上昇させる事は不可能であるので，いくつかの手法を組み合わせて設計ウィンドウを満たすような改善を加える必要がある。

　②の問題を解決するために数ボルト動くTFTの閾値電圧による輝度変化を人間が視認できな

---

[*] Takatoshi Tsujimura　日本IBM　ディスプレイ技術推進　APTOテクニカル・マスター

いレベルにまで削減する必要がある。やはりこれもいくつかの手法を組み合わせて初めて可能となる。いくつかの技術の組み合わせでTFTの閾値変動を視認されないレベルにまで抑えられるので，アモルファスシリコンの特性変動問題は解決可能である。

この2点を解決する事でアモルファスシリコン駆動の有機ELは実現可能である。

3.1 TFTオン電流問題の克服
3.1.1 TFTオン電流の設計上制約について

有機ELは電流駆動デバイスであるから，明るい大型ディスプレイを実現する為には大電流が必要になる。

必要な画素あたりの電流は以下の式の様になる。

$$I_{pixel} = \frac{L_{MAX} \times 9a^2}{\eta} \qquad (Eq.1)$$

(L_{MAX}：ディスプレイの最大輝度，I_{pixel}：有機ELダイオードを流れる最大電流値，η：有機ELダイオードの電流効率，a：画素ピッチ)

あるドレイン電圧におけるドライバTFTの最大電流は次の様に表される。

$$I_{pixel} = \frac{W}{2L}\mu C_{OX}(V_{GS}-V_{TH})^2 \qquad (Eq.2)$$

(W：ドライバTFTのチャネル幅，L：ドライバTFTのチャネル長，μ：TFTのモビリティー，C_{OX}：TFTのチャネル容量，V_{GS}：TFTのゲート電圧，V_{TH}：TFTの閾値電圧)

従って，

$$W = \frac{18L_{MAX}a^2L}{\eta\mu C_{OX}(V_{GS}-V_{TH})^2} \qquad (Eq.3)$$

という，必要なドライバTFTのチャネル幅を与える関係式が得られる。

チャネル幅，モビリティー，有機ELの電流効率の関係を図1に示す。ここで例えば対角20.0インチ（50.8センチ），解像度はWXGA（横1280本，縦768本）を仮定する。画素サイズは横113μm，縦340μmであるので，低いモビリティーと低い有機EL効率を仮定すると，必要な輝度を満たすのに必要なチャネル幅は画素サイズより大きくなってしまい，実現不可能である。しかし，高いモビリティーμ，優れた有機ELデバイス効率η，つまり大きな$\eta\mu$値が得られれば，必要なチャネル幅は画素サイズより小さくなって実現可能となる。

3.1.2 トップエミッション構造による設計制約の緩和

アモルファスシリコンTFTを有機ELのバックプレーンとして用いる場合には駆動によって特性が変化するので，特性変化を補償する為に画素内に補償回路が必要であり，2TFT回路では寿命問題を解決する事が出来ない。また補償回路を図2上図の様に画素にむりやり押し込んでも，ボトムエミッション構造では大きなドライバTFTによって画素内の大きな面積が食われる為，画素補償回路の設計パラメータの自由度が制限されてしまい，補償性能が不十分となってしまう。

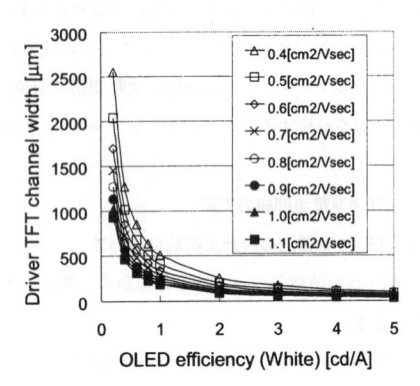

図1 要求されるドライバTFTのチャネル幅と材料効率，モビリティーの関係（SID2003より）

一方トップエミッション構造の場合，複雑な画素補償回路は平坦化膜の下に隠し，広い2階部分に大きな開口部を確保する事が可能である。また，1階部分も大きな面積に補償回路を配置する事が可能である為，補償性能に優れた補償回路パラメータを実現できる。

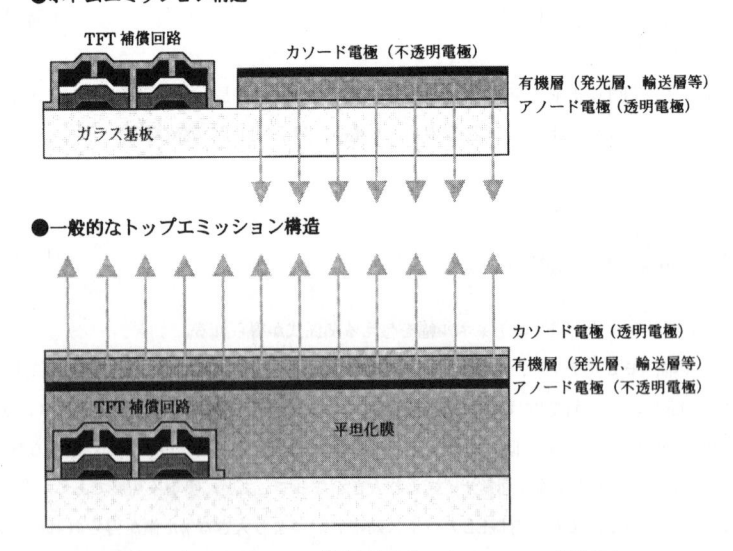

図2 ボトムエミッション構造（上）とトップエミッション構造（下）

第 3 章　駆動回路技術

　必要なドライバTFTチャネル幅を算出するEq.3をもう少しよく理解するためにいくつかの現実的な仮定を置いて議論する。
　ドライバTFTのチャネル幅を仮に画素の長辺と同じ大きさ，ディスプレイの最大輝度L_{MAX}を仮に300cd/m^2，ディスプレイを20.0インチWXGA（1280×768），$V_{GS}=10V$，$V_{TH}=3[V]$と仮定すると

$$\eta\mu = \frac{18L_{MAX}a^2L}{WC_{OX}(V_{GS}-V_{TH})^2} = 2.88[(cd/A)\cdot(cm^2/Vsec)] \hspace{2em} (Eq.4)$$

となる。ドライバTFTのチャネル幅を仮に画素の長辺と同じ大きさという仮定はドライバTFTチャネル幅のほぼ上限であろうし，テレビとしては300[cd/m^2]が許容される輝度であると思われるので，$\eta\mu$が3程度より大きくなる事が駆動最低条件の目安であると言える。アモルファスシリコンTFTのモビリティーは通常0.7[cm^2/Vsec]以下程度であるので，有機ELダイオードの白色電流効率は4.2[cd/A]以上が必須であるといえる。
　ここで，HackやNicholsらはアモルファスシリコンTFT駆動を実現するのに三重項材料が必須であると文献において結論しているが，材料効率4.2[cd/A]は一重項材料でも高効率の材料を選択し，デバイス設計を最適化する事で達成可能な数字である事を考えると，三重項材料は必ずしも必要とは言えない。ただ，高い効率を実現する事は，ディスプレイの輝度向上，TFT設計ルールの緩和（チャネル長等）による歩留まり向上，低電流駆動によるTFT寿命向上，低電流駆動による電圧降下低減，ドライバ耐圧低減によるコスト削減，駆動電圧低減によるパワー削減等，様々な恩恵をもたらす可能性があり，アモルファスシリコンTFT駆動に三重項材料を用いるメリットは大きい。

3.1.3　アモルファスシリコン形成手法によるモビリティー向上
　輝度を確保するのに必要なドライバTFTのチャネル幅を記述したEq.3を見ると，$\eta\mu$（有機ELダイオードの電流効率×モビリティー）によってドライバTFTのサイズがどれだけ小さく出来るかが決まる事が判る。また，大きな$\eta\mu$値を実現する事でディスプレイの輝度L_{MAX}を向上できることも解釈可能である。モビリティーの向上が達成されれば，画素中に補償精度の高い回路を実現，もしくは有機ELディスプレイの輝度向上が可能である。
　TFTの移動度を向上する場合，通常CVDレシピを変更する手法が多く用いられる。しかしモビリティーは向上するに従いV_{TH}シフトも大きくなる事が多い。これは，モビリティーが向上するに従い，通過電荷量が増えるのでV_{TH}シフトも通過電荷量に比例して増える事が原因と考えられる。しかし大型有機ELディスプレイを実現するにはモビリティーとTFTの特性安定性の両立

が必要であるので，これでは解になっておらず，有機ELディスプレイのバックプレーンとしては不適である。TsujimuraらはSID2003において高モビリティーと低V_{TH}シフトを両立したTFTを報告している。このような技術を用いる事で，高いモビリティーによって高輝度，高精度の補償性能を持った有機EL用バックプレーンの形成が可能である。

3.2 TFT特性変動問題の克服
3.2.1 TFT特性変動の設計上制約について
　アモルファスシリコンTFTのゲート電極およびドレイン電極に正バイアスが与えられた場合のTFT特性変化を図3に示す。TFT電流はアモルファスシリコンTFTを駆動するに従って急激に減少する事がわかる。

　一般にTFT電流の減少は2つの原因，正方向への閾値シフトとモビリティーの劣化で説明される。図3より有機EL駆動レベルのストレスにおいてはほとんど閾値シフトが支配的であり，モビリティーの低下は長期間に渡って無視できるレベルである事が判る。

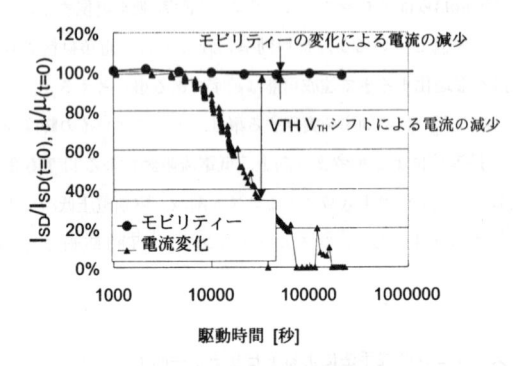

図3　正電圧ストレスによるモビリティー，電流値の変化（SID2003より）

　つまりアモルファスシリコンTFTによる有機ELディスプレイを実現しようとする場合，LCDにおける劣化モードとは異なり，閾値シフトの抑制に対する解析を行えばよく，モビリティー変動は無視できるという事である。

　以下に，閾値シフトを抑制する様々な手法について議論する。

3.2.2 電流集中型TFT特性劣化の解明と解決
　TFTの電流値は通常（Eq.2）式の様なグラジュアルチャネル近似で記述されるが，実際のアモルファスシリコンチャネル中のダメージは均等にはならない。TFT設計における特異点の存在や電流集中がTFTの劣化を加速させるであろう。

第3章 駆動回路技術

TFTがチャネル幅方向に無限遠まで続いていると見なした場合，チャネル幅方向のどの位置においても電流密度は一定になると思われるが，現実のTFTのサイズは有限であるためにチャネルの側面部分が解放状態となる。このため，チャネルカットされた断面の状態によっては電流が側面に集中する現象が生じる。このような現象を防ぐには解放端の生じない同心円形状のTFTが有効である。

また，TFTにおいてチャネルはゲート絶縁膜とシリコン界面の数nm程度の非常に狭い領域に生じる事が知られている。このような電流集中はチャネル部分のSi結合にダメージを多く与える為に劣化を加速する。チャネル深さ方向に電流が生じない構造を形成する事でTFTの劣化を防止する事が可能である。

また，アモルファスシリコンTFTにおいてV_{TH}シフトはSi-SiもしくはSi-Nの弱結合が切断，もしくは電荷のトラップが原因で生じる事を考えると，できるだけストイキオメトリーに近いシリコン層がTFT特性の安定に望まれる。CVDレシピ変更によって弱結合を抑制する事でTFTの劣化抑制が可能である。

このような電流集中が生じるような特異点を平面設計上およびTFT構造上除去する方法および膜質の最適化によってV_{TH}シフトを削減可能である。

3.2.3 TFTの駆動最適化による特性劣化の最小化

ドライバTFTから有機ELダイオードに電流を流す方法としてはたくさんの選択肢がありうる。図4の一番上の図は絶えず一定の電流I_{PIXEL}が流れる条件である(DC条件)。一方，図4の真中の図は50％のデューティーで2倍の電流値$2I_{PIXEL}$をON期間に流す条件である。この駆動条件は平均電流がI_{PIXEL}であるので，一番上の駆動条件と同じ平均輝度となる。最下部の図は25％のデューティーで4倍の電流$4I_{PIXEL}$をON期間に流す条件である。

これら3つのケースにおいて，ディスプレイの平均輝度はまったく同じであるが，駆動ストレスがもたらすTFTの特性変化は異なったものとなる。

V_{TH}シフトをできるだけ小さくする条件を選ぶことでアモルファスシリコンTFTの寿命を延ばす事が可能である。

さらに図5は様々な駆動条件におけるV_{TH}シフトの違いを示している。V_{TH}シフトが小さくなる条件を調べ，採用する事で，TFTの特性変動を最小化する事が可能である。

3.2.4 有機ELデバイス構造によるTFTストレスの最小化

有機ELの電流効率を改善することによってアモルファスシリコンTFTと有機EL両方のストレスを減少し，劣化を抑制する事が可能である。従来よりアモルファスシリコンTFTの劣化はゲート絶縁膜への電荷注入とアモルファスシリコンのダグリングボンドが生じる現象が支配的である事が知られてきた。

有機ＥＬ材料技術

図4　様々なデューティー駆動方法

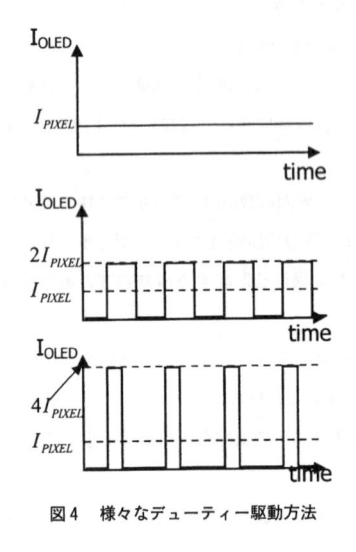

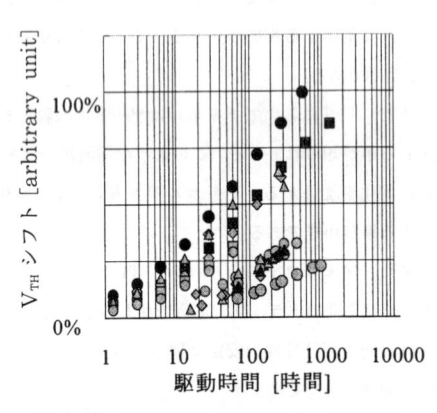

図5　様々な駆動条件におけるV_{TH}シフト量の違い
　　（SID2003 より）

　理想的なアモルファスシリコン／ゲート絶縁膜界面及び，倍の電流効率を持ち同じ電流耐性を持った有機ELデバイスを仮定した場合，同じ輝度を実現するのに半分の電流で済むので，アモルファスシリコンTFT，有機ELダイオードの寿命はクーロン仮定より倍になる可能性がある。
　さらに低い電流密度によって有機ELディスプレイの駆動温度が低くなるので，TFT，有機EL素子ともにアレニウスの関係によって寿命が長くなる。
　電流ストレスと温度ストレスの相乗効果によりTFT，有機ELデバイスの両方が劣化する事を考えると，有機ELデバイスの効率改善によってもディスプレイ寿命が大きく改善される。

3.2.5　画素補償回路によるTFT特性変動の吸収

　アモルファスシリコンTFTの場合，論じてきた様々な手法によって特性変動を抑制する事ができるが，視認されないレベルまでTFT特性変動を抑制するのは困難であるので，焼きつき現象を防ぐために，画素補償回路を使用して視認されないレベルにまで電流変動を抑える必要がある。
　閾値シフトを抑制する回路には，様々なバリエーションがある。
　Dawsonら[8]，Heら[9]，Sasaokaら[10]はアモルファスシリコン駆動用の画素補償回路として電流ドライバを用いた定電流回路を提唱している。
　Dawsonら[11]，He, Hattoriら[12]やSanford[13]らは有機ELを駆動するためのアモルファスシリコンTFT回路として電圧駆動回路を提案している。

第3章　駆動回路技術

たとえば図6の回路はその一例（Dawsonらによる回路の変形）である。この回路ではV_{TH}リセット時に自動的にドライバTFTのゲートノードに閾値が書き込まれるようになっている。

このようなV_{TH}補償回路と今まで議論してきた様々なV_{TH}シフト抑制手法を組み合わせる事で，駆動によって生じるTFTの特性変化を目に見えないレベルにまで抑え，事実上テレビとして用いるのに問題のない表示特性変化にする事が可能である。

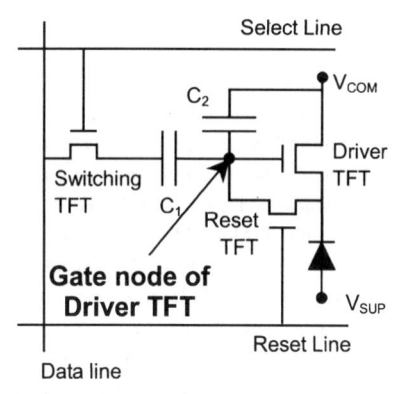

図6　画素補償回路の一例

3.3　世界最大20インチ有機ELディスプレイの実現

表1はSID2003で報告のあったアモルファスシリコンTFTによる世界最大（2004年2月現在）の20.0インチ有機ELディスプレイスペックである。低モビリティーのアモルファスシリコンTFTを用いてもテレビとして十分な輝度を持つディスプレイを作れる事を意味している点で重要である。

大型薄型で優れた動画性能を持つ大型テレビを，低コストのアモルファスシリコンTFT駆動で作成する事に成功したわけであり，この技術の発展により有機EL技術が大画面ディスプレイにおいても液晶ディスプレイやプラズマディスプレイを脅かす存在になってくると予感される。

表1　作成した有機ELディスプレイのスペック（SID2003より）

Size	20.0" diagonal
Resolution	WXGA/HDTV compatible
Peak luminance	>500cd/m²
Color number	16M
TFT design	Amorphous-Si TFT compensation circuit
OLED design	Top emission structure
Color gamut	<105% of NTSC triangle
Response time	<1 msec
Contrast ratio	>1000:1

有機EL材料技術

文　献

1) G.W.Jones, "Active Matrix OLED Microdisplays", *Society for Information Display 2001 Proceeding*, p.134 (2001)
2) J. Sanford *et al.*, "Direct View Active Matrix VGA OLED-on-Crystalline-Silicon Display", *Society for Information Display 2001 Proceeding*, p.376 (2001)
3) T. Sasaoka, M. Sekiya, A. Yumoto, J. Yamada, T. Hirano, Y. Iwase, T. Yamada, T. Ishibashi, T. Mori, M. Asano, S. Tamura and T. Urabe., "A 13.0-inch AM-OLED Display with Top Emitting", *Society for Information Display 2001 Proceeding*, p.384(2001)
4) G. Rajeswaran, M. Itoh, M. Boroson, S. Barry, T. K. Hatwar, and K .B. Kahen, K. Yoneda, R. Yokoyama, T. Yamada, N. Komiya, H. Kanno, and H. Takahashi, "Active Matrix Low Temperature Poly-Si TFT / OLED Full Color Displays: Development Status", *Society for Information Display 2000 Proceeding*, p.974 (2000)
5) T. Tsujimura *et al.*, "A 20-inch OLED display driven by Super-Amorphous-Silicon technology", *Society for Information Display 2003*, p.6 (2003)
6) T. Tsujimura, "アモルファスシリコンおよび微結晶シリコン TFT を用いた有機ELディスプレイの大型化", Ph.D Thesis (University of Tokyo) to be published (2004)
7) T. Tsujimura, "Amorphous/ Microcrystalline Silicon Thin Film Transistor Characteristics For Large Size OLED Television", *Japanese Journal of Applied Physics* to be published (2004)
8) R.M.A.Dawson *et al.*, "Pursuit of Active Matrix Organic Light Emitting Diode Displays", *Society for Information Display 2001 Proceeding*, p.372 (2001)
9) Yi He *et al.*, "Four-Thin Film Transistor Pixel Electrode Circuits for Active-Matrix Organic Light-Emitting Displays", *Jpn.J. Appl. Phys.* Vol.40, pp.1199-1208 (2001)
10) T. Sasaoka *et al.*, "A 13.0-inch AM-OLED Display with Top Emitting Struc-ture and Adaptive Current Mode Programmed Pixel Circuit (TAC)", *Society for Information Display 2001 Proceeding*, p.384 (2001)
11) R.M.A.Dawson *et al.*, "Design of an Improved Pixel for a Polysilicon Active-Matrix Organic LED Display", *Society for Information Display 98 Digest*, p.11 (1998)
12) Yi He *et al.*, "Improved A-Si:H TFT Pixel Electrode Circuits for Active-Matrix Organic Light Emitting Displays", *IEEE Transactions on Electron*, Vol.48, No.7, p. 1322 (2001)
13) J.Sanford *et al.*, "TFT AMOLED Pixel Circuits and Driving Methods", *Society for Information Display 2003 Proceeding*, p.10 (2003)

第4章 プロセス技術

1 ホットウォール

柳 雄二*

1.1 はじめに

　有機EL（Electroluminescence）表示素子は，現在ようやく実用化の段階に至り，車載用機器のディスプレイ及び携帯電話の背面パネルに採用されている。

　有機ELの発光材料には，低分子系材料と高分子系材料とがあるが，低分子系材料の開発が先行して製品化されている。低分子系材料の成膜は，研究段階を除くと真空蒸着法により形成されている。

　この蒸着法には，大型基板化，シャドウマスク，シャドウマスクと基板の高精度位置合せ，蒸着速度，蒸発材料の使用効率，搬送方法，などの課題が挙げられる。

　有機ELディスプレイから高付加価値の有機TFT（thin film transistor）の開発が進められている一方で照明などの面発光源の開発も進められている。有機ELディスプレイは液晶ディスプレイとの競合のためにコスト低減が要求され，面発光源では更なる低コストが要求されると予想される。

　この低コスト化のためには，基板の大型化による多面取り，高速成膜による生産性向上，材料使用効率の向上による材料コストの低減，などが代表的な課題として挙げられる。

　本稿では，特に面発光源用途として最適と考えるホットウォール蒸着法（以下HWと略すことがある）について述べる。

1.2 ホットウォール蒸着法の原理

　蒸着方法を考えた場合，図1に示すように，ポイントソース（点蒸発源）からラインソース（線蒸発源），そしてフェイスソース（面蒸発源）が理想と考える。当然のことながら，ポイントソースからフェイスソースへ移行するに従い，蒸発源と基板の距離が短くなり，蒸着速度が向上し，材料使用効率が向上するとともに，蒸発源の発熱面積が増えることから，基板およびシャドウマスクに対する熱負荷も大きくなる。

　ここでは，安定しているポイントソースをラインソース化する方法であるホットウォール蒸着

---

*　Yuji Yanagi　トッキ㈱ R&Dセンター　シニアエグゼクティブエンジニア

有機EL材料技術

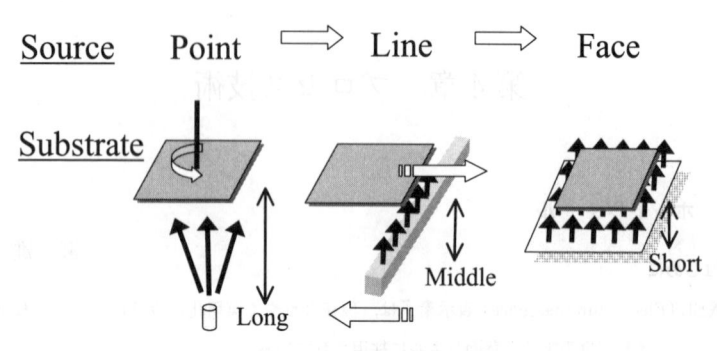

図1 蒸発源の種類と遷移

法の基本的な部分を説明する。図2に従来のポイントソースによる蒸着法とホットウォール蒸着法を比較して示す。従来の蒸着装置[1,2]は，ポイントソースからの蒸発粒子がクヌーセンのコサイン則に従い，等厚面が球状に広がって基板に付着する。基板内の膜厚分布を改善するために，基板と蒸発源の距離を離し，基板を回転させる。このことにより，均一な膜厚分布が得られるものの基板への成膜速度が低下し，蒸着材料の殆どが基板以外のチャンバー内壁に付着する。このことが高価な蒸着材料の使用効率を低下させる原因である。ホットウォール蒸着法では，基板の方向外へ蒸着した粒子を加熱壁つまりホットウォールにより基板方向へ輸送し，蒸発粒子を効率良く基板に付着させる方法[3,4]である。

加熱壁における粒子の状態を図3に示す。ホットウォールの温度が低い場合は全て壁に付着し，温度が上昇するに従い付着と再蒸発が混在する。更に温度を上昇させると弾性衝突に似て付着することなく全て再蒸発する。

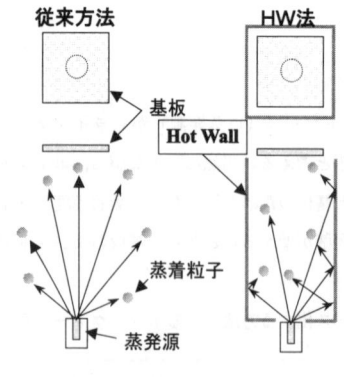

図2 蒸着方法の比較

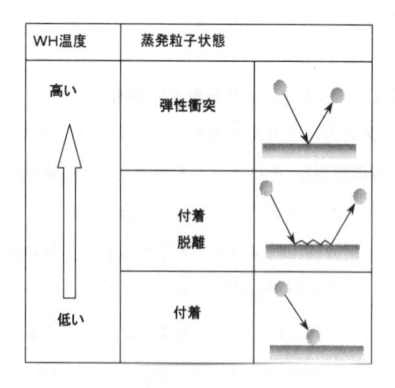

図3 加熱壁における粒子の状態

第4章　プロセス技術

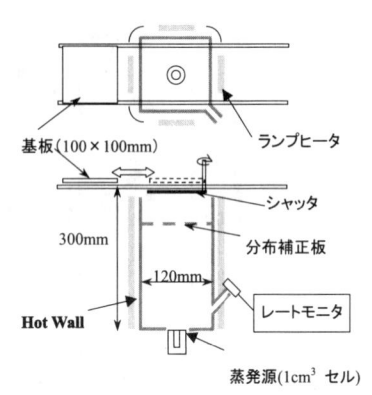

1.3 小型ホットウォール蒸着法

先ず，小型のホットウォール実験機による結果について説明する。図4に実験に用いた装置の構造を示す。100mm角の基板サイズに対し，ホットウォール開口部は120mm角である。成膜はホットウォール上で静止固定成膜とした。ホットウォールはランプヒーターにより加熱制御が可能で，蒸発速度は水晶式膜厚コントローラーにより制御が可能となっている。

基板位置にも膜厚計を設置し，ホットウォールを加熱せずに代表的な有機材料であるAlq3を一定の温度で一定の速度で蒸発させる。次にホットウォール温度を段階的に上昇させ，基板位置の膜厚計の成膜速度を測定し，得られたホットウォール温度と成膜速度の関係を図5に示す。蒸発源の蒸発速度が一定であるのに対し，基板位置での成膜速度は10倍以上の結果が得られ，ホットウォール壁に付着するはずの有機材料が再蒸発して基板側に輸送されたことがわかる。当然のことながら，実験終了後のホットウォール壁内には殆ど有機材料の付着は認められない。

同様に材料の使用効率を，蒸発した重量に対して基板へ付着した重量の比として求め，このホットウォール温度と材料使用効率の関係を図6に示す。図5の成膜速度と若干の誤差があるものの，同様な関係が得られた。本来チャンバー壁に付着する有機材料が基板へ輸送され，蒸発速度が10倍向上すると同時に材料使用効率も10倍向上したことになる。薄膜の重量測定は誤差を含み易く，

図4　小型ホットウォール

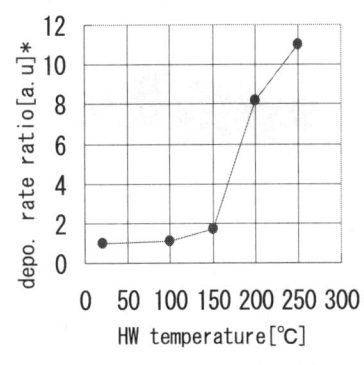

図5　ホットウォール温度と蒸発速度

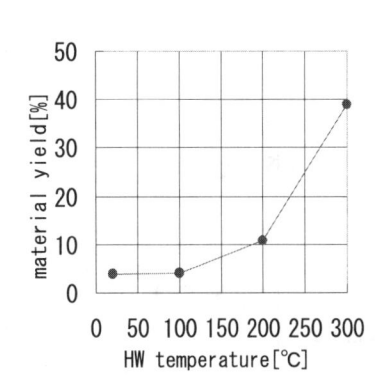

図6　ホットウォール温度と材料使用効率

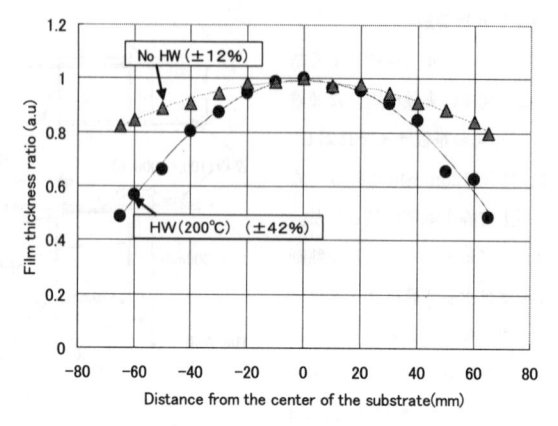

図7 ホットウォール温度と膜厚分布

測定には注意が必要であるが,膜厚から体積を求め密度より求めた重量からも同等な値が得られたことから,妥当性のある値と考えている。

　しかし,ここで問題になるのが膜厚分布である。ホットウォールの加熱無しの場合と200℃に加熱した場合の膜厚分布を図7に示す。この膜厚は基板対角を斜めに測定した結果である。蒸発源と基板の距離が300mmと近い距離にあることから,ホットウォールの加熱無しの場合は±12％の分布であるのに対し,ホットウォールを200℃に加熱した場合は±42％と大きな分布となる。この膜厚分布の低下はホットウォール壁面からの材料の再蒸発による効果である。ホットウォール内壁に図8に示すような分布補正板を設け,図9のような基板上の膜厚分布をシミュレーションし,最終的に得られた膜厚分布の実測結果を図10に示す。この結果からわかるように,膜厚補正板により膜厚分布が±42％から±4％へ大幅に改善された。この膜厚分布は安定したポイント

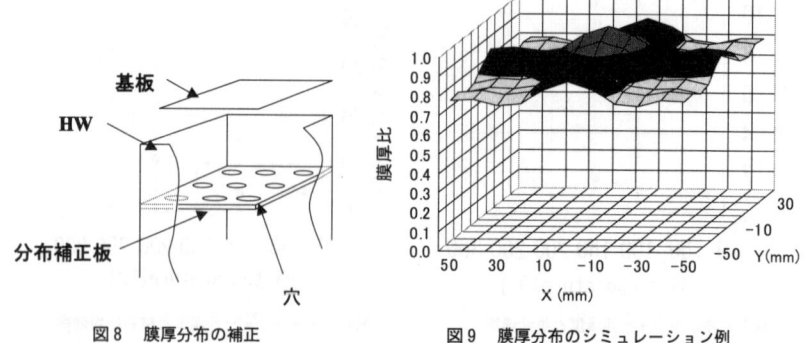

図8 膜厚分布の補正

図9 膜厚分布のシミュレーション例

第4章 プロセス技術

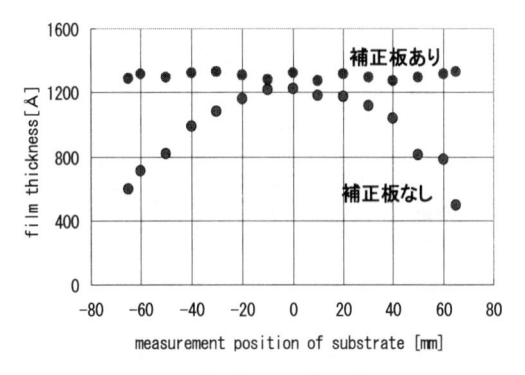

図10 補正板による膜厚分布

ソースからの分布であり,安定した結果が得られている。また,一般に膜厚補正板を用いた場合は補正板に付着した膜を清掃する必要があるが,このホットウォール蒸着法の場合は,補正板に付着するべき有機材料が再蒸発し,基板へ輸送されるために補正板の清掃が不要であることも大きな特徴である。

このように,ホットウォール蒸着法は,静止固定においても高速成膜,高材料使用効率,良好な膜厚分布が得られる特徴がある。この蒸着方法は前項で述べた面蒸発源に相当する。

1.4 大型ホットウォール蒸着法

生産性を高めた量産の場合,大型基板を用いることが一般的である。有機ELディスプレイでは400mm角程度の基板が多く用いられているが,実験装置の都合上400×200mm基板を用い,実験装置の構造を図11に示す。搬送成膜を基本とし,搬送方向に基板幅200mmを設定したため,400mm基板でも同様な結果が得られる。基板幅400mmに対し,ホットウォール幅420mm幅で成膜し,膜厚分布補正板の有無の成膜結果を図12に示す。膜厚分布は基板360mmにおいて,補正板なしで±28％,補正板ありで±4％を得ている。原理的にはスパッタリングの膜厚分布補正と同様であり,膜厚分布が非常に滑らかであることがわかる。これはポイントソースからの安定した蒸発を幾何学的に補正して得られる膜厚であり,再現性の良い結果が得られる理由でもある。有機ELにおいて膜厚分布が±5％以内であれば十分と考えられているが,更に膜厚分布を良くすることも,本方法の場合は容易である。

前項と同様に本実験においても特性を測定し,結果を従来のポイントソースの蒸着法と比較して表1に示す。材料使用効率が小型実験機に比べて向上している理由は装置が大きくなり,材料の損失分が少なくなったことに起因している。この蒸着方法は前項で述べたラインソースに相当

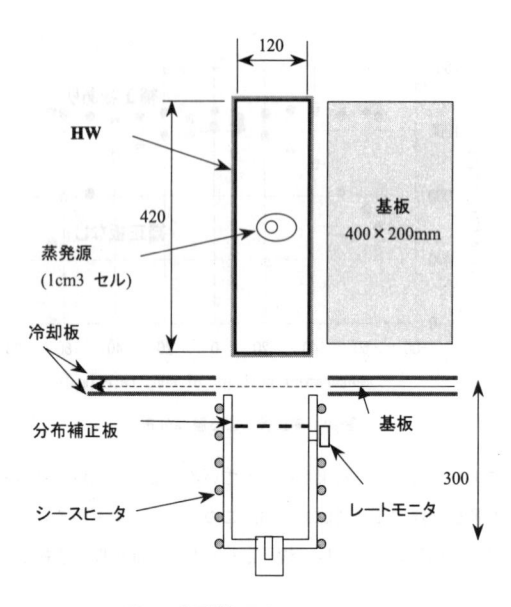

図11 大型基板用ホットウォール

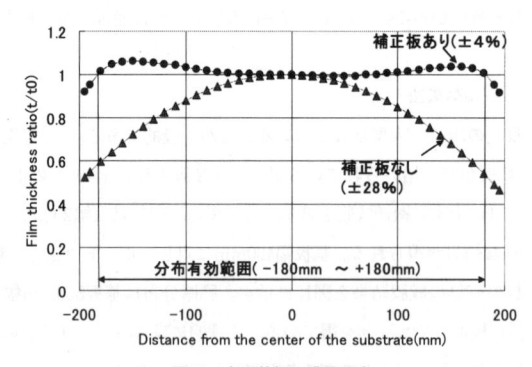

図12 大型基板の膜厚分布

表1 ホットウォール蒸着法の比較

	従来方法	ホットウォール蒸着方法
蒸着速度	2Å／s	20Å／s
材料使用効率	4％	70％
膜厚分布	±5％	±4％

第4章 プロセス技術

し，蒸着速度及び材料使用効率ともに従来法に比べ10倍以上の大幅な向上が得られ，高生産性，低コストを実現する蒸着方法と考えている。

1.5 素子特性

本ホットウォール蒸発法のように再蒸発を行った場合，有機材料の特性劣化が懸念される。しかし，セルのような坩堝状の蒸発源の場合，ホットウォールと同様に坩堝壁において再蒸発が発生している。次に発光素子を作成し，発光特性を測定し，素子特性を評価した。実験に用いた素子構造を図13に示す。青色と黄色の発光層を積層した白色発光素子で，ホール輸送層をホットウォール蒸着法で成膜した。有機材料及び膜厚については割愛した。

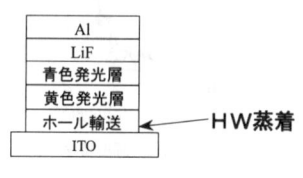

図13 評価用素子構造

先ず，有機材料を成膜した表面をAFMにて観察した結果を図14に示す。表面粗さが若干大きくなっているものの，表面状態としては差が認められない。発光特性に関して，輝度特性を図15に，視感効率特性を図16に示す。何れの発光特性においても従来の蒸着法とホットウォール蒸着法に差が認められない。参考として発光状態を図17に示す。均一で良好な発光が得られている。

1.6 おわりに

有機ELの量産はようやく始まった段階で，これから有機EL素子の市場が拡大するものと考え

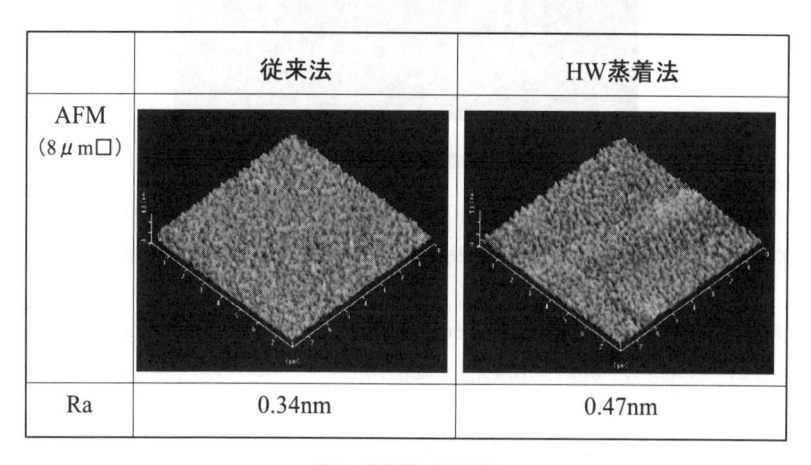

	従来法	HW蒸着法
AFM (8μm□)		
Ra	0.34nm	0.47nm

図14 蒸着膜の表面状態

図15 輝度特性

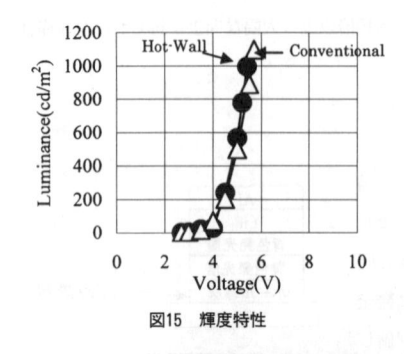

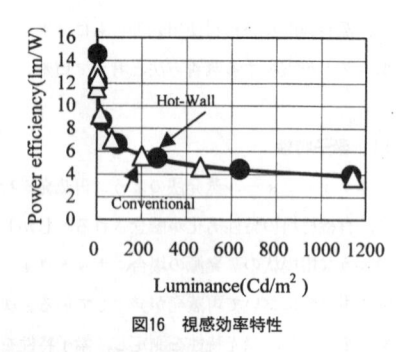

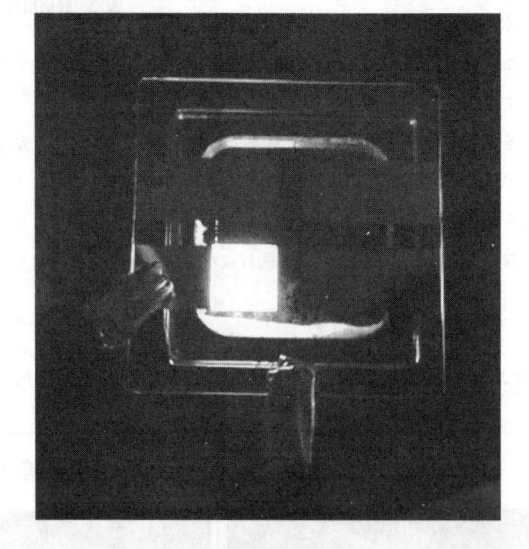

図16 視感効率特性

図17 発光状態

ている。現在製品化されているものは，小型のディスプレイであるが，更に大型ディスプレイも求められており，有機材料の高効率化と長寿命化が進むことにより，有機ELの発展が期待される。

現在，ディスプレイが注目されているが，有機ELディスプレイがより普及するための製造方法として，更に将来の照明などの面発光源の製造方法としてこのホットウォール蒸着法を提案している。

最後に，本内容は山形大学城戸教授および松下電工株式会社殿との共同開発により得られた結果であり各位に感謝いたします。

第 4 章　プロセス技術

文　　献

1) 柳雄二, 城戸淳二監修, 有機EL材料とディスプレイ, シーエムシー出版, p394 (2001)
2) 柳雄二, 吉野勝美監修, ナノ・IT時代の分子機能材料と素子開発, エヌ・ティー・エス, p758 (2004)
3) 西森泰輔ほか, 第63回応用物理学会学術講演会予稿集, 27a-ZL-13, p1166 (2002)
4) E.Matsumoto, *et al.*, SID2003 Digest, p1423 (2003)

2 インクジェット

佐藤竜一[*1], 吉森幸一[*2], 中 茂樹[*3], 柴田 幹[*4], 岡田裕之[*5], 女川博義[*6], 宮林 毅[*7], 井上豊和[*8]

2.1 背 景

大面積有機ELパネルをパターニング作製出来る方法として，インクジェットプリント(IJP)法が注目されており，報告が活発である[1~29]。当時を振り返れば，1998年はIJP元年であったと言える。論文発表では，YangによるIJP法によるロゴパターン印刷[1](後にハイブリッドIJPに発展[4,6,8])，時を同じくしてプリンストン大学のHebnerらによるインクを直接印刷する(直接IJP)方法[2,7]と色素拡散法[3]が報告された。日本国内では，同年，下田らのIJPに関するアクティブマトリクス(AM)型有機EL素子の特許特開平10-12377が1月16日に公開される等，ブレークスルーに沸き立った時期であった。

ところで，IJP法による有機材料のパターニングは，LB膜の水面展開で'94年秋の応用物理学会学術講演会で，慶応大・東工大グループから報告されていた。我々の機関では，有機ELのパターニング技術を考えていた際に，中茂樹教官の発案で'97年8月より実験を開始した。報告出来る発光は翌年に得られ，他機関の対外報告から遅れること三ヶ月，1998年4月10日にAsia Displayへの投稿申込みを終え，次週MRS国際会議へ出向いたのを記憶している。そして，同年秋のAsia Display，応用物理学会学術講演会で直接IJP法によるRGB発光と同一基板形成について報告してきた[5]。今を思えば，日本の機関としては初のIJPによる有機EL素子動作の対外報告だったのではないかと思う。

その後，直接IJP法がIJP法の主流となり，1999年にEpsonの下田らによりバンク構造を用いたアクティブマトリクス型IJPパネルが国際会議発表され[9,10]，開発競争に拍車がかかり，種々のアクティブ[9~14,18,19,23,24,26,27]，パッシブマトリクス型マトリクスパネル[20~22,30]，IJP技術[15,16,28,29]が，また当研究機関からも白色発光IJPデバイス[17]や自己整合バンク形成されたIJPデバイス[25,31]などを

---

* 1 Ryuichi Satoh 富山大学 理工学研究科 物質科学専攻
* 2 Koichi Yoshimori 富山大学 工学部 電子情報工学科
* 3 Shigeki Naka 富山大学 工学部 電気電子システム工学科 助手
* 4 Miki Shibata 富山大学 工学部 電気電子システム工学科 技官
* 5 Hiroyuki Okada 富山大学 工学部 電気電子システム工学科 助教授
* 6 Hiroyoshi Onnagawa 富山大学 工学部 電気電子システム工学科 教授
* 7 Takeshi Miyabayashi ブラザー工業㈱ パーソナル アンド ホーム カンパニー 部長
* 8 Toyokazu Inoue ブラザー工業㈱ 技術開発部 課長

第4章 プロセス技術

国際会議発表した。

そして現在, 大型パネル試作の試みも発表されており, 2003年東芝松下ディスプレイテクノロジーから, IJPによる17インチ型WXGA高分子OLEDが発表されるに至っている[32]。

今回は, これまで当研究機関で実施してきたIJP法の一連の研究経緯と今後の展開について触れてみたい。

2.2 IJP法による種々のデバイス作製

IJP法によるデバイス作製では, 他のコーティング法には無い独特の形成条件がある。ここでは, デバイス作製で生じた基本的特長に関して2.2.1項で軽く触れ, 2.2.2項では種々の材料系形成の特性例を, 2.2.3項ではインク液滴位置に対し発光部とバンクの形成を自動的に行う「自己整合」隔壁デバイスの作製法とその特性について述べる。

図1(a), (b)に, 各々使用した低分子有機材料, 高分子有機材料の分子構造を示す。高分子

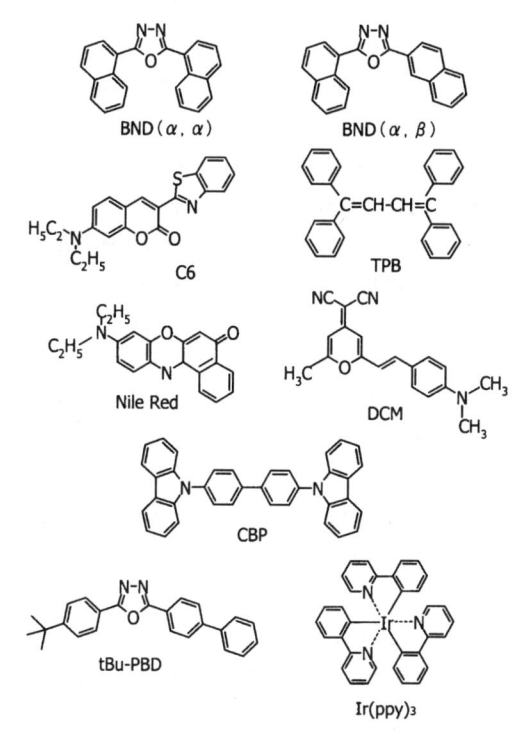

図1(a) 使用した低分子有機材料

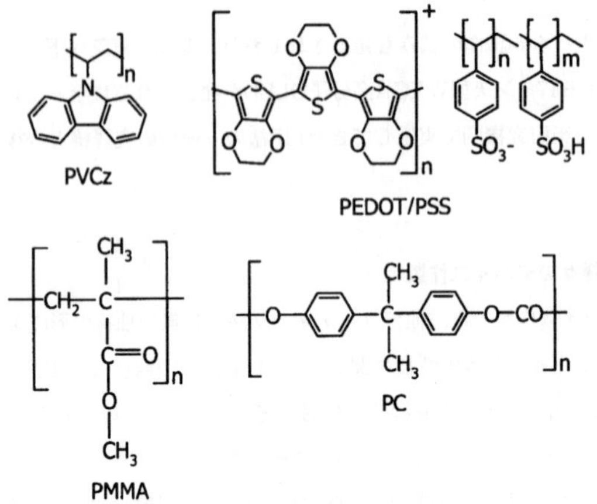

有機EL材料技術

図1(b) 使用した高分子有機材料

ホストを有するデバイスでは，ホスト高分子としてPoly(9-vinylcarbazole)(PVCz)，電子輸送材料 2,5-Bis(napthyl)-1,3,4-oxadiazole(BND(α,β))，色素材料Coumarin6 (C6), 1,1,4,4-Tetraphenyl-1,3-butadiene (TPB), Nile Redを使用した。溶媒は1,2-dichloroethaneを使用し，1,2wt%の濃度とした。白色発光化の試みでは，ホスト高分子PVCz，電子輸送材料BND (α,α)（以下，断りが無いときはBNDと略する），色素材料C6, DCM, Nile Redを使用した。りん光デバイスでは，ホスト高分子PVCz，電子輸送材料 2-(4'-tert-Butylphenyl)-5-(4''-biphenyl)-1,3,4-oxadiazole (tBu-PBD)，ホールブロック材料 Bathocuproine (BCP)，りん光材料 fac tris(2-phenylpyridine) iridium (Ir (ppy)$_3$)，そして正孔輸送バッファ層としてpoly (ethylenedioxythiophene)/ poly (styrenesulfonate) (PEDOT/PSS) (Bayer, Baytron® P)を用いた。自己整合隔壁デバイスでは，隔壁材料としてPoly (methyl methacrylate)(PMMA), Polycarbonate (PC)，ホスト材料としてPVCzないしは4,4'-bis(N-carbazolyl)-biphenyl (CBP)，電子輸送材料BND，色素材料C6，発光材料Ir(ppy)$_3$，バッファ層としてPEDOT/PSSを用いた。白色発光，りん光，高分子系材料による自己整合隔壁デバイスでは，溶媒は1,2-dichloroethane, 1wt%（典型）を使用した。低分子系材料による自己整合隔壁デバイスでは，chloroform, 1.2wt%溶液を使用した。

図2に使用した装置を示す。図(a)は，初期に使用したプリンタでEPSON HG-2000を改良して使用した。解像度は180dpi，方式はユニモルフ型（12ノズル×2列）で，図(a)右上に示すように，ガラス製ノズル構造にピエゾ素子を貼付けた形状となっている。パーソナルコンピュータ制御し，通常の描画ソフトウエアを使用した。図(b)は後に使用したプリンタヘッドと制御系で，

第 4 章　プロセス技術

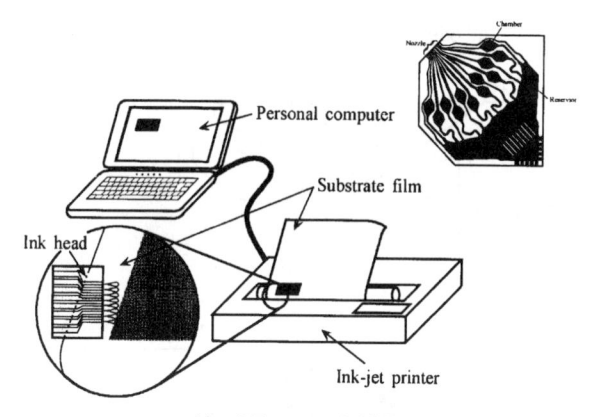

(a)　市販プリンタ改造装置

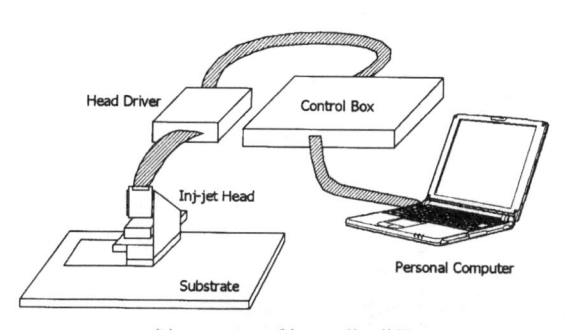

(b)　セラミック製ヘッド使用装置

図 2　使用した装置

ブラザー工業製セラミック製ヘッドを使用した。詳細仕様は，ノズル128個，ピエゾ素子駆動，ノズル径 40μm，解像度150dpi，ピエゾ駆動周期0.1〜1kHz，インク液滴量50pℓである。ステージはステッピングモータ制御し，インク塗布はコンピュータプログラムを用い，制御ボックス，ヘッドドライバを介して行った。

　図3には試作したデバイスの三つの基本積層構造を示す。図(a)は，ITO/(IJPにより形成した有機層)/陰極構造，図(b)はITO/バッファ層(ここでは，PEDOT/PSS)/(IJPにより形成した有機層)/陰極構造，図(c)はITO/バッファ層(PEDOT/PSS)/(IJPにより形成した有機層)/ホールブロッキング層(ここではBCP)/陰極構造である。

　以下，各デバイス試作とそれから得られた特性について示す。

(a) 単層構造デバイス

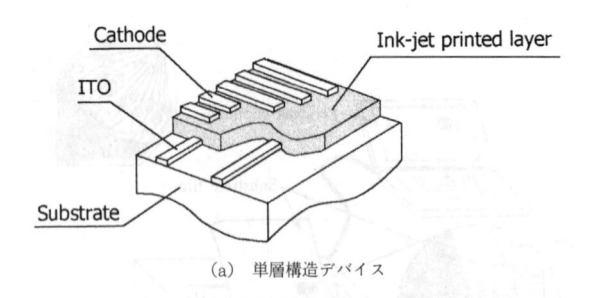

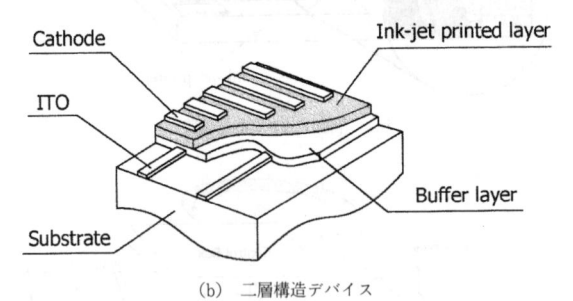

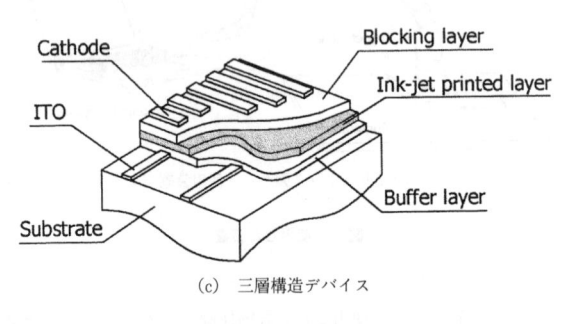

(b) 二層構造デバイス

(c) 三層構造デバイス

図3 デバイス構造

2.2.1 高分子分散系デバイス－デバイスの基礎検討

　IJP法により作製される有機EL素子の諸条件を確認するために，PVCz系材料を形成したときの特性を以下に示す。ここで，混合比PVCz:BND:色素＝160:40:1を固定した。この混合比は，スピンコート法によりデバイスを作製し，特性が最良であった混合比である。色素は，RGBデバイスで，各々Nile Red, C6, TPBを用いた。溶液濃度は2 wt%である。2.2.1項でのデバイス構造は単層デバイス，陰極材料はMgAg(Mg:Ag=10:1)を用いた。また，2.2.1項で使用した基板はフィルム基板で，プリンタロールを通しながら形成した。このとき，基板は垂直となっている。

第4章　プロセス技術

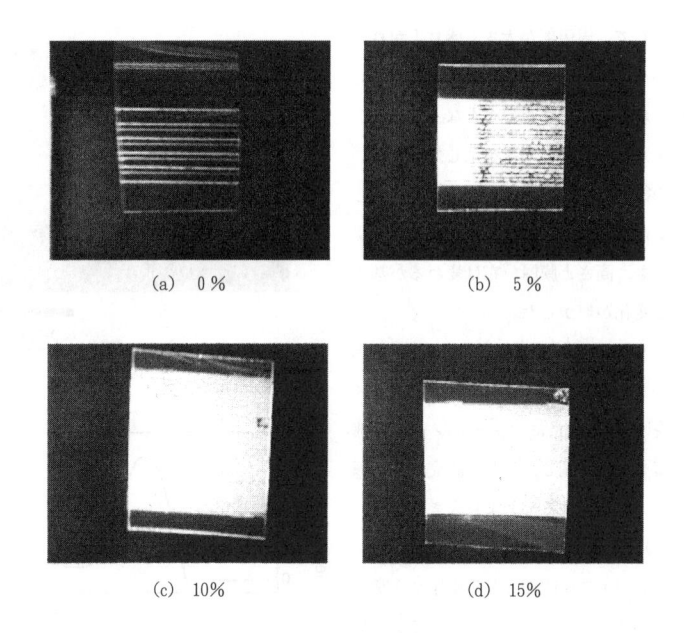

(a)　0％　　　　　　　　　(b)　5％

(c)　10％　　　　　　　　(d)　15％

図4　IPA濃度依存性

　先ず，IJPによるパターン形成の例を図4，5に示す。

　図4は描画ソフトを用い全面パターン塗りを行ったときの膜のブラックライト下でのフォトルミネッセンス(PL)発光パターンである。色素としてC6を用いている。IJPにより溶液を塗布する場合，通常の紙へのIJPの場合の様に染みこむということは無く，溶液は基板上にドロップレットとなって形成され，それが乾燥して膜となる。溶液は5m/s程度の高速で基板に衝突し，表面で押しつぶされて拡がり，基板上で半球状の液滴となると報告されている[33,34]。いずれにせよ，紙の場合とは形成されるパターンが大きく異なることとなる。実際作製されたパターンは，溶液を単に印刷したのみでは，隣り合う列がつながらなかった(図4(a))。そこで，基板上での接触角の低減と乾燥速度の低下を狙い，イソプロピルアルコール(IPA)の添加を5,10,15％行った。その際のPL発光写真を，各々図4(b)，(c)，(d)に示す。添加量を増すに従い列間の膜切れは無くなり，10％以上のIPA添加により膜は連続となった。また，15％より多くIPAを添加すると，逆に有機物の析出が起こった。

　次に，1ドット分のラインを連続して印刷したときの結果を図5に示す。中心膜厚は約150nmの場合である。隣り合うドットは形成後すぐに結合し，一本のラインとなっている。図5(a)中縦方向の断面のAFMプロファイルと，形成されたライン断面のイメージ図を図5(b)に示した。

パターンとして，周辺部が大きく盛り上がり，中心に向かうに従い膜の薄い部分が出来，中心付近の膜厚がやや厚い膜厚分布となった。ここでは高分子系ホスト材料の系を示しているが，低分子系や後に示す自己整合隔壁構造と変更した場合，また溶媒系をテトラリンと変更した場合においても，高さと膜厚分布は変わるが基本的膜形状は変化が無かった。

図6に，フィルム基板上に試作した有機EL素子のデバイス特性を示す。有機ELデバイスは，ITOを$2 \times 2 mm^2$にパターニングした部分に有機膜を全面印刷し，それに直交する陰極部とオーバーラップする部分より大きく形成した。図6(a)に電流密度-電圧(J-V)特性を示す。これより，デバイスに印加される電圧が通常デバイスで印加される10V程度と比較してかなり大きくなっている。これは，使用したITO膜のシート抵抗（〜1kΩ/□）が高いことと有機EL素子厚が150nm程度と厚いためである。図6(b)の輝度-電流密度(L-J)特性では，電流密度があまり稼げないため高輝度は得られていないが，最高輝度として色素をNile Red, C6, TPB

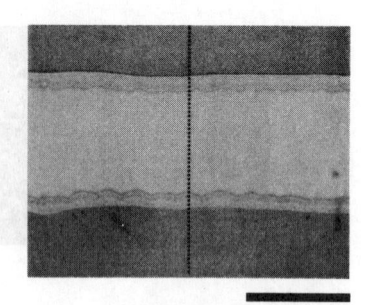

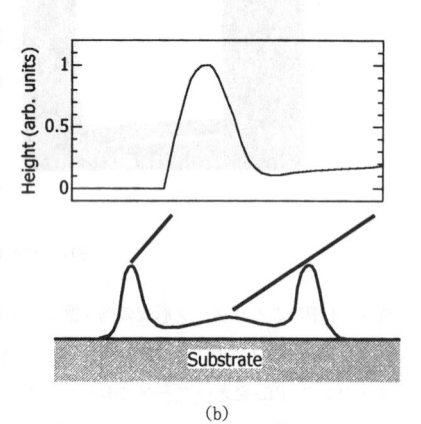

図5　ライン描画とAFM観察プロファイル

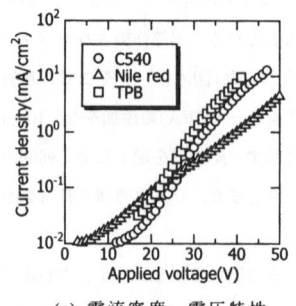

(a) 電流密度－電圧特性 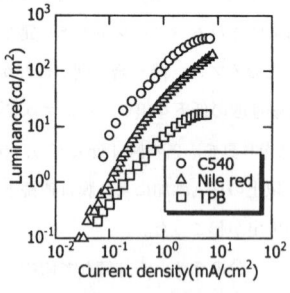　　(b) 輝度－電流密度特性

図6　IJPにより作製した初期のデバイス特性（フィルム基板上）

第4章　プロセス技術

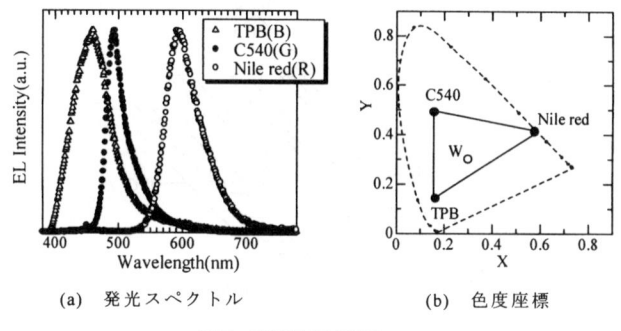

(a)　発光スペクトル　　　　(b)　色度座標

図7　RGB素子の発光色

としたとき，192，380，17cd/m^2（$J=7$ mA/cm^{2}時）であった．これより，RGB発光は色素材料により特性は大きく変化し，同一電圧ないしは同一電流密度での駆動が難しいことが分かる．効率は，RGBの順で，各々0.27，1.3，0.081lm/Wであった．

以上が特性であるが，ここで，デバイス厚を薄くした場合，IJP法によるデバイス形成では，電流−電圧特性の低電圧側に，リーク電流が見られる．この部分では未だ発光が見られないため，L-J特性上では電流密度に対し輝度が急峻に立ち上がる特性が確認される．一因としては，図5（a）の膜周辺部で見られた薄膜の部分が，リークの原因になるのではないかと考えている．後で述べるITO平坦面に形成する自己整合隔壁デバイスに於いてもリークが見られることより，ITO段差によるものとは考えにくい．顕微鏡による発光ドット観察では，発光が均一に見えるため要因としては考えにくいが，乾燥過程による材料再分布の可能性も有り得る．

図7にはRGBデバイス各々の発光スペクトルと，それから計算した色度座標値を示す．図7（a）より，RGB各デバイスのピーク波長は，各々592，492，458nmであった．また，図7（b）より，RGB各デバイスでの色度座標値は，各々，(0.574, 0.410)，(0.156, 0.492)，(0.162, 0.144)であった．

次に，同一基板上にRGBパターンを形成したときのデバイス構造図と，発光写真を図8に示す．構造は，図8（a）に示すように，RGB部をITOと直交するように連続塗りで形成し，その上部にMgAg陰極を形成した．同図（b）に実際の発光写真を示す．塗り斑により発光均一性に乏しいが，同一基板上にRGB発光パターンを形成することが出来た．

2.2.2　種々の高分子ホスト材料系での発光

発光デバイスである有機EL素子の応用を考えると，白色発光が一つの焦点として挙げられる．例えば，大面積発光面光源としての照明用，液晶バックライト用の三原色用光源，そして簡易キャ

有機EL材料技術

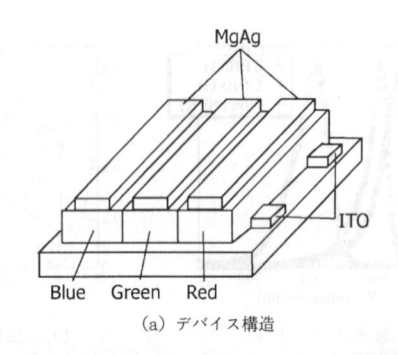

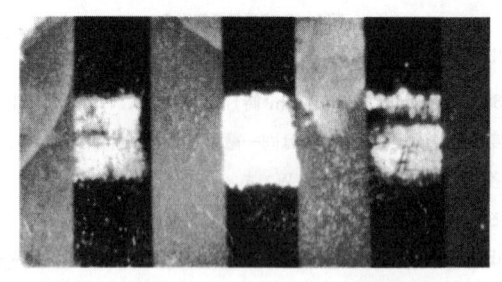

(a) デバイス構造

(b) 発光写真

図8　RGBパターニング

ラクター表示可能なペーパーディスプレイとしての白色発光など，種々の応用が考えられる。

2.2.1項でRGB発光可能な点を示し，図7(b)の色度座標でRGB発光内に白色点があることより，色素混合比を変えることで白色発光が期待される。また，最近有機EL素子ではりん光材料を用いることで高効率デバイスが実現できることが大きな話題となっている[35〜37]。

今回，白色発光については城戸らの検討した高分子色素分散型有機EL素子に倣い[38]，IJPへの適用を検討した。またりん光材料系では，Yangと筒井の報告[39]を参考に，IJP法にりん光材料を適用することでどこまでデバイス特性の向上が可能かについて検討を行った。

(1) 白色発光化の検討

実験では，ホスト材料としてPVCz，電子輸送材料としてBND，色素材料としてC6，DCM，Nile Redを適宜混合し，白色発光を実現した。ここで，混合比として，PVCz:BND＝160:40，色素材料は先の混合比に加えC6:DCM＝0.012:0.035，C6:Nile Red＝0.0125:0.035，DCM＝0.007の三種類を検討した。このとき，色素自身の発光に加え，450nmにピークを持つPVCz自身の発

第4章　プロセス技術

(a) 電流密度－電圧特性　　　(b) 輝度－電流密度特性

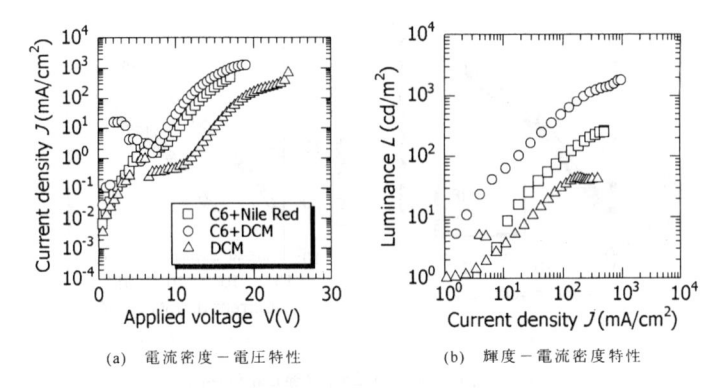

図9　種々の色素を用いた時の特性例

光が重畳される形となる。溶液濃度は，1 wt%とした。以下のすべての実験で，IJPに使用したヘッドはセラミクス製ヘッド（ブラザー工業）とした。デバイス構造は，ITO(100nm)/PVCz＋BND＋doped material/LiF(1 nm)/Al(100nm)である。

図9に，種々の色素を用いたときの特性例を示す。□がC6＋Nile Red，○がC6＋DCM，△がDCMを混合したときのデバイス特性である。図9(a)に示すように，電流密度－電圧特性は，DCMを色素として用いた場合のみ5V程度特性が高電圧側より立ち上がった。また，特性自身はIJP法でよく見られる様な，低電圧側で一度電流密度のピークを取るリーク成分を見せる特性となった。図9(b)より，色素がC6＋DCM，C6＋Nile Red，DCMの場合の最高輝度は，各々，1,820，697，258cd/m^{2}となった。色度座標値は，同様に各々，(0.31, 0.33)，(0.29, 0.40)，(0.28, 0.34)となった。

その他の材料系として，色素をperylene：DCJTB＝0.96:0.04と混合した場合の発光について，陰極材料をLiF，Csと変えて検討を加えた。ここでCsはCs$_2$CrO$_4$とZr:Alを用いた還元蒸着ボート（サエスゲッターズジャパン）を使用した。Csの詳細を簡単に追記する。Csは空気中では直ちに酸化され，Cs$_2$O等を含む超酸化物となる。我々の検討では，Cs蒸着厚を1.2nmとしたときは電子注入特性改善が見られるが，それ以上とすると，特性は急激に悪くなった。これより，Csは金属単体で存在しているとは考えにくく，酸化物となり，電子のトンネル注入を促進しているものと考えている。Liとの比較については，過去我々は，Cs$_2$O/Al障壁を有する陰極でAlq$_3$に対する注入障壁が0.39eVでありAlLi陰極の0.52eVと比較して充分低いことを確認している[40]。これより，Csの使用により，良好な電子注入が期待できる。

図10に，perylene＋DCJTB混合白色有機ELデバイスの特性を示す。図10(a)に示すように，電流密度－電圧特性は両者とも同等であった。しかしながら，図10(b)に示すように，輝度－電

有機ＥＬ材料技術

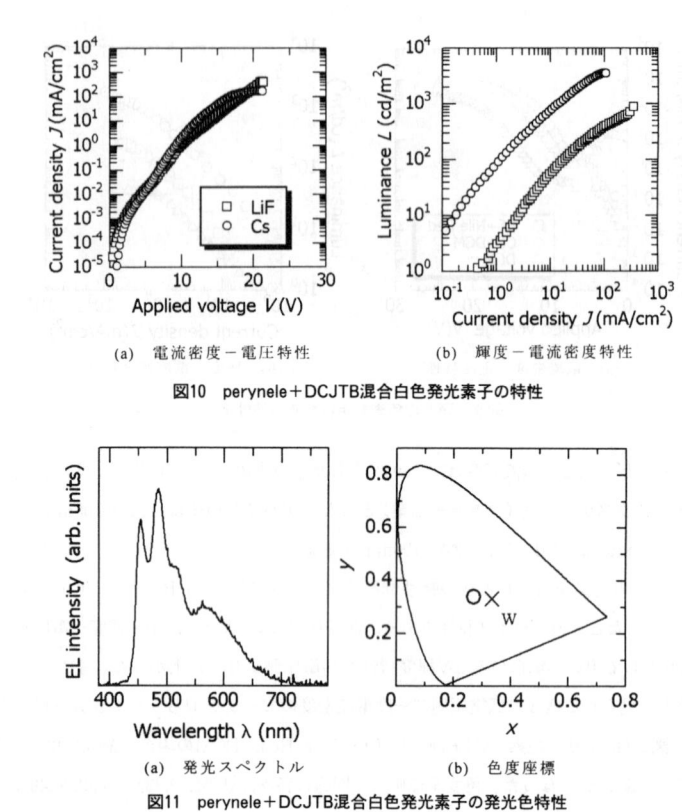

(a) 電流密度－電圧特性　　(b) 輝度－電流密度特性

図10　perynele＋DCJTB混合白色発光素子の特性

(a) 発光スペクトル　　(b) 色度座標

図11　perynele＋DCJTB混合白色発光素子の発光色特性

流密度特性はCsを用いた方が１桁程度高くなった。両者の最高輝度は，Liの場合710cd/m^2，Csの場合3,500cd/m^2となった。Cs陰極を用いた場合，EL効率，及び外部量子効率は，各々，3.0lm/W，4.15％であった。図11には，Csを用いたデバイスの発光スペクトル，色度座標を示した。色度座標値は，(0.27，0.34) と，白色点（×）に近く青色側へシフトしていた。

(2) りん光材料の適用

より一層のデバイス特性向上を狙い，IJP法へのりん光材料の適用を検討した。使用したホスト高分子はPVCz，電子輸送材料はtBu-PBD，りん光材料はIr(ppy)$_3$で，PVCz：tBu-PBD：Ir(ppy)$_3$＝160:40:1と固定し，デバイス構造は図３(c)に示す三層構造デバイスでバッファ層としてPEDOT，そしてホール/エキシトンブロック層となるBCP厚を０～50nmと変え，デバイス特性を比較した。図12に，ホールブロック層厚を変えたときのデバイス特性の変化を示す。BCP層厚は，□，○，△のとき，各々０，20，50nmである。図12(a)より，電圧上昇は，20nmのBCP

第4章 プロセス技術

(a) 電流密度－電圧特性
(b) 輝度－電流密度特性

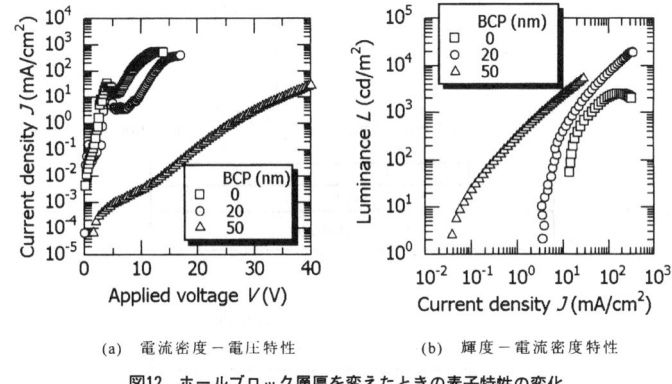

図12 ホールブロック層厚を変えたときの素子特性の変化

挿入で3V程度の上昇であったのに対し，50nmの挿入で25V以上となった。反面，ホールブロック性の向上により，輝度－電流密度特性はBCPの挿入により大きく改善され，リーク電流成分も低減した（図12(b)）。これら三種のデバイスのなかで，最高輝度はBCPが20nmのときに，18,900 cd/m^{2}が得られた。最大効率は，BCPが50nmのときに得られ，EL効率4.3lm/W（BCPが20nm時で，最大4.1lm/W），最大外部量子効率が8.9％（BCPが20nm時で，最大3.2％）であった。BCPが50nmの際は，大きな電圧を掛けないと動作しないため実用的とは言えないが，ホールブロッキング能を大きくすることが課題であると言え，一部試みが始まっている[41]。

2.2.3 IJP法による自己整合隔壁有機ELデバイス

さて，IJP法によるアクティブマトリクス型パネルの作製や塗り分けを行う場合を考える。従来の方法では，アクティブ構造上にリソグラフィにより規定された絶縁性バンクを形成している。そして有機ELデバイスとなる開口部に対し，CCDカメラ等により観察を行い，±20μm程度の位置精度を保ちながら印刷する手法が取られている。それを簡略化することが出来ないかという発想で，我々は「自己整合」隔壁デバイス構造を提案・検討している。自己整合技術とは，例えばMOSトランジスタのソース，ドレイン形成にあるように，ゲート電極のパターンを先に形成し，その後ソース・ドレインの拡散・イオン注入を行う工程で，マスク合わせ余裕を減らすことで寄生抵抗・容量の低減が図れ，かつプロセス依存の形成法とすることでばらつきも低減出来るというデバイス作製に不可欠の手法である。ここで検討した自己整合有機ELデバイスの作製法を，図13に示す。先ず，ITO上に絶縁性膜を全面に形成する。次に，IJP法により発光剤を含む溶液を適宜塗布する。このとき，予め塗布された溶液により絶縁性膜が溶ける材料系を選択しておけば，塗布部が貫通し発光部が形成される。すなわち，IJP塗布部に対し発光部が自動的に位置合わせされ，「自己整合的」に形成される。自己整合では，他のパターン形成をよく考慮する

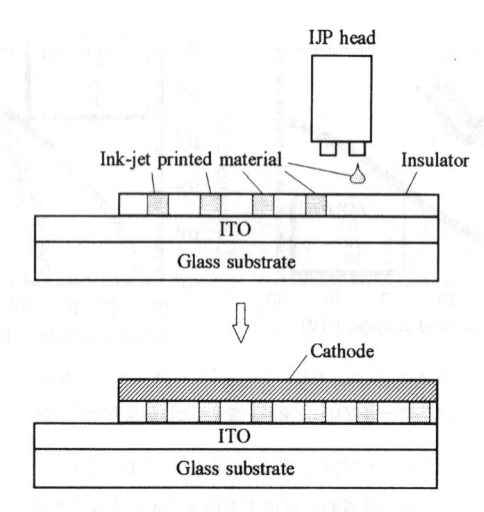

図13 IJPによる自己整合有機EL素子作製工程

必要もあるが，本プロセスを適用するならば，①バンク形成，位置合わせが不要で，プロセスが簡略化できる，②通常プロセスでは，位置ずれが短絡となるが，その様な問題が本質的に起こらない，③発光ポスター応用等を狙うと，自由な位置に多色のドットが形成可能となる，④高屈折率インクを使用ならば光閉込が可能となり効率向上に繋がる，等種々の特長が期待される。

以下，我々が実施してきた高分子系，低分子系発光材料を用いた自己整合有機ELデバイスの作製と諸特性について概説する。

(1) 高分子ホストを有するデバイス

手始めとして，絶縁性薄膜としてPMMAをスピンコート形成し，PVCz＋BND＋C6（混合比160:40:1）（1wt％溶液）をIJPにより形成した。ちなみに，PCを絶縁性膜として用いた場合はドットが拡がりすぎ，絶縁性薄膜濃度0.25，0.5％ではショート，1.0％ではオープン状態で，良好な発光を得られる絶縁性薄膜厚が得られなかった。

塗布後のドットを選択して観察したAFM観察像を図14に示す。材料は相分離を起こし，隆起ドット上の島状部と平坦海状部に分かれた。図15にPMMA濃度を，0.25，0.5，1.0％と変えPMMA膜厚を変えたときの，デバイス特性を示す。濃度0.5wt％でのPMMAの膜厚は100nmであった。図15(a)に示す電流密度－電圧特性では，0.25％時はショート状態で，0.5，1.0wt％と膜厚が増すに従い電流は流れにくくなった。図15(b)に示す輝度－電流密度特性では，濃度0.25，0.5，1.0％時で最高輝度1,000，3,200，500cd/m^{2}が得られ，PMMA濃度0.5wt％時で最高の輝度が得られた。このときの発光スペクトルを，図16に示す。通常C6を含むPVCz系デバイスでは，500

第4章 プロセス技術

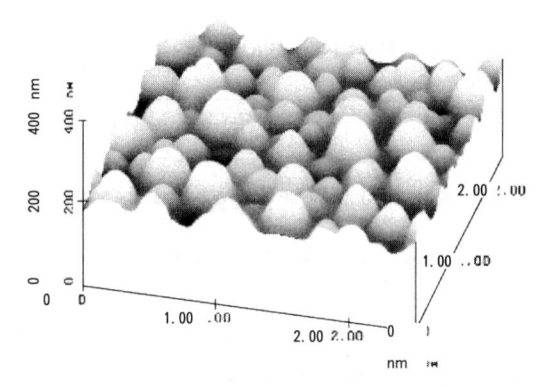

図14 高分子ホスト溶液をIJPした後の表面AFM観察像

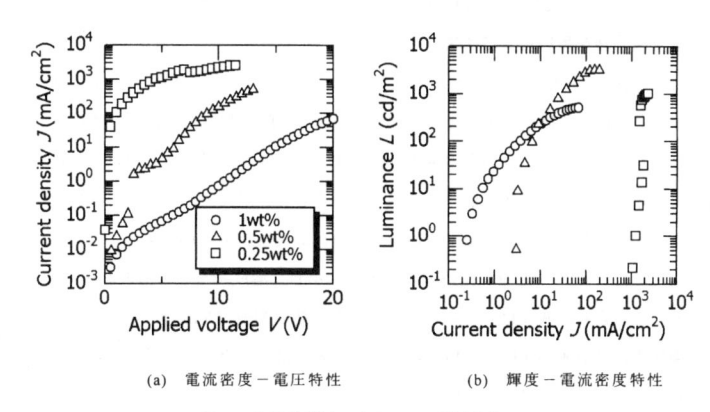

(a) 電流密度－電圧特性

(b) 輝度－電流密度特性

図15 絶縁膜材料の膜厚による特性変化

nm弱の所にC6に起因するEL発光を示しPVCz自身の発光は見られない。また、PVCzホストのみのデバイスでは、540nm付近にブロードな発光が見られる。今回のデバイスでは、PVCzに起因する発光が強く見られた。安達ら[42]の実験に倣い、ITO/PMMA＋PVCz[1:3]/Alq$_3$(30nm)/LiF/Alを作製し、発光部の特定を行った。その結果、同様の相分離が見られ、円形部であるPMMAが発光しなかった。また作製の経験上のことではあるが、有機ELデバイスでは、膜厚が極端に厚い部分、ラフネスが5nmを

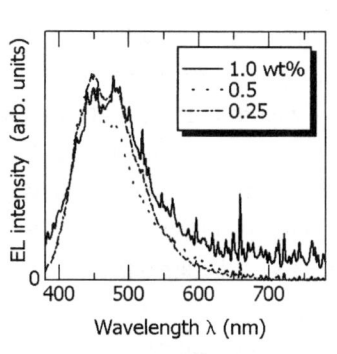

図16 高分子ホストを持つ自己整合有機EL素子からの発光

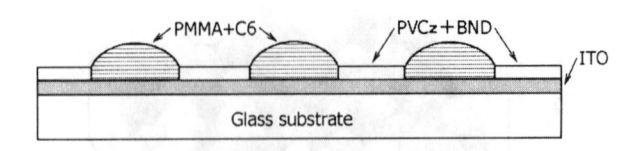

図17　高分子ホスト溶液をIJPしたときの材料分布モデル

超える部分では発光が得られない。以上の結果から，考えた材料分布モデルを図17に示す。PMMAが島状部を形成，残ったPVCzが海状部を形成する。発光部特定実験より，PMMAは島状部で発光しない。またC6の発光が弱いことより，相分離した際にPMMA部へC6の大半が混入したものと考えられる。デバイス自身は，適度に正孔及び電子注入されることで発光が見られることより，青色発光したPVCz部に電子注入材料であるBNDも混合しているものと考えられる。

(2)　**低分子系溶液を用いたデバイス**

IJP法では，塗布する材料系の開発が大きなウエイトを占める。材料系は，単に粘度や揮発速度といったIJPに適した材料であるというのみならず，有機EL素子としての諸特性が良好であるという性質が必要となる。材料系の選択では，主に高分子系と低分子系材料に分けられ，これまで溶媒に溶けやすい，均一な膜形成が容易であるという性質を考え，高分子系材料が主に用いられてきた。しかしながら，低分子系材料の有する，高純度材料を得やすい，高輝度，高効率，色再現性が広い，デバイス寿命が長い等の性質を活かした溶液系を適用出来るならば，IJP法の幅が拡がる。これより，我々はスピンコート法による初期的検討を開始しており，トリフェニルアミン誘導体と，低分子電子輸送材料を組み合わせる溶液プロセスで，蒸着系と同等のデバイス性能が得られることを示してきた[43~45]。

ここでは，IJPによる自己整合隔壁デバイスについて概説する。

目的の一つとして，高効率デバイスが考えられるため，発光材料としてはIr(ppy)$_3$を選択した。Ir(ppy)$_3$の溶ける混合系でCBPホストが溶解可能な溶媒としてchloroformを見出し使用した。デバイスとしては，ITO上にPEDOTを形成し，その後PMMAを絶縁膜としてスピンコートした。そこへ，CBP：Ir(ppy)$_3$=100：5の混合溶液をIJP法により自己整合形成した。その後，ホールブロッキング層としてBCPを，陰極材料としてCs(1nm)/Alを蒸着した。

低分子系材料をIJP法により塗布した後の膜表面のAFM像を図18に示す。2.2.3項(1)の高分子系ホストを印刷した場合と異なり，平均ラフネス1.6nmの平坦な膜表面が得られた。

図19に，試作したデバイスの特性について，通常構造と自己整合構造の場合を比較した結果を示す。電流密度－電圧特性では，高電流側に1~2V程度の特性シフトが，輝度－電流密度特性では，輝度が約1/4となる特性が得られた。自己整合隔壁を有するデバイスでの最高輝度は，8,800

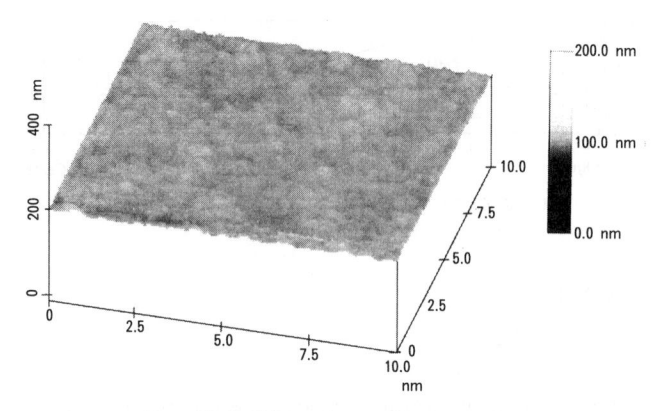

図18 低分子系材料をIJPした後のAFM表面観察像

(a) 電流密度－電圧特性
(b) 輝度－電流密度特性

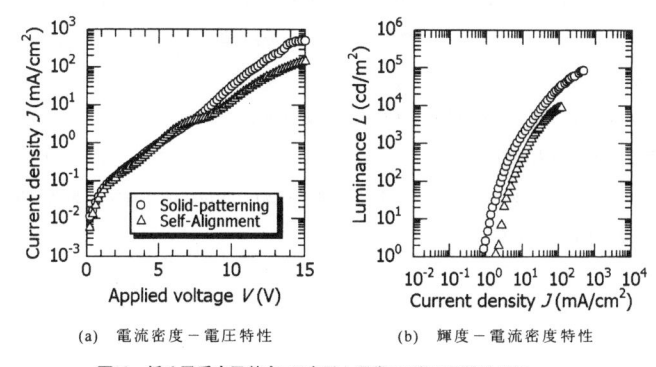

図19 低分子系自己整合IJP素子と通常IJP素子の特性比較

cd/m^2であった。本特性変化の原因が，発光膜中へのPMMAの混入によるものと考え，スピンコートでCBP＋Ir(ppy)$_3$中へPMMAを混入し，特性劣化がどの様に変化するかを実験したところ，10wt％のPMMA混入により輝度の1/4低下が再現された。50％PMMAを混入すると，全く発光は見られなかった。

AFMによるドット表面の膜厚分布観察と，発光特性の検討により予想される材料分布モデルを図20に示す。ドット直径は約200μmであった。ドット周辺は200nm程度の盛り上がりが観察され，その厚い周辺部では発光が見られなかった。中心部では，先のスピンコートとの比較から，CBP＋Ir(ppy)$_3$中へ10％程度のPMMA混入が予想される。以上より，ドット全体での相分離，ないしは塗布初期過程でPMMAが飛ばされるという偏析が起こったものと考えられ，材料系の変更及びその制御が期待される。

有機EL材料技術

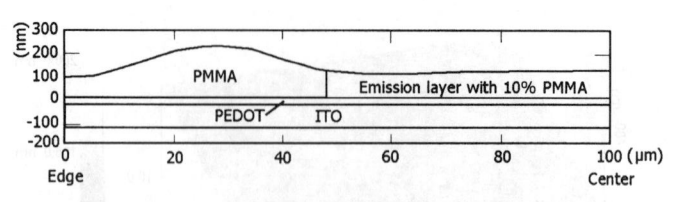

図20 AFMとデバイス発光特性より予想される材料分布モデル

2.3 結論と今後の展開

有機ELデバイス作製を狙ったIJP法の一つの展開について紹介した。

溶液プロセスの一つとして、IJP法は様々な特長を有する技術と言える。しかしながら、デバイス特性に生ずるリーク等の不均一性の制御、無欠陥化、数万枚/月程度の大量生産に適した技術の確立、クリーニングに伴う材料利用率低下の解決等、技術的課題もある。ライバル技術である液晶、プラズマディスプレイの急激な成長も、有機EL素子のロードマップにとっては見据えるべき課題である。

以上の課題のなかでも、有機EL素子の有する超薄型、超軽量、フレキシブル等の特長は補って余り有る。本書でも取り上げられているリニアソース、ホットウォール、スプレイ、印刷、LITI技術他のプロセス技術を成長させ、短期的他の技術の成長に流されず、最適な量産技術を確立することが使命と言える。

文　献

1) J. Bharathan and Y. Yang, *Science*, **279**, 1135 (1998); *Appl. Phys. Lett.*, **72**, 2660 (1998)
2) T. R. Hebner, C. C. Wu, D. Marcy, M. H. Lu, and J. C. Sturm, *Appl. Phys. Lett.*, **72**, 519 (1998)
3) T. R. Hebner and J. C. Sturm, *Appl. Phys. Lett.*, **73**, 1775 (1998)
4) S.-C. Chang, J. Bharathan and Y. Yang, *Appl. Phys. Lett.*, **73**, 2561 (1998)
5) K. Yoshimori, S. Naka, M. Shibata, H. Okada, and H. Onnagawa, Proc. Asia Display'98, 213 (1998)
6) S.-C. Chang, J. Bharathan, R. Helgeson, F. Wudl, Y. Yang, M. B. Ramey and J. R. Reynolds, *Proc. SPIE*, **3476**, 202 (1998)
7) J. C. Strum, F. Pschenitzka, T. R. Hebner, M. H. Lu, C. C. Wu, and W. Wilson,

第4章 プロセス技術

Proc. SPIE, **3476**, 208 (1998)
8) S.-C. Chang, J. Liu, J. Bharathan, Y. Yang, J. Onohara and J. Kido, *Adv. Mater.*, **11**, 734 (1999)
9) T. Shimoda, M. Kimura, S. Miyashita, R. H. Friend, J. H. Burroughes, C. R. Towns, *1999 SID Int'l. Symp. Dig. Tech. Pap.*, **XXX**, 372 (1999)
10) T. Shimoda, S. Kanbe, H. Kobayashi, S. Seki, H. Kiguchi, I. Yudasaka, M. Kimura, S. Miyashita, R. H. Friend, J. H. Burroughes, C. R. Towns, *1999 SID Int'l. Symp. Dig. Tech. Pap.*, **XXX**, 376 (1999)
11) H. Kobayashi, S. Kanbe, S. Seki, H. Kiguchi, M. Kimura, I. Yudasaka, S. Miyashita, T. Shimoda, C. R. Towns, J. H. Burroughes and R. H. Friend, *Synthetic Metals*, **111-112**, 125 (2000)
12) M. Kimura, H. Maeda, Y. Matsueda, H. Kobayashi, S. Miyashita and T. Shimoda, *Journal of SID*, **8**(2), 93 (2000)
13) K. Morii, S. Seki, S. Miyashita, C. R. Towns, J. H. Burroughes, R. H. Friends and T. Shimoda, Proc. 10th Int'l Workshop on Inorganic and Organic Electroluminescence (EL'00), 357 (2000)
14) S. K. Heeks, J. H. Burroughes, C. Town, S. Cina, N. Baynes, N. Athanassopoulou and J. C. Carter, *2001 SID Int'l. Symp. Dig. Tech. Pap.*, **XXXII**, 518 (2001)
15) M. Grove, D. Hayes, W. R. Cox, *2001 SID Int'l. Symp. Dig. Tech. Pap.*, **XXXII**, 1044 (2001)
16) C. Edwards, D. Albertalli, *2001 SID Int'l. Symp. Dig. Tech. Pap.*, **XXXII**, 1049 (2001)
17) R. Satoh, S. Naka, M. Shibata, H. Okada, H. Onnagawa, and T. Miyabayashi, MRS Fall Meet. 2001, BB3.51 (2001)
18) S. Miyashita, Y. Imamura, H. Takeshita, M. Atobe, O. Yokoyama, Y. Matsueda, T. Miyazawa, M. Nishimaki, Proc. Asia Display/IDW'01, 1399 (2001)
19) N. Kamiura, K. Mametsuka, J. Hanari, K. Yamamoto, H. Sakurai, H. Hirayama, M. Kobayashi and T. Nakazono, Proc. Asia Display/IDW'01, 1403 (2001)
20) E. J. Haskal, M. Buechel, A. Sempel, S. K. Heeks, N. Athanassopoulou, J. C. Carter, W. Wu, J. O'Brien, M. Fleusterm, R. J. Visser, Proc. Asia Display/IDW'01, 1411 (2001)
21) E. I. Haskal, M. Buechel, J. F. Dijksman, P. C. Duineveld, E. A. Meulenkamp, C. A. H. A. Mutsaers, A. Sempel, P. Snijder, S. I. E. Vulto, P. van de Weijer, S. H. P. M. de Winter, *2002 SID Int'l. Symp. Dig. Tech. Pap.*, **XXXIII**, 776 (2002)
22) H. Becker, S. Heun, K. Treacher, A. Büsing, A. Falcou, *2002 SID Int'l. Symp. Dig. Tech. Pap.*, **XXXIII**, 780 (2002)
23) T. Funamoto, Y. Matsueda, O. Yokoyama, A. Tsuda, H. Takeshita, S. Miyashita, *2002 SID Int'l. Symp. Dig. Tech. Pap.*, **XXXIII**, 899 (2002)
24) W. Humbs, K. Nolte, A. Uhlig, J. S. Park, and J. Y. Park, H. K. Chung, Eurodisplay '02 Conf. Proc., 145 (2002)
25) R. Satoh, S. Naka, M. Shibata, H. Okada, H. Onnagawa, and T. Miyabayashi, Eurodisplay'02 Conf. Proc., 659 (2002)

26) S. Utsunomiya, T. Kamakura, M. Kasuga, M. Kimura, W. Miyazawa, S. Inoue, T. Shimoda, *2003 SID Int'l. Symp. Dig. Tech. Pap.*, XXXIV, 864 (2003)
27) T. Shimoda, *2003 SID Int'l. Symp. Dig. Tech. Pap.*, XXXIV, 1178 (2003)
28) M. Grove, D. Hayes, D. Wallace, V. Shah, *2003 SID Int'l. Symp. Dig. Tech. Pap.*, XXXIV, 1182 (2003)
29) M. McDonald, *2003 SID Int'l. Symp. Dig. Tech. Pap.*, XXXIV, 1186 (2003)
30) C. MacPherson, M. Anzlowar, J. Innocenzo, D. Kolosov, W. Lehr, M. O'Regan, P. Sant, M. Stainer, S. Sysavat, S. Venkatesh, *2003 SID Int'l. Symp. Dig. Tech. Pap.*, XXXIV, 1191 (2003)
31) M. Ooe, R. Satoh, T. Echigo, S. Naka, H. Okada, H. Onnagawa, T. Miyabayashi and T. Inoue, Proc. International Display Workshop '03, 1317 (2003)
32) 小林, EDF電子ディスプレイ・フォーラム2003講演集, 2-12 (2003)
33) 下田, 微細加工技術［基礎編］, 第4講, 101-142, エヌ・ティー・エス (2002)
34) R. D. Deegan, O. Bakajin, T. F. Dupont, G. Huber, S. R. Nagel and T. A. Witten, *Nature*, **389**, 827 (1997)
35) 小田, 長谷川, 第58回応用物理学会学術講演会, 3a-ZQ-1 (1997)
36) M. A. Baldo, D. F. O'Brien, Y. You, A. Shoustikov, S. Sibley, M. E. Thompson and S. R. Forrest, *Nature*, **395**, 151 (1998)
37) M. A. Baldo, S. Lamansky, P. E. Burrows, M. E. Thompson and S. R. Forrest, *Appl. Phys. Lett.*, **75**, 4 (1999)
38) J. Kido, H. Shionoya and K. Nagai, *Appl. Phys. Lett.*, **67**, 2281 (1995)
39) M.-J. Yang and T. Tsutsui, *Jpn. J. Appl. Phys.*, **39**, L828 (2000)
40) I. Yamamoto, S. Naka, H. Okada and H. Onnagawa, Proc. 10th International Workshop on Inorganic and Organic Electroluminescence (EL'00), P58 (2000)
41) K. Ono, T. Yamase, M. Ohkita, K. Saito, Y. Matsushita, S. Naka, H. Okada and H. Onnagawa, *Chem. Lett.*, **33**(3), 276 (2004)
42) C. Adachi, S. Hibino, T. Koyama and Y. Taniguchi, *Jpn. J. Appl. Phys.*, **36**, L827 (1997)
43) 大榮, 中, 岡田, 女川, 第50回応用物理学関係連合講演会, 27p-A-5 (2003)
44) 大榮, 佐藤, 越後, 中, 岡田, 女川, 宮林, 井上, 2003年電子情報通信学会ソサイアティ大会, SC-5-1 (2003)
45) M. Ooe, R. Satoh, T. Echigo, S. Naka, H. Okada, H. Onnagawa, T. Miyabayashi and T.Inoue, Proc. International Display Workshop'03, OELp3-4 (2003)

3 スプレイ塗布

越後忠洋[*1], 中 茂樹[*2], 岡田裕之[*3], 女川博義[*4]

3.1 背景

有機ELデバイスは，1987年のTangとVanSlykeの報告[1]以来，薄型，軽量，高効率，広視野角，高速応答の特長を有することより，活発に研究開発が進んでいる。現在，カーオーディオ，携帯電話用表示パネル，ディジタルスチルカメラ用などの小型ディスプレイが商品化されているが，次世代ディスプレイを狙った大画面パネルの報告も活発であり，24インチのフルカラーパネルが試作されるに至っている。

作製プロセス上の課題としては，パターニングや大面積化が可能な成膜技術の確立が挙げられる。これまで有機薄膜の成膜法としては，一般に低分子系では蒸着法，ポリマー系ではスピンコート法が用いられてきた。スピンコート法ではマルチカラー化に必要となるパターニングが不可能という問題があった。パターニング法としては，マスク蒸着法，スクリーン印刷法[2]，スタンプ法[3]，マスク色素拡散法[4]，フォトブリーチ法[5]，インクジェットプリント法[6~8]，マイクログラビア法[9]，ペイント法[10]，スリットコーティング法[11]などが報告されている。また，次世代のディスプレイ実現のためには，均一性良く，位置制御も行いながらメーターサイズを越える有機EL薄膜を成膜できる技術の開発が望まれている。

我々は，簡便かつ大面積の有機薄膜を短時間で形成可能な方法として"スプレイ法"を提案してきた。一例として，正孔輸送性ポリマー材料をホスト材料とし，電子輸送性低分子，発光性低分子からなる有機材料を溶液化し，その溶液を加圧・噴射（スプレイ）することにより有機薄膜を形成することが可能である。ここでは，スプレイ法により有機薄膜を形成した有機ELデバイスの実験結果と，現在試みている低分子材料を用いた溶液プロセスについて述べる。

3.2 スプレイ法による有機薄膜の作製

図1に我々の使用しているAir Atomizingのスプレイ法の概念図を示す。加圧されたガスを，ガス管を通して吹き付け器へ導入する。そこで，有機材料溶液と加圧ガスが混合され，噴霧状態となり基板上に吹き付けられる。基板上に吹き付けられた溶液の溶媒が揮発することで，基板上に有機薄膜が形成される。必要に応じ不活性ガス中や真空中で加熱することで，不要の溶媒を除

---

* 1　Tadahiro Echigo　富山大学　理工学研究科　電気電子システム工学専攻
* 2　Shigeki Naka　富山大学　工学部　電気電子システム工学科　助手
* 3　Hiroyuki Okada　富山大学　工学部　電気電子システム工学科　助教授
* 4　Hiroyoshi Onnagawa　富山大学　工学部　電気電子システム工学科　教授

去出来る。スプレイ装置として，簡単のため画材用として入手可能なエアブラシ（オリンポス社製ヤング8型）を使用した。ノズル径は0.3mmである。スプレイでは，ノズルを下方に向け，最大50mmの間隔で高さを調整し，基板ステージはPICによるステッピングモータ制御を行い，最大100mm/sで移動させた。ここで，基板－ノズル間隔，及び移動速度により膜厚制御が可能となる。キャリアガスとしてN_2ガスを使用し，そのガス圧は0.3〜0.75kgf/cm^{2}とした。代表例として，圧力0.5kgf/cm^{2}でのスプレイ角は50度，スプレイ粒径は100μm以下であった。また，膜堆積実験での粒形成より求めた最小粒径は20μmであった。

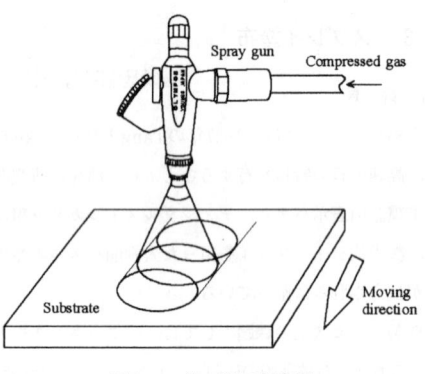

図1　スプレイ法の概念図

　素子作製では，高分子ホスト材料にキャリア輸送性材料と低分子蛍光材料を加えることで発光を得た。ここでは，ホスト材料として正孔輸送性を有するポリビニルカルバゾール（PVCz），電子輸送性を有するオキサジアゾール誘導体（BND）を用いている。色素としては，青色発光材料としてペリレン，緑色発光材料としてクマリン6（C6），赤色発光材料として4-ジシアノメチレン-6-シーピー-ジュロリジノ-スチリル-2-ターシャリ-ブチル-4H-ピラン（DCJTB）を用いた。低分子材料系では，ジカルバゾール誘導体（CBP）をホストとし三重項の発光材料であるイリジウム錯体（Ir(ppy)$_3$）を用いた（図2）。これらの材料をPVCz：BND：（色素）＝160:40:1（1,2-ジクロロエタンの1wt％溶液），ないしはTPD：CBP：Ir(ppy)$_3$＝5:95:5の割合で混合し，素子作製に使用した。試作したデバイスは，ITO（100nm）／有機層／LiF（1nm）／Al構造である。また，正孔注入能の改善を狙い，ITO上にpolyethylenedioxythiophene(PEDOT, Bayer Baytron®P)：(ethyleneglycol)：(isopropyl alcohol)＝1:1:2溶液を3000rpmでスピンコートしたITO／PEDOT／有機層／LiF／Al構造と比較した。さらに，先のPEDOT溶液及びPoly（[2-methoxy-5-(2'-ethylhexyloxy)]-1,4-phenylenevinylene（MEH-PPV）(1,2-dichloroethane, 0.5wt％)を，順次スプレイ成膜するデュアルスプレイ法を検討した。PEDOTはスプレイ後，真空中200℃，5分ベークした。また，MEH-PPVスプレイ後は，真空中，60℃，1時間ベークを行いITO／PEDOT／MEH-PPV／LiF（1nm）／Al構造を作製した。

第4章 プロセス技術

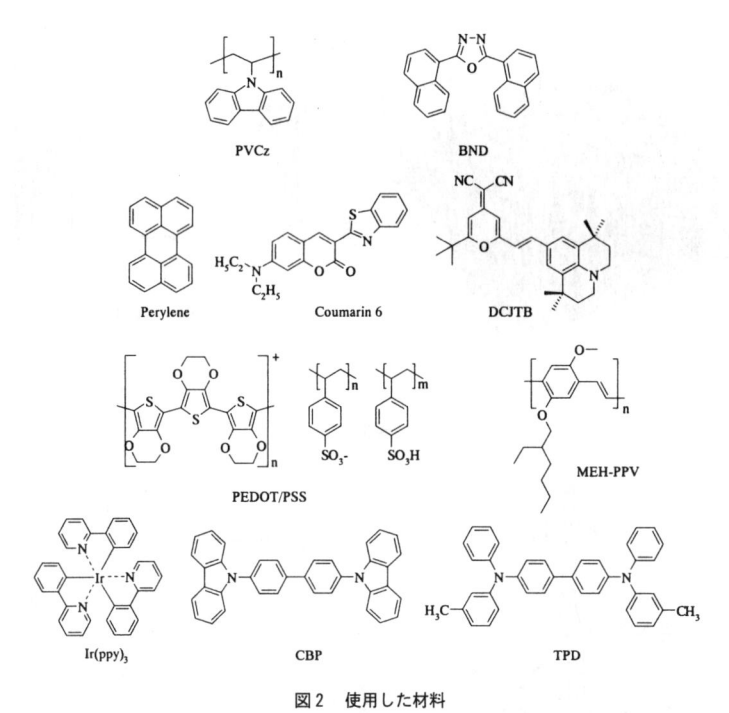

図2 使用した材料

3.3 均一成膜のためのシミュレーション

塗布状態の評価法として,溶液を一定時間スプレイの後,ブラックライト下でフォトルミネッセンス(PL)観察を行い,強度分布を256階調化した。実際の膜形成では,塗布後乾燥前に溶液が自身の濡れ性によって拡がり,より均一な膜が得られることを確認している。ここでは,膜形成が材料供給条件に依存すると考え,拡がりの効果を考慮しない形での膜厚分布のシミュレーションを行った。

図3(a)に,圧力0.6kgf/cm^2,基板-ノズル間隔50mm,噴霧時間2秒で,基板を固定してスプレイしたときのPL強度分布を示す。中心と周辺で二段階となった直径2cm程度の分布と,その外に拡がる粒状の膜形成が見られる。この際のPL強度が,混入した色素の発光量に等しいことより,膜厚分布と考えられると仮定し,以下のシミュレーションを行った。図3(b)に,図3(a)の分布の断面図を取った。これを点線の様な分布であると近似し,種々の場合での平面内材料供給量が推定できる。図4(a)に,一方向にスキャンした場合の膜厚分布の計算法を示す。固定した状態で,図3の分布を持つスプレイが移動する場合を考える。すると,一方向に横切る分

(a) PL強度分布　　　　　　　　　(b) 膜厚分布のフィッティング

図3

(a) 一次元スキャンでの膜厚分布の計算法　　　　(b) 膜厚分布

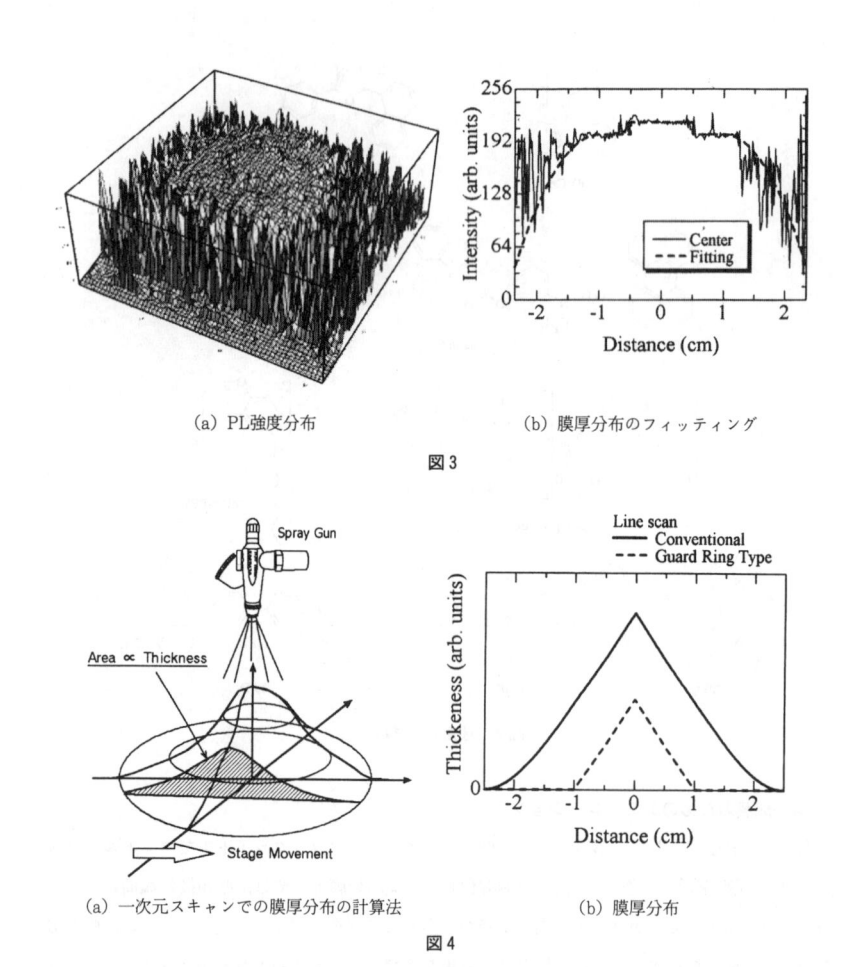

図4

布の断面が材料供給量，すなわち膜厚となる。図4(b)に，図4(a)で示したような一方向スキャンでの膜厚分布シミュレーション結果を示す。図3に有るように，中心では比較的均一な供給量であったにも係わらず，単に材料供給と一方向移動を組合せるだけでは均一な膜堆積は不可能であることが分かる。

　以下，均一性向上の方法を考える。第1に，スプレイする間隔を近づけ，膜の塗布をオーバーラップさせることで特性向上が期待できる。図5に，オーバーラップさせたときの，オーバーラップ率に対する膜厚分布(a)と，平均膜厚と誤差(b)について示す。スプレイ形状に大きく影響するが，オーバーラップ率の上昇により単純に誤差が小さくなる訳ではなかった。すなわち，図3

第4章　プロセス技術

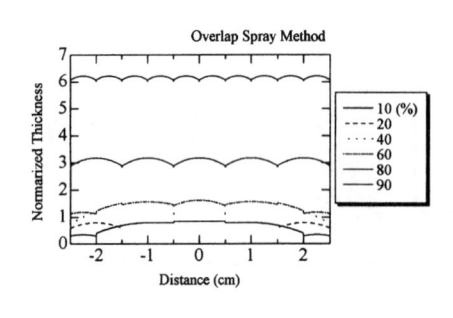

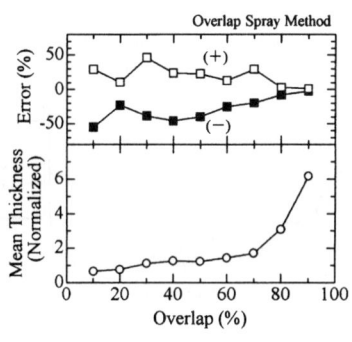

(a) オーバーラップを利用した際の
    均一性のシミュレーション

(b) オーバーラップさせたときの平均
    膜厚と膜厚分布の誤差

図5

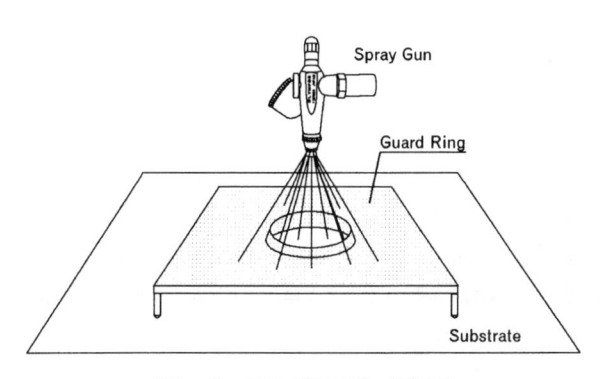

図6　ガードリングによる均一性向上法

の様な分布を考慮したシミュレーションの必要性が伺える。第2の均一性向上法として，ガードリング（遮蔽板）の適用を考えた。図6に，均一性向上が期待されるガードリングを示す。スプレイ外周部は，エアによる巻き込みと流れにより点状の膜堆積が起こり，これが均一性を著しく悪化させる。すなわち，これを取り除くことが膜厚均一性向上の一つの方法となる。その際のシミュレーション結果を図7に示す。中心平坦部半径1cmの部分を取り出した。図5の場合と比較して，オーバーラップが小さいときは，むしろ均一性が悪い。適切なオーバーラップ時，例えばオーバーラップ50％時などで均一性の大幅な向上が見られる。このシミュレーションより，オーバーラップ80％以上で，0.7％以下の材料供給量の均一性が得られた。

その他均一性改善の方法としては，ガードリング形状を，平面内の埋め尽くし可能な形状（例

有機EL材料技術

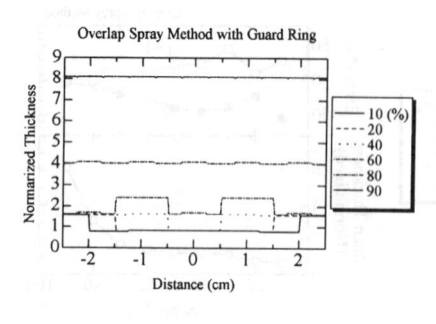

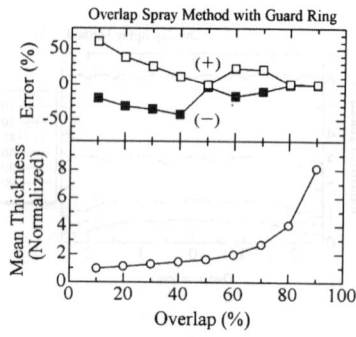

(a) ガードリングとオーバーラップを利用した
際の均一性のシミュレーション

(b) ガードリングとオーバーラップを利用した
際の平均膜厚と膜厚分布の誤差

図7

えば四角(ライン移動,間欠スプレイとも可)や六角形(間欠スプレイ))とする方法,等が考えられる。

3.4 スプレイ膜の形成状態

ポリビニルカルバゾールをホスト材料とした有機ELは,スピンコート法の結果から100nm程度の膜厚時に高効率の発光を示す。また,膜の表面形状も素子特性を決定する要因となりうる。たとえば,膜厚程度のうねりが薄膜表面に現れた場合,上下電極の間に均一な電界が印加されない。また,傷部では発光効率の低下を招く。

スプレイ法による膜形成状態を決定する要因として,使用材料の膜形成能,溶液濃度,溶液粘度,溶媒の揮発速度,ガス圧,基板ーノズル間隔,基板移動速度などが挙げられる。ここではガス圧として0.4と0.6kgf/cm^2,基板ーノズル間隔として10～50mm,基板移動速度として6.25～50mm/Sと変化させて,膜形成状態を観察した。その結果を表1に示す。ここで,スプレイされたドロップレット径は,最小20μm程度であった。表では,目視で良好な膜が得られた条件下では膜厚を記載し,デバイス試作には不十分な条件は「△」,膜が付かない部分が存在する場合や大きな不均一性を示した条件を「×」で示した。一般に間隔を離すほど,また移動速度を速くするほど膜厚は薄くなる。今回のスプレイ条件では,ガス圧を上げるとスプレイされるインクは拡がり,噴霧されるインク量も増えた。これより,最適条件は圧力上昇に伴い間隔の短い方へ,また移動速度の早い方へ変化していることがわかる。

表面の平坦性を確認するため,原子間力顕微鏡(AFM,DI社Nanoscope Ⅲ)による表面観

第4章 プロセス技術

表1　スプレイ条件

(a)

Distance	Stage speed (mm/s)			
	6.25	12.5	25	50
10	△	×	×	×
20	870	△	×	×
30	830	1,040	×	×
40	△	×	×	×
50	×	×	×	×

(b)

Distance	Stage speed (mm/s)			
	6.25	12.5	25	50
10	1,010	1,110	860	×
20	×	1,130	780	×
30	×	△	△	×
40	×	△	△	×
50	×	×	×	×

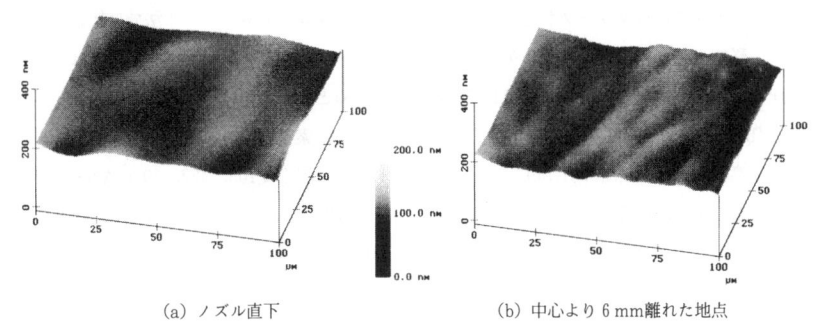

(a) ノズル直下　　　　　　　　(b) 中心より6mm離れた地点

図8　AFM観察像

察を行った。均一膜として成膜される幅は，一例として，圧力0.6kgf/cm²，基板－ノズル間隔20mm，移動速度12.5mm/sの条件下で，ノズル直下の中心から±5mmの範囲であった。また，それより外側数mmの範囲では，中心から外へ向かう緩やかなうねりが観察された。図8にノズル直下（図8(a)）及びノズル中心より6mm程度離れた位置（図8(b)）での膜状態のAFM観察結果を示す。ノズル直下では，基板移動方向に依らず，平均ラフネス5nm程度の均一な膜が得られた。また，周辺部分では，図8(b)で見られる様に，平面周期10μm程度の溝構造が見られた。溝形成の原因としては，中央付近では観察されないことから，有機材料を噴霧する際の加圧ガスの流れやドロップレットの転がりによるものと考えている。ここで，均一性については，一方向移動であるにも係わらず，幅5mm程度で良好な均一性が得られた。本結果は，図3での検討に反する。本要因としては，今回の条件で溶液の完全乾燥まで10秒程度有ることから，溶液均一性向上には3節で考慮していない溶液の塗れ性，言い換えれば膜堆積後に隣り合うスプレイ粒が合体し，均一に濡れた溶液となり，その後乾燥する過程があるものと考えている。

有機ＥＬ材料技術

3.5 デバイス特性
3.5.1 RGB発光

充分な薄膜形成されたのを受け，予め所望のパターンにエッチングしたITOガラス基板上に有機EL材料をスプレイ後，フッ化リチウム(LiF 1 nm)とアルミニウム(Al)からなる陰極を真空蒸着法で素子形成し，その諸特性を測定した。図9(a)に，初期的試作により得られた有機EL素子の電流密度－印加電圧特性を示す。特性は，混入色素に大きく依存し，ペリレン，C6，DCJTBの順で低電圧側から電流が流れた。また，電圧印加に伴う発光開始点にキンクが見られるが，ITO段差の被覆不足によるリーク電流は見られなかった。別試作方法と比較すると，経験上，インクジェット法では多々リークが見られるのに対し，スピンコートやスプレイ法では比較的見られない。詳細は更なる検討を要するが，一要因としては，スピンコートやスプレイ法では，溶液や加圧ガスの流れにより，段差を被覆し膜成膜されるためと考えている。

図9(b)に，発光輝度－電流密度特性を示す。発光は，色素をC6，ペリレン，DCJTBとしたとき，最高輝度として1,910，1,740，740cd/m^2 (それぞれ電流密度103，472，102mA/cm^{2}の時)が得られた。また，色素としてペリレンを用いたときの輝度は，他の二者と比較して，輝度が一桁前後低かった。最大発光効率は，色素をC6，ペリレン，DCJTBとしたとき，0.48，0.70，0.26 lm/W (それぞれ電流密度1.9，35，0.083mA/cm^{2}の時)であった。発光効率は，視感度の影響もあり，緑色発光色素のC6を用いた素子が最も良く，続いてDCJTB，ペリレンの順であった。またDCJTBの場合は，低電流密度側で効率が高かった。ここで，C6の場合の効率は，スピンコートによる素子と比較し同等であり，スプレイ法による素子特有の効率低下は見られなかった。

図10(a)に，素子の発光スペクトルを示す。ペリレンを色素とした場合，そのペリレンに特有の三つの発光ピークが重畳した発光特性が得られた[12]。また，C6を色素とした場合も同様に，特

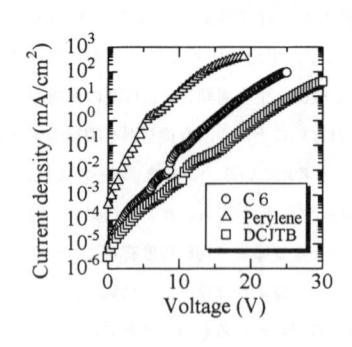

(a) 電流密度－印加電圧特性　　　　　(b) 発光輝度－電流密度特性

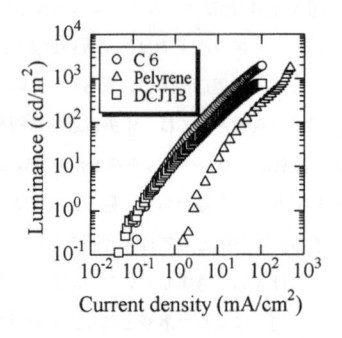

図9

第4章　プロセス技術

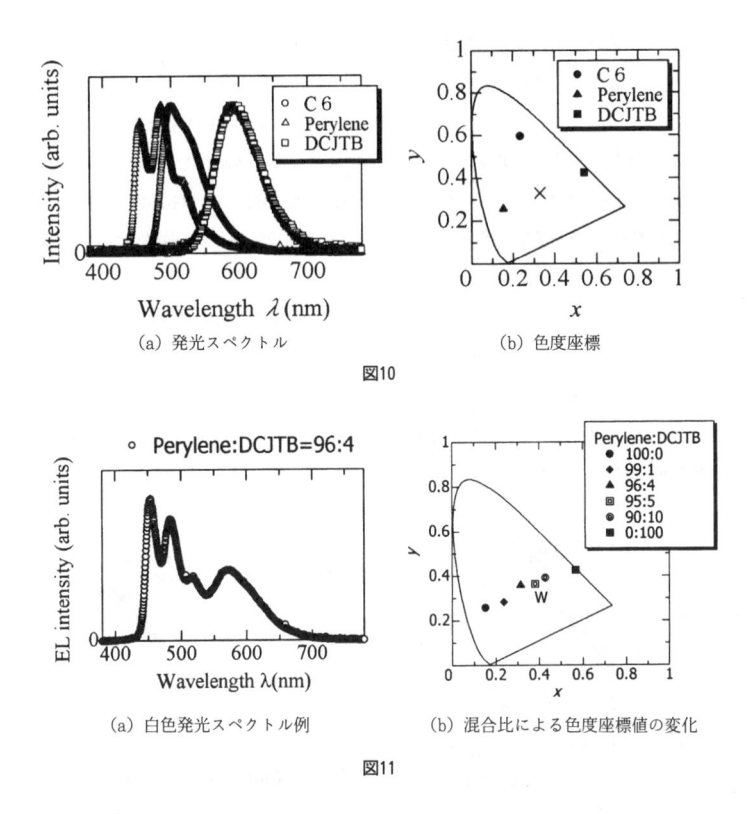

(a) 発光スペクトル　　　　　　　(b) 色度座標

図10

(a) 白色発光スペクトル例　　　　(b) 混合比による色度座標値の変化

図11

有の二つのピークが重畳した発光となり[13]，ホストポリマーであるPVCzや，電子輸送層であるBNDは発光に関与しなかった。図10(b)は，発光スペクトルから計算した色度座標値である。色素をC6，ペリレン，DCJTBとしたとき，緑，青，そして赤色の発光であり，各々の色度座標値は，(x, y)=(0.234, 0.595)，(0.153, 0.258)，(0.542, 0.425)であった。特に青，赤の色純度は良いとは言えず，ディスプレイ応用には他の材料選択が必要である。また，色度座標値と補色の関係より，ペリレンとDCJTBの混合で白色発光が実現可能である[14]。

3.5.2　白色発光の試み

図11(a)，(b)に，ペリレンとDCJTBを混合したときの，発光スペクトルより求めた色度座標値の変化と，得られた発光スペクトルを示す。発光色は混合比に依存し，ペリレン：DCJTB＝96：4の混合比のとき(x, y)=(0.287, 0.312)が得られた。最高輝度としては，現在のところ1,980 cd/m^2（電流密度81mA/cm^2）が得られている。

3.5.3 デュアルスプレイ法の提案と特性

　大面積デバイス試作の可能性を示すため，PEDOT形成自身もスピンコート法に依らず，スプレイ法を用い形成し，また，デバイスの一層の高効率化を狙い，発光層としてMEH-PPVをスプレイ法により形成する"デュアルスプレイ法"によりデバイス試作を行った。また，得られた結果を，PEDOT層を持たないデバイスの特性と比較した。図12(a)，(b)に，初期的デバイスの電流密度－電圧特性，発光輝度－電流密度特性を示す。電流密度－電圧特性については，PVCz系と比較し，低電圧動作が確認された。

　最高輝度は100mA/cm^{2}時で630cd/m^{2}と，現時点では他機関の報告に劣り[15]，最大効率としても0.31 lm/Wに留まった。しかしながら，PEDOT層を持つデバイスでは，100mA/cm^{2}時の電圧は3.6Vと低く，発光輝度は，PEDOT層の挿入で2.5倍（100mA/cm^{2}時）上昇した。発光開始電圧は2.4Vであった。スペクトルは他機関報告と比べ遜色無く，587nmにピークを有する特性となった。色度座標値は，PEDOT層の無いデバイスで(x,y)＝(0.561, 0.412)であった。

(a) 電流密度－印加電圧特性　　　(b) 発光輝度－電流密度特性

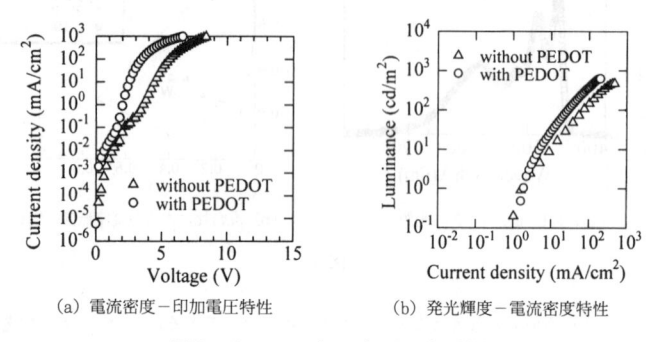

図12　デュアルスプレイ法による素子特性

3.5.4 低分子化の試み

　有機EL素子の溶液プロセスによる作製では，インクジェットプリント（IJP）法によるパターン化された高精細アクティブマトリクスパネルの作製や，スプレイ法等の大面積形成による発光パネルの作製が可能になる。ここで従来より，溶液には高分子材料が使われていたが，精製の難しさ，高分子鎖長の不均一，膜の分子形状の不均一に伴う伝導・発光特性の不均一等，問題が考えられる。ここで，材料系を低分子系材料に置き換えることが可能ならば，蒸着系デバイスと同等の素子性能，信頼性が得られる可能性がある。今回，非晶質膜形成が容易であるトリフェニルアミン誘導体(TPD)と，各種低分子電子輸送材料，そして蛍光材料やりん光材料を組合せた低分子系有機EL素子を作製し，バックライトや照明等の大面積応用可能なスプレイ法に適用した。

　別途，スピンコートでの実験により，TPD混合で膜の非晶質化に伴う平坦化が確認されて

第 4 章 プロセス技術

(a) 電流密度－印加電圧特性　　　(b) 発光輝度－電流密度特性

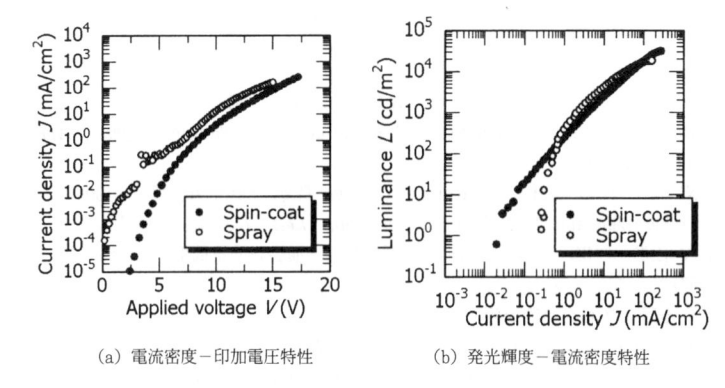

図13　低分子系溶液を用いたスプレイによる素子特性の比較

いる。また，5％のTPD混合による輝度低下は20％弱であり，平坦性向上と，それに伴う信頼性への影響を考えると，TPD混合は有効であると考えている。

デバイス構造は，PEDOT／スプレイ有機層（TPD: CBP: Ir(ppy)$_3$ = 5：95：5）／BCP(20 nm)/Cs（1 nm)/Alである。基板－ノズル間隔は20mm，基板移動速度は10mm/s，N$_2$圧は0.6 kgf/cm^{2}とした。図13(a)，(b)に，各々，電流密度－電圧，輝度－電流密度特性を示す。「●」はスピンコート法，「○」はスプレイ法の特性である。膜厚の関係があるため，特性の良否については一概に比較できないが，スプレイ法に於いて輝度17,000cd/m^2（電流密度 100mA/cm^2），最大EL効率 20.4 lm/W（電流密度 1.93mA/cm^2）と50.4cd/A（電流密度 3.4mA/cm^2）を得た。

3.6　結論と今後の課題

今回，有機薄膜形成方法としてスプレイ法を提案し，検討した。本方式によれば大面積の有機EL素子作製が可能になる。また，特徴として，耐溶媒性が高く，発光色の塗り分けが可能であり必要な場所へ噴霧することで溶液の無駄が少なく，かつ短時間でのデバイス用薄膜作製などが挙げられる。

これより，インクジェット方式並の高精度，高材料利用率，高均一性，マイクログラビア法並の大面積と，高速製造が可能な方法として有望である。

文　献

1) C. W. Tang and S. A. VanSlyke, *Appl. Phys. Lett.*, **51**, 913 (1997)
2) K. Mori, T.-L. Ning, M. Ichikawa, T. Koyama and Y. Taniguchi, *Jpn. J. Appl. Phys.*, **39**, L942 (2000)
3) F. Nüesch. Y. Li and L. J. Rothberg, *Appl. Phys. Lett.*, **75**, 1799 (1999)
4) F. Pschenitzka and J. C. Strum, *Appl. Phys. Lett.*, **74**, 1913 (1999)
5) 城戸, 山形, 原田, 第44回応用物理学関係学術講演会講演予稿集, p.1156 (29p-NK-14) (1997)
6) 下田, 宮下, 木口, 特許公報, 特許第3036436号
7) J. Bharathan and Y. Yang, *Appl. Phys. Lett.*, **72**, 2660 (1998)
8) K. Yoshimori, S. Naka, M. Shibata, H. Okada and H. Onnagawa, Proc. 18th. IDRC, 213 (1998)
9) 甲斐, 榊, 井口, 関根, 湊, 第48回応用物理学関係学術講演会講演予稿集, p.1287 (29p-ZN-11) (2001)
10) 大榮, 佐藤, 中, 岡田, 女川, 第63回応用物理学会学術講演会講演予稿集, p.1167 (27p-ZL-3) (2002)
11) T. Shimizu, A. Nakamura, H. Komaki, T. Minato, H. Spreitzer, and J. Kroeber, Proc. SID'03, 1290 (2003)
12) B. X. Mi, Z. Q. Gao, C. S. Lee, *Appl. Phys. Lett.*, **75**, 4055 (1999)
13) C. W. Tang, S. A. VanSlyke, and C. H. Chen, *J. Appl. Phys.*, **65**, 3610 (1989)
14) 越後, 岡田, 女川, 第63回応用物理学会学術講演会講演予稿集, p.1166 (27p-ZL-2)(2002)
15) S. Miyashita, Y. Imamura, H. Takeshita, M. Atobe, O. Yokoyama, Y. Matsuda, T. Miyazawa and M. Nishimaki, Proc. Asia Display/IDW '01, OEL1-2 (2001)

4 Barix Multi-Layer barriers as thin film encapsulation of Organic Light Emitting Diodes

R.J.Visser

Abstract

A thin film encapsulation of Organic Light Emitting Diode (OLED) Displays is very difficult to make successfully. The coatings must be free of even the smallest defects, have a very low water and oxygen permeability, cover several microns of topography, and the process should not have a negative effect on the performance of the OLED. For Top Emission OLED the barrier should be transparent as well. In order to be industrially viable these coatings should be applied with very high yield over wide surface areas, at a rate which is compatible with the rate of OLED production and at cost which is lower then the existing encapsulation techniques.

Barix Multi Layer barriers from Vitex Systems, consisting of alternating layers of polymer and oxide can provide a thin film encapsulation which fulfills all the requirements. In this paper we will discuss the basic principles, process parameters and results on Ca and OLED test samples and OLED displays.

4.1 Introduction

From the invention of the small molecule OLED[1] and later the polymer OLED[2], everyone looking at the device architecture thought that it should be easy to put a thin film on the back of the device to protect it against the environment.

It is such an elegant and simple idea, with such evident advantages; it would create an extremely thin display, basically having only the thickness of the substrate and it would be done in a low cost and simple process.

OLED is almost the only display which is a pure solid state device, it would be so attractive to create a fully functional display in one integrated process without having to

---

* R.J.Visser Vitex Systems

do any type of assembly. This goal has been elusive up till now.

The reason is that it while it looks such a simple problem which has been solved very many times in other industries like the IC industry, the problem is actually quite complicated. There are a large number of boundary conditions which have to be fulfilled.

It all starts with the extreme sensitivity of the OLED to water and to a lesser extent to Oxygen. This is caused by the reactive nature of the interface between the cathode and the organic layers. The oxidation of a single monolayer of the interface material will lead to first a localized dimming of the display and with more oxidation to a complete loss of the ability to inject current i.e. the formation of a so called 'c black spot'. It has been calculated[3] that the coating should have a lower Water Vapour Transmission Rate then $5*10^{-6}$ gr/m^2/day to meet the requirements of a lifetime of 10.000 hrs.

Moreover the coating is required to cover sometimes several microns of topography, have no chemical interaction with the OLED, be virtually stress free because the adhesion of the layers in the OLED is rather weak, for so called 'Top Emission' the barrier needs to be transparent and the process should not have any negative impact on the short or long term performance of the OLED. An important requirement here is that this obliges to keep the processing temperatures low i.e. below 100 C.

This boundary condition makes clear why many of the thin film techniques applied in f. i. the IC industry cannot be used to make the film compact and defect free since they require temperatures in excess of 500 C.

In itself a 100 nm of almost any type of inorganic high density layer would suffice to meet the barrier performance requirements, provided it was really defect free.[4]

Unfortunately that is really difficult: surfaces are not flat, have particles on them and a real display has rather high topographical structures.

Consequently attempts to create single layer inorganic coatings at low temperature have also had limited success: the defects (pinholes, cracks, dislocations) tend to propagate so that making the layers thicker does not really help. Nice results have been shown by Pioneer with a thicker Silicon OxyNitride coating though.[5]

The multilayer barrier coating started at Pacific Northwest National Laboratories and further developed and industrialized at Vitex Sytems[6~8] addresses and solves these intrinsic problems in the following way:

第4章 プロセス技術

Fig 1. SEM Cross section of a typical Barix multilayer barrier coating.
Oxide layers typically are between 30-100 nm and polymer layers 0.25 to 4 micrometers.

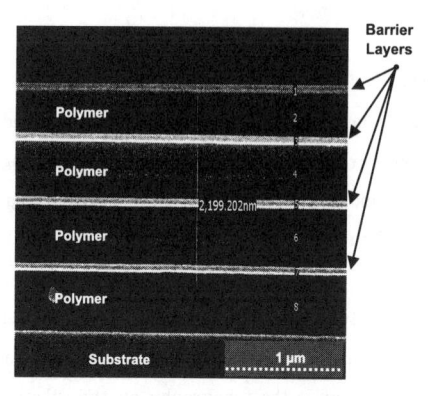

It uses a multilayer system of organic and inorganic layers. A SEM cross section is shown in **Fig.1**. The organic layers are applied in a vacuum system as follows: a mixture of photosensitive acrylate monomers is vaporized, condensed on the substrate and quickly polymerized with UV radiation. The inorganic metal oxide layer, mostly Aluminum oxide, is deposited via a reactive sputtering process. Typically the organic layers vary between 0.25 and 4 micron in thickness and the metal oxide layers between 30 to 100 nm. What is really unique about this process is that the organic phase is deposited as a liquid: the film is very smooth (< 2 Angstrom variation) locally and also has extremely good planarizing properties over high topographical structures like 'cathode separators' 'ink jet wells' and Active Matrix pixel structures. So while the local flatness creates an ideal surface for growing an almost defect free inorganic layer, the liquid takes care of covering topography. It should also be mentioned that while even non-conformal methods to deposit oxides like CVD, have difficulty covering cathode separators without creating voids, they also struggle to coat often more then 4 micron high structures in an acceptable process time.

The multilayer provides redundancy and since the remaining defects in the inorganic layers are few and far in between and not connected, a very long diffusion path to the substrate results as well.[4]

The organic layers also provide a function of stress release layer in thermal shock testing.

An extensive model for the diffusion through this type of barriers has been developed by G Graff.[4]

4.2 Experimental details

The proprietary Barix™ encapsulation concept has been described before[6~8] In synthesis, Barix™ encapsulation (Barix™) is a multilayer coating consisting of a sequence of alternating transparent organic and inorganic layers deposited in vacuum. The inorganic layers are the actual moisture/oxygen penetration barrier and, for the applications shown in the present paper, consist of alumina deposited by reactive sputtering. The polymer layers perform two functions. Whenever the surface presents a pronounced topography (e.g. if cathode separators are present like in passive matrix displays) the first deposited polymer layer(s) planarize the topography on the substrate. In the absence of topography, the polymer layers provide a smooth surface for the deposition of the next inorganic layer, thereby avoiding defects in the oxide introduced by the roughness of the substrate. By decoupling the successive inorganic layers the propagation of defects from layer to layer is stopped, and the final defect density is reduced. The multiple barrier layer approach increases the tortuosity of the path for moisture diffusion through pinholes or nano-defects in the layers. Likewise, the multiplicity of barriers decreases the probability of catastrophic failure due to killer defects.

4.2.1 Barix™ encapsulation

Device encapsulation (test pixels and displays) was done using a Vitex Guardian™ R&D system. The R&D system is a linear tool that consists of two vacuum chambers: a load-lock chamber that communicates with the rest of the system through a gate valve, and a main deposition chamber with stations for oxide deposition, monomer deposition and monomer cure. Deposition of the Barix™ multilayer stack is done by moving the substrate(s) back and forth between the different stations. The tool interfaces at one end (load-lock side) with a dry box that allows sample loading with no exposure to the ambient environment. On the other end of the tool is a high vacuum (10^{-7} mbar) chamber for Ca or other film evaporation (isolated by a gate valve). The vacuum level in the main deposition chamber is in the low 10^{-5} mbar range, obtained by a turbo molecular pump and LN_2 traps. Alumina layers with typical thickness between 10 and several hundred nm are deposited by DC reactive sputtering of a metallic Al (99.999%) target.

第4章 プロセス技術

Polymer layers are deposited in vacuum by a deposition technique that involves the flash evaporation of liquid monomers. The monomer vapors are condensed on the sample surface in liquid phase and cross linked by UV radiation to form a solid film. A mixture of acrylate monomers is used to give a highly cross-linked acrylic organic film. Typical thicknesses of the organic films vary between 0.25 and several micrometers. The Barix™ barrier properties depend on the number of organic/inorganic layers deposited, with typical coatings consisting of 4-5 pairs. From here on, an organic/inorganic pair may be called a dyad. Barix™ was deposited with no edge seal on most of the sample. Plates as large as 20 cm can be coated in the Vitex Guardian™ R&D system.

4.2.2 Sample Description

OLED test pixels of different types were received from several display manufactures and coated, however not many details are available on their structures. A typical test pixel size was 2x2 mm^2. Both small molecule (SM) evaporated devices and polymer-based (PLED) spin coated devices were encapsulated. These samples varied by color (red, blue, green and yellow), type of cathodes (Ca/Al, LiF/Al, Al-Li/Al) and cathode thickness. For the scope of this paper only bottom emitting devices will be covered. Passive matrix PLED glass displays produced by Philips (Philips Mobile Display Systems, PolyLED Group, Heerlen, The Netherlands) were coated and tested.

A majority of samples were transported from the production site to the Vitex laboratories in specially designed air tight metal containers called 'shippers'. Desiccant was packed in the shipper together with the devices to getter residual or leaked gasses. Test pixels and/or displays were sealed in the shipper in dry box conditions at the production site, and opened inside the Vitex dry box to avoid any environmental exposure.

As a reference, planar Ca test samples were produced by depositing 70 nm thick Ca films in 2.5 cm wide squares located at the center of 5 x 5 cm square glass substrate. The same thickness of Ca was deposited on cathode separator structures to screen the barrier propriety of different Barix™ barrier architectures.

4.2.3 Sample Testing

The Ca reference samples were measured using the test protocol described before[2]. It is based on the corrosion of thin Ca films. The Ca film, as deposited in vacuum and encapsulated by the barrier film, is initially a metallic layer. By reacting with water and oxygen permeating a leaking barrier, it is progressively transformed into a transparent calcium hydroxide film. By measuring the change in transmission of the film as a function of aging time in accelerated testing, it is possible to calculate the thickness of Ca reacted and therefore the amount of water penetrated through the barrier. Values of transmission at 633 nm are usually reported. The relative change in transmission, D, is used to quantify and compare barrier performance. D is defined by the formula

$$D (\%) = (T_{ti} - T_{t0}) / T_{t0} (\%)$$

where T_{ti} and T_{t0} are the values of transmission respectively at the aging time and at the initial acquisition after coating.

Device I-V-L curves and pictures were acquired in the dry box before and after encapsulation to evaluate the effect of Barix™ coating on the different OLED and display types. A Keithley 2400 source meter and a luminescence meter (Minolta LS-100) interfaced to a PC computer were used to drive the devices, measure voltage/current and luminance. I-V-L curves were then acquired as a function of accelerated aging. Monitoring of the voltage shift and light output change (in % of the initial value) at a given current in Barix™ coated samples supplied information on the impact of the thin film encapsulation on device performance. Pixel shrinkage that is the reduction in light emitting area due to OLED deterioration by reaction with moisture and black spot growth were also monitored as a function of aging time. Pixel and black spot area were measured from microscope pictures of driven devices by using a standard image analysis program. For each pixel, the percent area remaining (= 100- pixel shrinkage) was calculated using the following formula,

$$A_{ti} (\%) = (\text{lighted area at } t_i / \text{lighted area at } t_0) \%$$

where t_i and t_0 are respectively, the aging time and the initial acquisition after coating.

4.2.4 Accelerated aging and Thermal Shock Testing

Accelerated life time tests were performed in an oven with controlled relative humidity (Tenney model THJR). Aging conditions were typically 60℃ and 90% RH, a standard test condition used in the telecommunication industry. Performance was evaluated as a function of aging time. The performance of different barrier schemes was evaluated at 300 hr, and 500 hr, roughly equivalent respectively to 6000 h and 10000 hours at ambient conditions. An Espec thermal shock chamber (model TSE-11) was used to determine the effect of thermal shock on encapsulated Ca samples and devices. Samples were subjected to a minimum of 100 cycles of -40° C, 15min/80℃, 15 min with transition time of 2s.

第4章 プロセス技術

4.3 Results and Discussion
4.3.1 Building and testing of a robust barrier structure and process, results on Calcium test samples

In order to have an independent and quantifiable test for the quality of our barrier layers we are encapsulating Calcium test coupons on glass and measuring changes in transmission after aging in high humidity high temperature conditions[9].

A sample has passed the test (definition of yield) when 1) it does not develop any pinholes or big holes in the Ca 2) the transmission change is smaller then 10 % f.i if we start with a T value of 10% any sample where T increases beyond 11% has failed the test. In reality we are talking here about very small changes corresponding to ~a monolayer of Ca.

Through a process of optimization of thicknesses of layers and reduction of particles we have succeeded in getting quite good and stable high yields. **Fig 2**. The typical failure mode which are observed are: 1) between 0 and 150 hrs at 60 C/90% RH development of pinholes and big holes caused by large particles sticking through the barrier layers. 2) Fading (increase of T) of the Calcium for times >150 hrs and 3) start of degradation of the edges of the 1" Ca coupon by lateral water diffusion through the unprotected edge of the barrier coating. The edge of the barrier coating is 1 cm away from the edge of the Ca. This phenomenon starts beyond 500 hrs of testing.

It can be seen that by a process of systematic optimization a stable yield of >70% can be reached. It should be noted that these results are obtained in non-clean room conditions. Typically there are ~50 particles of size 1-10 micron diameter on every square inch and 4~5 particles larger then 10 micron. These last 'bigger' particles are the cause of the

Fig 2. Yield plot of Ca test samples as a function of time in a 60C/90 RH environment. A sample fails if it 1) develops holes or pinholes or 2) increases transmission by more then 10 % (f.i. from T=10% beyond T=11%)

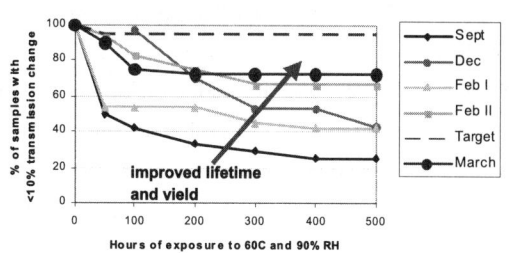

有機EL材料技術

Fig 3 An SEM cross section of a multilayer barrier covering a 2 micron particle. Note that the upper layers are completely flat and intact.

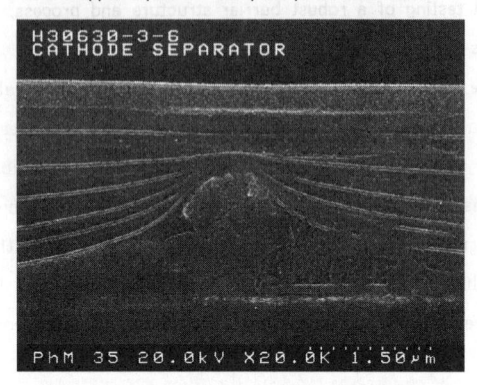

Fig 4 shows a Ca test sample with an edge seal at 3mm of the Ca edge after 2000 hrs at 60C/90RH

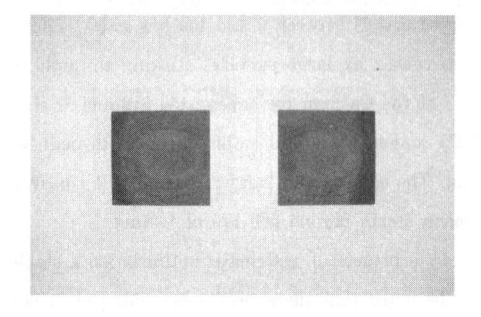

initial drop in yield (large holes). The 'smaller' particles can be covered quite well by our barrier coating. An example is shown in **Fig 3** which shows how a 2 micrometer particle is covered.

Via encapsulating of Ca we have been able to assess the Water Vapour Transmission Rate (WVTR) values of $<2.10^{-6}$ at 20C/50% RH and record values of $<2.10^{-7}$ gr/m^2/day at 20 C/50RH have been reported[8].

Recently (**Fig 4**) we have also succeeded in covering the edge of the samples preventing lateral diffusion of water. With an edge seal applied at 3mm of the Ca edge we have succeeded in obtaining Ca edges which are as sharp after 2000 hrs at 60C/90RH as at the start of the test.

第4章　プロセス技術

4.3.2 Encapsulation of OLED bottom emission test samples

In the previous chapter we have shown that we can create a very good moisture barrier. The additional problem in encapsulation of OLED is that neither the coating nor the coating process should have any negative impact on the OLED's performance. From a schematic of the process step shown in **Fig 5**, it is immediately obvious that most steps are potentially harmful, i.e. damage by: not polymerized monomer, UV radiation, the sputter process for oxides and stress in the layers are all real potential dangers. Fortunately none of these effects have been observed, apart from damage to some types of OLED devices by the first plasma deposition. We have been successful removing the detrimental effect of the plasma by adding a thin 'protective layer' before the plasma deposition of the oxide. This is shown in **Fig 6**.

Fig 5 Schematic presentation of the process steps of the barix encapsulation

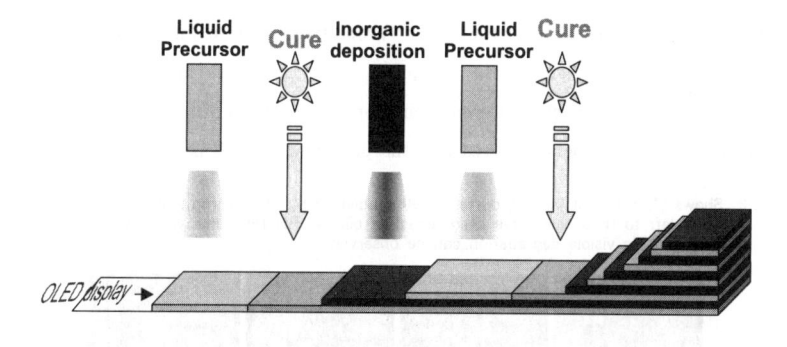

Fig 6 I-V and I-L curves for two devices of the same type, each with two pixels, encapsulated without (a) and with (b) the protective layer. In figure (b) : after 1 = after protective layer deposition, after 2= after plasma exposure.

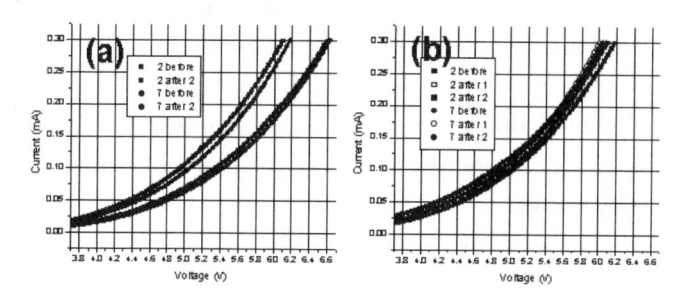

有機ＥＬ材料技術

An additional problems for any type of encapsulation is the topography of the samples: cathode separators, ink jet wells, AM structures some several micrometers high, all make encapsulation and planarisation very hard.

In **Fig 7** it is shown how well the liquid nature of the monomer helps to create a smooth coating over these hard to cover structures. Note that all the oxide layers are completely intact.

Fig 7 Encapsulation of a cathode separator (picture on the left). Note that the black areas at the foot of the cathode separator are no voids but OLED material. AM like structures are shown on the right.

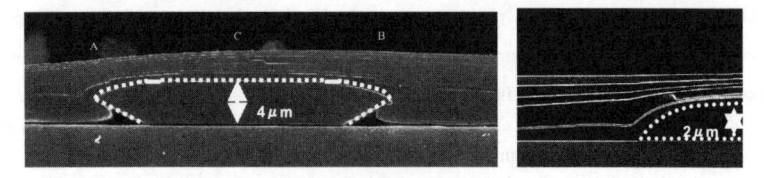

In order to test whether also the barrier properties remained intact, we tested 2*2m m^2 OLED test pixels divided into sub pixels by ~1.5 micron high resist structures (courtesy of SDI). As can be seen even after more the 1100 hrs of testing in a 60C/90RH environment no black spots occurred and the pixel shrinkage was less then 3 %. **Fig 8**.

Fig 8 Shows 2*2 mm test pixels (courtesy SDI) subdivided by ~1.5 micron high resist structures. From left to right they have been tested at 60C/90 RH for 0 hrs, 374 hrs, 510 hrs and 1160 hrs. No visible degradation can be observed.

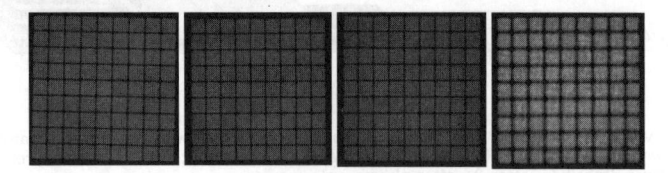

Also the electro-optical performance did not show any change as compared to reference pixels which had been encapsulated with a glass lid and desiccant.

The coated samples survive a 500 cycle of -40C (15 min)/3 s/80C (15 min) thermal shock test equally well. With respect to glass lid encapsulated reference samples no changes could be detected. An 85 C dry tests for 500 hrs showed minimal degradation.

4.3.3 Top Emission pixels

Whereas so called bottom emission pixels still were protected by an opaque cathode against the possible effects of radiation from the UV source or from the plasma, top

第4章 プロセス技術

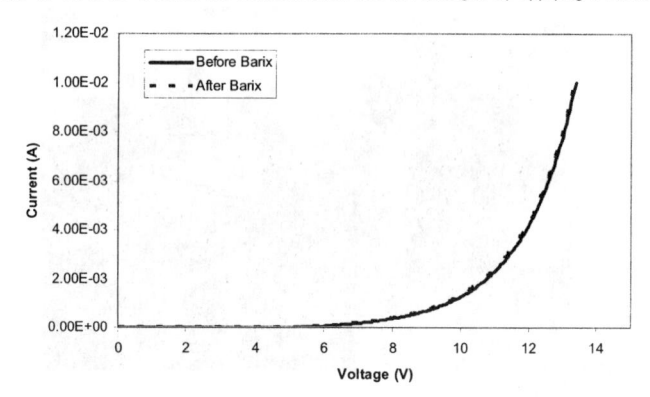

Fig 9 The IV curve for a green top emission ptxel has not changed by applying a Barix coating

emission pixels with their transparent cathode are potentially more at risk.

Fig 9 shows that for Green pixels no change in IV characteristics have been observed before and after the coating. There was also no change in the IL curve. Also for Blue and Red pixels we have not been able to observe detrimental effects of applying the Barix coating. Equally no change in colour or angular dependence of the colour coordinates with respect to reference samples was observed.

4.3.4 Passive matrix displays

Passive Matrix displays are probably the hardest to encapsulate successfully. The presence of high cathode separators, the 'open' cathode structure which does in comparison to the continuous cathode for Active Matrix provides no protection for the pixels, makes this structure real hard to cover.

Nevertheless we have been successful in covering displays (courtesy Philips PolyLED). Accelerated lifetime testing at 500 hrs 60c/90 RH have shown that the pixel shrinkage is less then 10% over this period. Comparison of IVL performance with reference samples shows less then 5% difference.(Fig.10)

Fig 10 shows a Barix encapsulated Passive Matrix display from Philips

4.3.5 Industrialisation

Tokki and Vitex have been working on

151

Fig 11 Picture of the first G200 developed by Tokki and Vitex

developing a tool for performing the Barix encapsulation process. This tool can be operated on a stand alone basis or be integrated with an OLED deposition tool. The first pilot tools G200 and G400, respectively able to coat 200*200 mm^2 and 400*400 mm^2 substrates, are ready for order as of December of 2003. (**Fig.11**)

Conclusion

It is shown in this article that Vitex multilayer Barix™ encapsulation technique can meet all the requirements for successfully encapsulating all types of OLED display structures including top emission OLED's. Further work will focus on meeting even higher specifications, reducing the number of layers required to get a successful barrier and developing a mass manufacturing process and machine.

Acknowledgement

The author wants first to acknowledge the contribution of all the people who have really been doing all the work:

At Pacific Northwest National Laboratories, GL Graff, M Gross, W Bennet, C Bonham, P. Burrows. At Tokki: I Nagai. K Furuno, Y Yanagi, A Fazlat, S Arai and at Vitex: L.Moro N.Rutherford, M Rosenblum, X. Chu, O. Philips, T. Krajewski, H. Bien, J.Pagano, J. Marsh.

Furthermore the collaboration with several display makers of which we can mention

第4章 プロセス技術

Philips MDS PolyLED and Samsung SDI and some who do not want their name to be disclosed but whose contribution is equally acknowledged.
Support from USDC and DARPA has contributed to technology development at Vitex and PNNL.

References

1) C.W. Tang and S.A. van Slyke, Appl. Phys. Lett. 51, 913 (1987)
2) J.H. Burroughes, D.C. Bradley, A.R. Brown, R.N. Marks, K. MacKay, R.H. Friend and A.B. Holmes, Nature, 347, 539 (1990)
3) P. E. Burrows, et. al., Proc. SPIE 4105, 75 (2000)
4) Gordon's Thesis
5) H. Kubota, S Miyaguchi, S Ishizuka, T Wakimoto, J Funaki, Y. Fukuda, T Watanabe, H. Ochi, T.Sakamoto, T. Miyake, M. Tsuchida, I. Ohshita, T. Tohma, J. of Luminescence, 56, 87-89(2000)
6) Affinito, J. D., Gross M. E., Coronado C. A., Graff G.L., Greenwell E.N., Martin P.M., "A new method for fabricating transparent barrier layers , Thin Solid Film, 290-291, 63-67
7) Moro L., Pagano J.C., Rutherford N., Phillips O., Visser R.J., Graff G.L., Gross M. E., Burrows P.E., "Barrier coatings for organic light emitting Diodes", presented at "Organic Light Emitting Materials and Devices VI" SPIE annual meeting, 7-11 July 2002, Seattle, Washington, USA
8) R. J. Visser, 3rd International Display Manufacturing Conference, IDMC 2003 Conference, February 18-21, 2003, Taipei, Taiwan
9) Nisato G., Kuilder M., Piet Bouten, Moro L., Philips O., Rutherford N., "Thin film Encapsulation for OLEDs: Evaluation of multi-layer barriers using the Ca test", Society for Information Display, 2003 International Symposium, Digest of Technical Papers, Vol. XXXIV, P-88

＜材料編（課題を克服する材料）＞

第5章 電荷輸送材料

1 正孔注入材料

佐藤佳晴*

1.1 はじめに

　低分子及び高分子材料を用いた有機EL素子は、両方とも共通して、ITO（インジウム錫酸化物）を陽極材料として用いている。現在、商業的に入手可能なITO膜付ガラス基板は、主に液晶ディスプレイ用途に開発されたものであり、スパッタ法により成膜されたITO基板が、有機EL用基板として標準的に用いられている。現状のITO基板は、成膜に由来する表面粗さや突起等の表面欠陥により、発光効率、駆動寿命、短絡欠陥等の素子特性に大きな影響を与える。従って、ITO基板を使いこなすために、陽極と有機層との界面をどう設計し制御するかは極めて重要な課題である。

　正孔注入層に期待される効果としては、①ITO界面での注入障壁の低減による低電圧化、②短絡抑制、③フルカラー対応（非着色）、④耐熱性も含めた素子の寿命改善、が挙げられる。

　図1に成膜プロセスにより分類した正孔注入層の種類を示す。現在までに広く使われてきたのは、真空蒸着による成膜が可能である銅フタロシアニン（CuPc）である。CuPcは低いイオン化ポテンシャルを有することから、陽極からの正孔注入障壁を下げる効果を有し、素子の長寿命化にも貢献してきた。この他にも低いイオン化ポテンシャル（HOMO準位）を有する芳香族スター

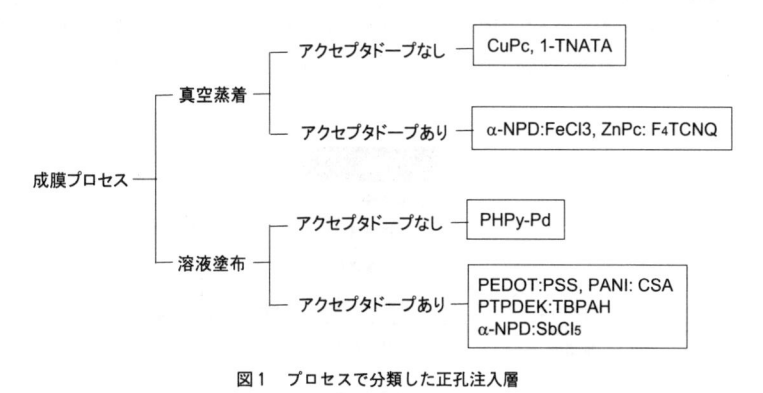

図1　プロセスで分類した正孔注入層

---

*　Yoshiharu Sato　㈱三菱化学科学技術研究センター　光電材料研究所　副所長

バーストアミン化合物（1-NTDATA）や顔料系材料も報告されている。溶液からの塗布プロセスにより成膜されるのは，高分子材料（共役系および非共役系）にアクセプタがドープされた系が主流である。このうちPEDOT:PSSは水分散系であるため，その上に有機溶剤を用いて積層が可能なため，高分子有機ELではよく使われている。アクセプタを用いるのは，高分子の導電率を向上させるためであるが，同様の効果が低分子系材料でも蒸着・塗布ともに報告されている。

1.2 高分子正孔注入材料

図2に積層型の有機EL素子の代表的な構造を示す。高分子正孔注入層はITO表面に湿式法により成膜される。正孔輸送層以降は，真空蒸着法により形成される。高分子を塗布成膜する効果は，上記の4項目すべてに対して期待される。

図3に代表的な正孔注入層用の高分子材料とアクセプタを示す。アクセプタの役割は，高分子を部分的に酸化させて，電荷キャリアとしてのカチオンラジカルを化学的に生成させることである。共役系高分子を用いた有機EL素子では，発光層として有機溶媒に可溶なアルコキシ置換ポリパラフェニレンビニレン（PPV）やポリフルオレンを用いるために，有機溶媒に不溶の正孔注入層が必要とされる。この目的のために，水溶液分散状態で用いられるポリチオフェン（PEDOT／PSS）[1]が，高分子有機EL素子の正孔注入層として標準的に使われている。ポリチオフェンは導電性高分子として長年検討されてきた材料である。

図3に示したPTPDEKはポリチオフェンとは異なり非共役系の正孔輸送性高分子である。この高分子も同様に，強いアクセプターをドープすることにより，導電性を制御することが可能であり，芳香族アミン基を主骨格または側鎖として有する高分子が，これまでにその正孔注入層としての特性が調べられている[2]。PTPDEKは有機溶媒に可溶なため，塗布成膜後の乾燥工程が簡略可能であるが，有機溶剤系の高分子発光材料をこの正孔注入層の上に積層することは困難である。

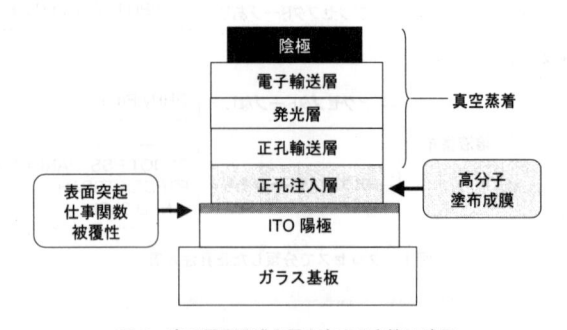

図2　高分子正孔注入層を有する有機EL素子

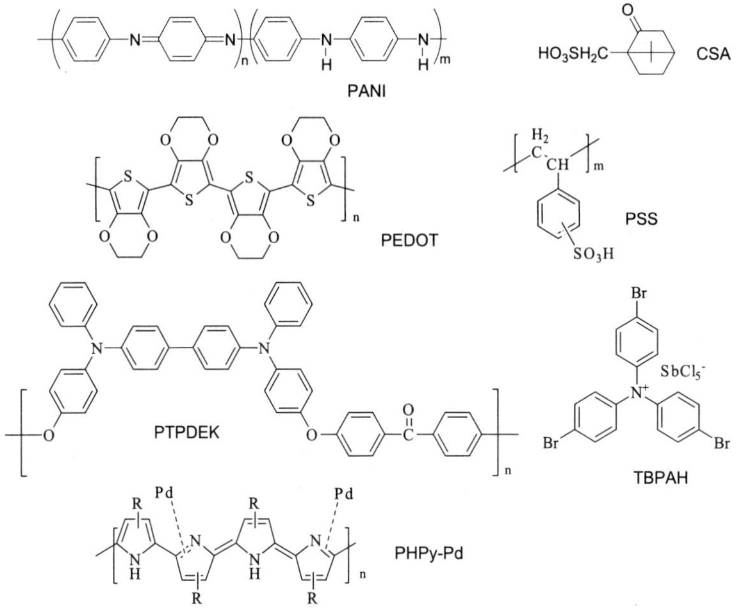

第5章　電荷輸送材料

図3　正孔注入層用高分子材料とアクセプタ

　以上の2種類の高分子は共役,非共役の違いはあるが,いずれも,酸化剤としてのアクセプターを高濃度でドープすることが必要である。それに対して,図3に示したポリピロール誘導体(PHPy-Pd)は共役系高分子であるが,Pd金属と錯体を形成することにより窒素原子上にカチオンラジカルが生成すると考えられる。このため,このポリピロール錯体はアクセプターを必要としない[3]。

　3種類の高分子に共通しているのは,実用的な膜厚である30-100nmの範囲では,可視光領域に吸収を持たず,膜としては透明な点であり,フルカラーパネルに対応した技術であると言える。

1.3　高分子正孔注入層を用いた素子の発光特性

　図2に示した構造の素子を,各種の正孔注入層を用いて作製した。高分子正孔注入層はスピンコート法により形成した。膜厚は30-40nmに設定した。塗布膜を乾燥ベーク後,真空蒸着により正孔輸送層(α-NPD),発光層(Alq_3),陰極(LiF／Al)の順番に積層した。比較のために,CuPc(20nm)の素子と正孔注入層がない素子を作製した。

　図4に輝度－電圧特性を示す。正孔注入層がない素子と比較すると,CuPc正孔注入層の導入

有機EL材料技術

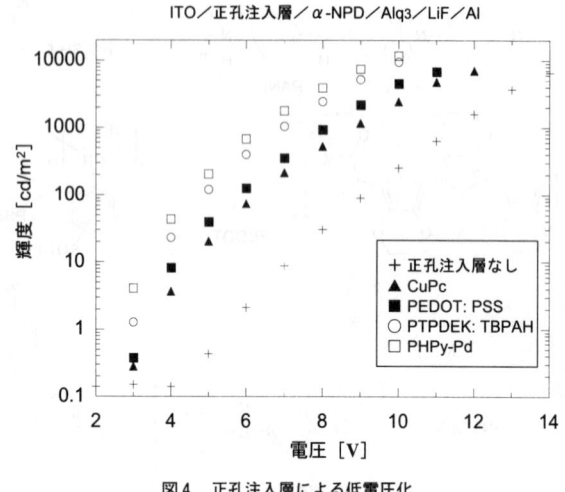

ITO／正孔注入層／α-NPD／Alq3／LiF／Al

図4 正孔注入層による低電圧化

により3V程度の低電圧化がみられるが，PEDOT：PSSを用いることで，CuPcよりさらに1V程度の低電圧化がみられる。PTPDEK：TBPAHの組み合わせは，さらに1Vの低電圧化が可能となった。PHPy-Pdでさらなる低電圧化を達成しているが，共役系高分子の利点と有機溶剤で塗布可能な点が効果を有すると思われる。

低電圧化の原因の一つに，界面での正孔注入障壁の低下が想定されるので，真空紫外光電子分光法(UPS)を用いて，積層構造におけるエネルギー準位を決定した。真空準位のシフトを考慮したHOMO準位を図5に示す。CuPc正孔注入層では，真空準位の大きなシフトが観測され，その結果，通常のITO表面処理では，大きな正孔注入障壁が存在することが判明した。これは，CuPcのイオン化ポテンシャルの値が，ITOの仕事関数とほぼ等しいことからは予想されない結果である。従って，CuPcを使うに当たっては，ITO表面の処理が非常に重要になると考えられる。また，この系では，CuPcと正孔輸送層の間にも障壁があると考えられる。

一方，非共役のPTPDEKでは，ITOと正孔注入層間の障壁が低下したことに加えて，正孔注入層／正孔輸送間にも障壁がないことが観測された。PTPDEKでは，真空準位のシフトが比較的少ないことが，低電圧化の原因となっていると解釈している。

なお，正孔注入条件の改善とともに，電荷の注入バランスを保つためには，適切な電子注入条件の制御が必要である。このことは，素子の駆動劣化にも係わることであり，素子の長寿命化を達成するためには総合的な検討が必要となる。

高分子正孔注入層の効果として，さらに重要なのは素子の短絡抑制である。素子の順方向及び

第5章　電荷輸送材料

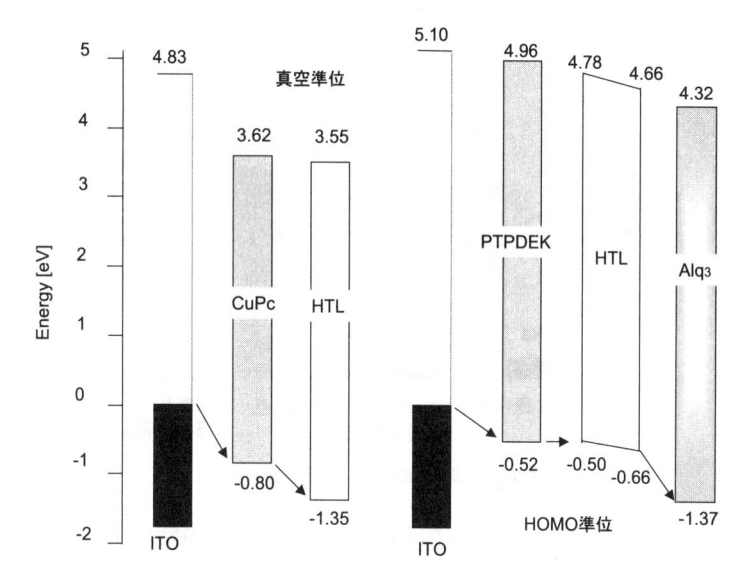

図5　各層のエネルギー準位（UPS測定）

逆方向のダイオード特性を測定した結果によると，CuPcと比較して，PPTPDEK：TBPAH層は逆方向電流が小さく，素子のリーク電流が少なく整流性が良好である。単純マトリックス型のパネルでは，1画素の短絡欠陥が線欠陥となって現れるので，この短絡問題は製造の歩留まりも含めて，現実的には極めて重要である。

　短絡欠陥及びリーク電流の抑制効果は，高分子材料の使用と湿式塗布プロセスに起因すると考えられる。ITO表面の平坦性をＡＦＭ測定により評価した結果を図6に示す。ここでは商業的に入手可能なスパッタ法により成膜した基板を用いて，その表面粗さの違いを検討した。さらには，表面を研磨した基板についても比較検討の対象とした。高分子（PTPDEK）をスピンコート法により30nm成膜したものは，表面平均粗さ（Ra）及び山−谷差（P-V）が大幅に小さくなっており，研磨した基板に近い粗さとなっている。研磨した基板の上に高分子層を湿式成膜すると，表面はさらに平坦化していることがわかる。AFM像では，平均的な粗さ以外の情報として，局所的な突起が未研磨及び研磨基板に観測されるが，高分子成膜後はそのような局所突起の存在もみられなくなっている。ITOの研磨工程は，コスト高を招くとともに，カラーフィルター上でのITO成膜への対応を考慮すると，研磨なしで使えることが将来的には望ましいと考えられる。

　高分子正孔注入層のさらなる利点として耐熱性が挙げられる。図3に示したPTPDEKは，180℃のガラス転移温度（Tg）を示し，材料として極めて高い熱安定性を有している。PTPDEKを

161

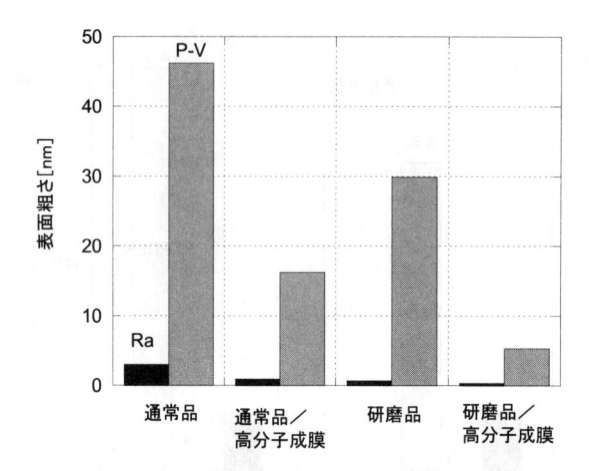

図6 ITO基板の表面粗さ：高分子塗布効果

正孔注入層に用いた素子を，85℃での保存試験を行ったところ，1000時間後においても発光輝度の低下は3％であり，実用上問題のないレベルにあると思われる。保存温度120℃では，CuPc素子が72時間後に発光の不均一性を示すのに対して，高分子正孔注入層を用いた素子ではこのような発光不均一性はみられなかった。

1.4 まとめと今後の材料開発

　高分子，特に，非共役系高分子を用いた正孔注入層を有する素子の特性について，CuPcや共役系高分子と比較しながら，その性能について検討した。駆動電圧の低下，ITO基板の平坦化，耐熱性の改善が明らかとなった。特に，ITO表面の平坦化は，ドットマトリックスパネルの短絡欠陥を減少させる上でも有効であることを確認している。高温保存試験においても，高分子正孔注入層のCuPcに対する優位性は明らかである。低駆動電圧特性も含めて，高分子を用いた正孔注入層は次世代の技術と考えられ，今後は，製造プロセスにおける適合性を検討する必要がある。

　今後の材料開発において，現行の蛍光素子に加えた，リン光素子の重要性が増してくると予想される。リン光素子において，共役系高分子の適用が困難と推察されることから，低分子または非共役系高分子を用いたリン光素子が，今後の一つの開発課題となる。一方，プロセス上での観点からは，正孔注入層の場合でも明らかであったが，湿式塗布法の利点が，性能面，製造コスト面，及び大型基板対応でも重要となると思われる。

　高分子正孔注入層に今後求められることは，将来の塗布型素子化技術にも対応できるようにすること，例えば，架橋等による不溶化機能を持たせて，塗布型多層素子構造に適合させることが

第5章 電荷輸送材料

考えられる。この点において，高分子正孔注入層の技術はまさに緒に就いたところであり，材料面での検討課題は多く残されていると言えるが，将来の大面積照明応用を想定すると困難は数多いとされても，検討していく価値は大いにあると考える。

最後に，本研究の非共役系高分子の部分は，山形大学・城戸教授との共同研究において行われ，ポリピロールについては大阪大学・平尾教授との共同研究において行われたものであることを示し，改めて，同研究室の関係者の方々に感謝の意を表す次第である。

文　献

1) A. Berntsen, Y. Croonen, C. Liedenbaum, H. Schoo, R.J. Visser, J. Vleggaar, and P. van de Weijer, "Stability of polymer LEDs", *Optical Materials*, **9**, pp.125-133 (1998)
2) Y. Sato, T. Ogata, S. Ichinosawa, M. Fugono, and H. Kanai, "Interface and Material Considerations of OLEDs", *Proc. SPIE*, **3797**, pp.198 (1999)
3) 緒方，佐藤，井上，平尾，第50回応用物理学関係連合講演会，27p-A-1，神奈川大学，2003年3月

2 正孔輸送材料

榎田年男*

2.1 はじめに

　有機エレクトロルミネッセンス（EL）素子の開発には，有機感光体（OPC）材料や有機太陽電池などの有機エレクトロニクス材料分野の研究成果が大きな影響を与えている[1]。OPC材料の電荷発生機構や正孔・電子の輸送および注入機構の解明は，有機EL素子の機構解明や機能向上に大きな役割を果たした。近年フラットパネルディスプレイとして期待されている有機EL素子は，発光層と電荷注入層とを分離するという概念を導入してから飛躍的な成長を遂げた。特に，発光層と陽極との間に正孔注入帯域を設定することにより，優れた有機EL特性と安定性を同時に得ることに成功した[2]。

　本稿では，低分子有機EL素子の正孔輸送材料の現状と課題について説明する。

2.2 有機EL素子の動作原理

　有機EL素子は陽極と陰極からそれぞれ正孔と電子を注入し，有機層内での再結合エネルギーにより励起させ，蛍光量子効率の高い有機化合物（蛍光性分子）の蛍光を利用している。図1に発光機構と電荷輸送機構について記述した。

　陽極界面で有機分子から電子を引き抜かれて酸化されたカチオンラジカルは陰極に向かってホッピング移動する。また，陰極から電子を受け取り還元された有機分子はアニオンラジカルになり陽極に向かってホッピング移動する。これらのラジカル種が有機薄膜中で電子授受反応を起こし，

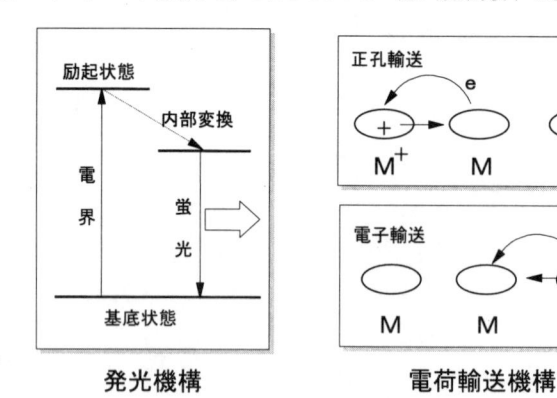

図1　発光機構と電荷輸送機構

---

*　Toshio Enokida　東洋インキ製造㈱　色材事業本部　色材技術統括部　開発部　部長

第5章　電荷輸送材料

そこで励起された分子から固有の蛍光が有機EL素子の発光として観測される。従って，蛍光性分子固有の蛍光波長，蛍光寿命などの励起状態での特性が素子特性に直接反映することになる。有機EL素子に使用される材料は，分子蒸着膜や塗布膜などでは非晶質状態である場合が多い。このような非晶質状態における電荷キャリアの移動度は，電界，温度，分子状態に大きく依存する。有機EL素子は，各有機層に使用する材料の仕事関数を設計することにより，発光帯域内で効果的に発光させることができる。有機EL素子の動作機構は，電極／有機層界面および有機層間の界面でのキャリア注入現象と有機層内部でのキャリア注入現象に基づいている。陽極から正孔を，陰極から電子をより注入できるようにすれば駆動電圧は低減する。効率良くキャリアを注入するためには，電極と有機層のエネルギーレベルの整合性を図る方法が一般的であるが，素子全体の導電性を向上させて低電圧駆動させる方法も有効である。

注入型素子である有機EL素子は，電流密度に対して直線的に輝度が増大する。有機層は絶縁性であり電極からの電荷注入はトンネル注入機構により生じ，電荷輸送は空間電荷に制限を受ける。従って，空間電荷制限の法則によれば，電極からの注入効率を上げるためには，電荷注入材料と接合の良い適切な仕事関数の電極を選択すること，有機層中では電荷注入材料の電荷移動度を高く，さらには有機層の膜厚を薄くすることで高い電流密度を得ることができる。

有機EL素子はITO等の透明電極（陽極）と低い仕事関数金属からなる背面電極（陰極）で有機層を挟んだ構造になっている。有機層は，低分子材料は真空蒸着法，高分子材料はディップやスピンコート法のような湿式法により均一な非結晶性薄膜として形成され，有機層合計で200nm以下の極めて薄い膜厚である。この素子に電圧を印加することにより，有機分子に電荷の注入，励起状態，再結合状態を作り出して発光させている。有機EL素子は基本的には以下の項目を満足する必要がある。

① 電極から有機層に効率良く電荷を注入する。
② 注入された電荷を効率良く発光する分子の近傍に輸送する。
③ 正孔・電子の再結合確率を上げる。
④ 再結合後の発光効率を上げる。

これらの項目を満足するためには，有機材料の開発や改良も必要であるが，素子構造を工夫して達成することが近道でもある。

効率良く素子を発光させるためには，注入された正孔と電子のバランスをとる必要がある。発光層の最低非占有分子軌道（LUMO）準位を輸送されてきた電子を，発光層の中にとどめる作用も必要になる。これは，発光層のLUMO準位と正孔輸送層のLUMO準位との電位障壁に関係し，一般には電位障壁が大きいほど電子阻止効果が大きいため，LUMO準位の高い（電子親和力の小さい）正孔輸送材料が望ましいことになる。

2.3 低分子正孔輸送材料

　本稿では，陽極から正孔を受け取り発光層に渡す役割の有機層を正孔注入層と呼び，その層に使用される材料を正孔注入材料と称する。また，正孔注入層と発光層との間に設定される有機層であり，正孔注入層から正孔を注入し，発光層に正孔を受け渡す役割を担った有機層を正孔輸送層と呼ぶ。正孔輸送材料としては，芳香族アミン化合物が最も多く使用されている。これは，適切なイオン化ポテンシャル (Ip)，正孔輸送特性に加えて，電気化学的に可逆であることが特徴であり他材料系にない利点である。正孔輸送層の特性は有機EL素子特性に大きな影響を与える。特に発光寿命や温度や湿度などの環境特性の改善には，正孔輸送材料の改良が不可欠である。正孔輸送材料としての必要事項をまとめると，以下の項目があげられる。

① 均質な薄膜形成性がある
② 正孔移動度が高く，輸送電荷量が大きい
③ 電気化学的に安定である
④ 適切なイオン化ポテンシャルと電子親和力が必要
⑤ ガラス転移点温度 (Tg) が高い
⑥ 真空蒸着が可能
⑦ 薄膜形成能力

　有機EL素子の有機層は極めて薄い膜であり，駆動時の電界強度は10^5 (V／cm) 以上にもなる。この高電圧下で安定な素子として働くためには，正孔輸送層としては均一で密な薄膜の形成が必要になる。有機化合物によりそのような薄膜を形成するためには，立体性を持った化合物を設計する必要があり，薄膜としてはアモルファス状態になる。芳香族アミン化合物，とりわけトリフェニルアミン構造を持つ化合物は，立体性があり，アモルファス状態を形成するためには最適の化学構造である。多くの低分子正孔輸送材料は蒸着法で薄膜形成される。基板上にアモルファス状態で薄膜形成された正孔輸送層を有する有機EL素子を駆動した場合，発生するジュール熱で素子温度が急激に上昇する。そのような状況では，正孔輸送層の基板への密着性，収縮性，およびTgなどの特性が素子寿命に大きく影響を及ぼしていることが容易に推測される。つまり，ジュール熱により素子温度が上昇し，正孔輸送層のTgに接近すると，正孔輸送材料の分子運動が活発になり分子同士が凝集を始める。このような状態では，薄膜層内の分子構造の変化や結晶化が起こり始め，水分子や活性ガスなどが存在すると，更に薄膜のアモルファス状態が崩壊することになる。その結果，電極界面との接触不良や絶縁破壊などの現象が起こり，駆動電圧の上昇や，発光輝度の低下などを引き起こす。これらの現象は正孔輸送層のTgのみが原因ではないが，ITO電極に直接接する薄膜のアモルファス性もしくはその堅牢性により，有機EL素子の特性や寿命が大きな影響を受ける。

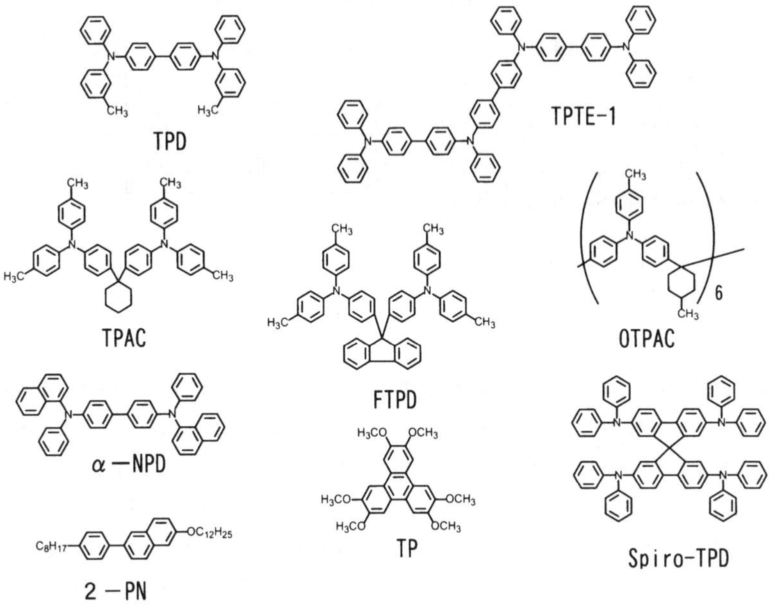

第5章 電荷輸送材料

図2 代表的な低分子正孔輸送材料

これまで報告された代表的な正孔輸送材料を図2に示す。

　正孔輸送性は電子を出してカチオンラジカルを形成し易い化合物が有利であるので，Ipが低い化合物ほど正孔移動度は高い。また，正孔輸送性から見れば，ITO電極のフェルミ準位と正孔輸送層のIpとの差が小さい方が有利である。逆に，Ipとの差が大きいと正孔輸送に必要な電圧が高くなり，大きなジュール熱が発生するので，素子の耐性や寿命に対して不利になる。

　芳香族アミン化合物は，トリフェニルアミンの結合様式の違いにより区別することができる。2つのフェニル基が非共役系で連結されたアルキレン型，共役したアリーレン型，フェニル基を共有したフェニレンジアミン型がある。初期の正孔輸送材料としては，フェニレンジアミン型のTPDが代表的であった。この材料の正孔輸送性は優れていたが，Tg（およそ60℃）が低く，素子の耐久性，耐熱性の問題を解決できなかった。これを改良するために，TPDの2つのフェニル基をα-ナフチル基にかえたα-NPDが提案された。この剛直なα-ナフチル基の導入により，Tgを95℃まで向上することができ，その結果として耐久性，耐熱性のある素子を作成することが可能になった。更に，素子の耐久性と正孔輸送材料との関連性が明確になり，正孔輸送材料として多くの化合物が提案されている。Tgを向上させて耐熱性を改良した正孔輸送材料としては，

有機EL材料技術

表1　FTPD系正孔輸送材料の物性と素子評価

FTPD	R	酸化電位(V)	Ip値(eV)	Tg(℃)	開始電圧(V)	最大輝度(cd/m2)	電流効率(cd/A)
1	p-OCH3	0.72	5.42	103	3.9	9700	1.99
2	p-iso-C3H7	0.86	5.52	118	5.2	11100	1.97
3	p-CH3	0.89	5.63	85	4.9	10100	2.06
4	m-OCH3	0.92	5.67	80	5.8	12600	2.1
5	m-CH3	0.97	5.56	103	6	14800	2.17
6	H	0.99	5.73	111	9.3	6400	1.85
7	o-CH3	1.03	5.8	113	6.5	6900	2.18

素子構成：ITO/FTPD(50nm)/Alq3(50nm)/Mg:Ag=10:1

耐熱性部位であるフルオレン基を導入したFTPD[3]，spiro-TPDおよびシクロアルキレン型アミンのオリゴマー（OTPAC）等がある。これらの化合物は，耐熱性を向上させるために立体的な縮合基を導入するか，トリフェニルアミン骨格などの化学単位を多くして分子量を大きくして材料の耐熱性を向上させたTPTEなどがある。TPTEなどのトリフェニルアミン多量体については，多くの研究がされてきた。トリフェニルアミンを多量化することにより，容易にTgを向上させることができる。フェニル基のパラ位でトリフェニルアミンを直線的に連結した三量体のTgは95℃，四量体では130℃，五量体では147℃まで向上する。

立体的な縮合基を導入する方法として，スピロ結合を利用した立体障害によりTgを向上したspiro-TPDがある。spiro-TPDのTgは133℃である。2つのTPD骨格は直交した立体構造を持ちTg向上の要因になっている。立体的な縮合基を導入する方法としては，耐熱性部位であるフルオレン基を導入したFTPDがある。表1に，置換基を変えたFTPD系化合物の酸化電位，Ip，Tgなどの物性値と，それらを正孔輸送材料に使用した有機EL素子の特性を比較した数値を示した。

置換基の電子供与性と酸化電位，Ipなどに相関があり，素子の場合でも，置換基の電子供与性と1（cd／m^2）の輝度が測定される際の印加電圧を示す開始電圧に相関が見られる。FTPD基本骨格が同じであっても，置換基の種類や位置の違いにより，Tgが40℃近く異なる。

次に，有機薄膜形成能力の向上，Tg向上を目指して，シクロヘキサノン類でトリフェニルアミン骨格を連結したトリフェニルアミン誘導体の例を図3に示す。シクロヘキサンの種類を変えて，100℃以上のTgを有するトリフェニルアミン誘導体を得ることができている。

トリフェニルアミンの1つのフェニル基のパラ位にメチル基を導入した化合物とシクロヘキサノンによりトリフェニルアミンオリゴマー（OTPAC）を合成することができる。表2に置換基を変えたOTPACの正孔輸送材料の物性と素子評価の結果を示した。FTPD系と同様に置換基の種類や位置の違いによりTgが異なる。

第5章 電荷輸送材料

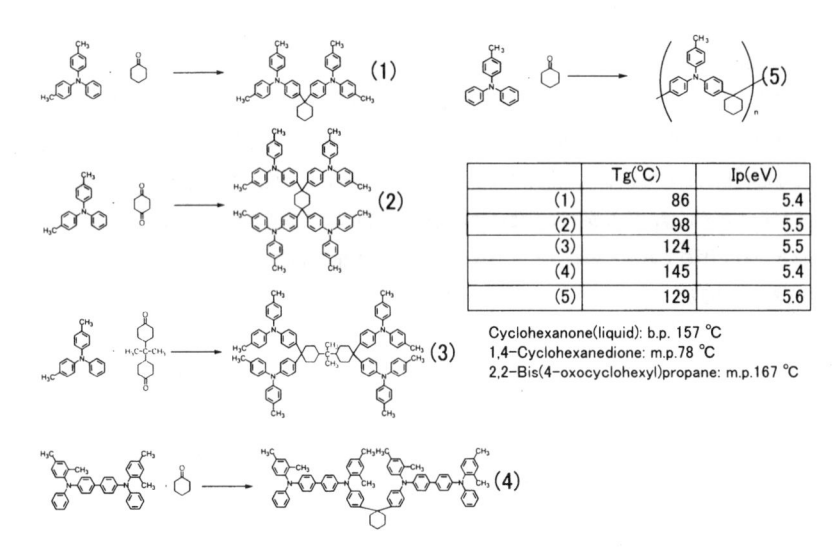

図3 シクロヘキサノン類でトリフェニルアミン骨格を連結したトリフェニルアミン誘導体

	Tg(℃)	Ip(eV)
(1)	86	5.4
(2)	98	5.5
(3)	124	5.5
(4)	145	5.4
(5)	129	5.6

Cyclohexanone(liquid): b.p. 157 ℃
1,4-Cyclohexanedione: m.p.78 ℃
2,2-Bis(4-oxocyclohexyl)propane: m.p.167 ℃

表2 OTPAC系正孔輸送材料の物性と素子評価

OTPAC	R1	R2	酸化電位(V)	Ip値(eV)	Tg(℃)	開始電圧(V)	最大輝度(cd/m2)
1	p-CH3	H	0.89	5.47	129.3	2.83	10800
2	p-CH3	CH3	0.89	5.45	128.2	2.92	13200
3	m-CH3	H	0.93	5.44	106.8	4.42	9500
4	m-CH3	CH3	0.93	5.44	119.4	3.49	10700
5	p-OCH3	H	0.8	5.36	131.7	3.18	5100
6	(ナフチル)	H	0.93	5.55	133.6	4.66	9500
TPAC	(p-CH3)	(H)	0.85	5.44	86.1	4.06	16500

素子構成:ITO/OTPAC(50nm)/Alq3(50nm)/Mg:Ag=10:1

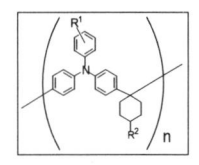

　近年，液晶性材料の高い正孔輸送性を利用した有機EL素子の検討もなされている。図1に液晶性材料の代表的な材料である2-PN，TPを示した。高い移動度を利用した低電圧駆動素子としての可能性があり，大きな期待をもった化合物系である。より効果的な配列を選択することができれば，有効であると思われる。

2.4 おわりに

　有機EL素子の有機層の中で，正孔輸送材料は最も多くの化合物が検討され，Ip や Tg などの化合物特有の物性値と，それを使用した素子の特性との相関関係についても多くの検討がされ，正孔輸送材料は有機EL素子の性能を左右する重要な材料である。現在までは，芳香族アミン化合物を中心に検討されているが，検討される化合物の幅が狭い。今後，更に飛躍的な素子性能の向上を目指すためには，芳香族アミン化合物以外の化合物により達成される可能性があるが，その道はきわめて困難であると思わざるを得ない。各研究機関の活躍を期待し，その結果として，有機EL素子が実践的なディスプレイとして飛躍することを願っている。

文　　献

1) 榎田年男, 電子材料, **38**(12), 39(1999)
2) T. W. Tang *et al.*, *Appl. Phys. Lett.*, **51**, 913(1987)
3) S. Okutsu, T. Onikubo, M. Tamano, T. Enokida, *IEEE, Trans. Electron. Dev.*, **44**, 1302 (1997)

3 電子輸送材料

内田　学*

3.1 はじめに

2003年の有機ELディスプレイ市場は，携帯電話の背面ディスプレイへの展開が広がり，市場規模が拡大していると言われている。当初，有機ELディスプレイ特有のエリアカラーで製品の展開が進んでいたが，最近では，フルカラー化も着実に進んでいる。携帯電話のようにモバイル機器に搭載されるには，まず低消費電力が要求される。有機EL素子は，本質的な特徴として低電圧駆動が可能という利点を有しているが，実際のディスプレイにおいては，様々な要求性能を克服するために，必ずしも消費電力が低くはならない。さらに，LCDとの比較においても，消費電力を下げる努力は必要である。低消費電力化に対するアプローチは，有機ELディスプレイとして考えるといくつか上げられるが，有機EL材料の観点から考えると，発光効率の向上と駆動電圧の低減の2点に絞られる。このうち，駆動電圧の低減を目標にした材料開発の中で，電子輸送材料も，また取り上げられており，実際に駆動電圧低減に貢献してきている。

ここでは，当社の開発を中心に最近の有機ELの電子輸送材料を概観する。

3.2 電子輸送材料開発

有機EL素子における電子輸送材料の雄はAlq_3（図1a）である。性能，寿命，コストのバランスに優れ，Alq_3は間違いなく有機ELの発展に寄与している。さらに，Alq_3に適した陰極および陰極界面層の開発[1]がなされたことも大きな意味を持つ。正孔輸送材料に比べ移動度などの特性が劣るAlq_3と陰極との間における電子注入障壁の低下は，正孔が過剰である素子への電子注入を増加させ，結果として素子の駆動電圧の低下につながっている。

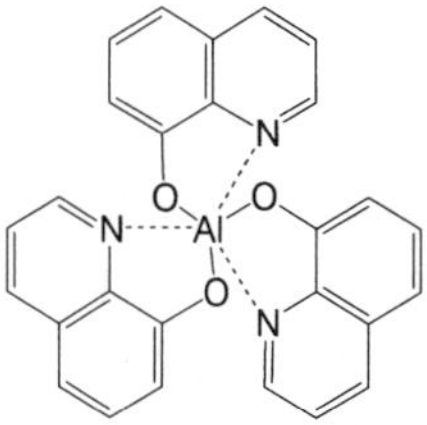

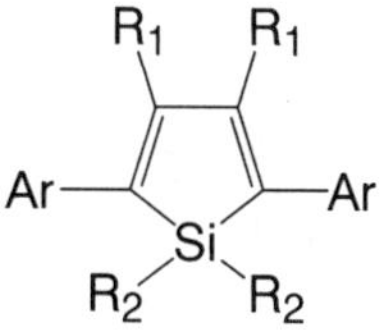

図1　Alq_3（a）とシロール（b）の化学構造

---

*　Manabu Uchida　チッソ㈱　横浜研究所　グループリーダー

しかしながら、前記したように低電圧化あるいは低消費電力化に対する要求が強まっている現状では、より発光効率が高いなどの高性能材料が求められ、電子輸送材料においては、低電圧化の可能な材料が求められるということになる。最近、Alq_3に変わる新しい電子輸送材料の報告[2]がある。また、燐光材料が使用された有機ELパネルが市場に投入され、電子輸送材料への要求物性も拡大され始めている。その顕著な例として、BCPあるいはBAlqを正孔ブロッキング層に用いた燐光素子が上げられる[3]。燐光素子においては、蛍光素子に比べて発光層中への電荷もしくは励起子の閉じ込めがより重要であり、これらに対する高ブロッキング性が電子輸送材料にも必要となっている。

多様化している電子輸送材料の要求物性をまとめると、①電子注入性、②電子輸送性、③ホールおよび励起子のブロッキング性、④還元－酸化の繰り返し安定性、⑤耐熱性などが挙げられる。

3.3 チッソ㈱の電子輸送材料

当社では、以前からシロール系電子輸送材料の開発を進めてきた。ここでは、その経過と最近の開発について触れたい。

3.3.1 シロール系電子輸送材料

シロール（図1b）は、アクセプター性が適度に高く、電子受容性の高い骨格である。これは、けい素のσ^*軌道とシロール環のジエン部分のπ^*軌道との相互作用によるLUMOレベルの低下が原因とされており[4]、他のヘテロ5員環骨格とは異なるシロール特有の性質である。

このシロールの特性は、電子輸送材料に基本的に要求される特性、すなわち、高い電子注入性につながると考えられる。実際、その炭素類縁体であるシクロペンタジエン誘導体よりも電子輸送材料として高性能であった。図2に、シクロペンタジエン誘導体とシロール誘導体を発光性電子輸送材料に用いた素子の特性比較を示す。シロール素子がシクロペンタジエン素子に比べ、より低い電圧で駆動している。

シロール誘導体の中でもPyPySPyPyが、安定なアモルファス膜を形成し、さらに素子の駆動電圧を低下させることが可能であることを示した[2c]。図3に、当社の電子輸送材料であるET4を用いた素子の電流密度－電圧特性および輝度－電流密度特性を示す。電子輸送材料としてAlq_3を用いた素子に比較して、同電流密度を得るために必要な電圧は約1.5V低い。

図4には、85℃における駆動寿命試験の結果を示す。ET4を用いた素子は、Alq_3素子よりも寿命が長く、優れた電子輸送材料であることがわかる。

3.3.2 最近の開発

Alq_3を発光層に用いた素子において、シロール系電子輸送材料の挿入は、素子の駆動電圧を低下させるばかりでなく、駆動寿命も増加させることを述べた。しかしながら、この効果は他の

第5章 電荷輸送材料

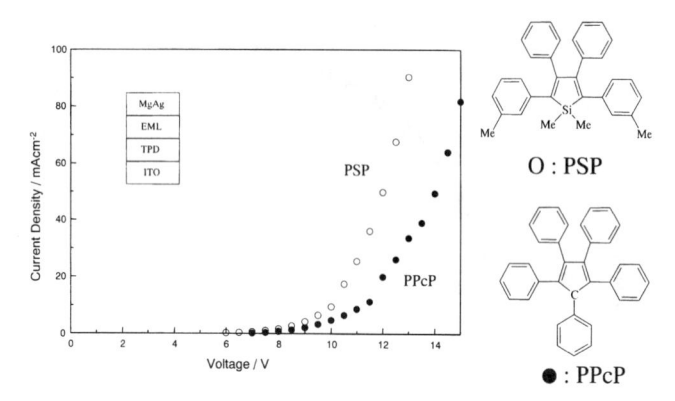

図2　PSPとPPcPの構造式およびそれらを用いた素子の電流密度－電圧特性

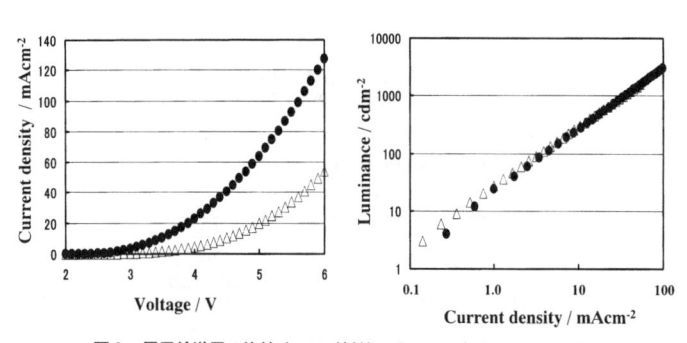

図3　電子輸送層の比較（L-J-V特性）　●：ET4素子，△：Alq₃素子

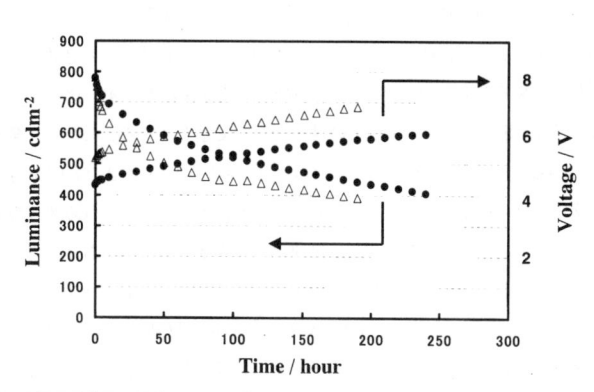

図4　電子輸送層の比較（連続駆動寿命試験，85℃）　●：ET4素子，△：Alq₃素子

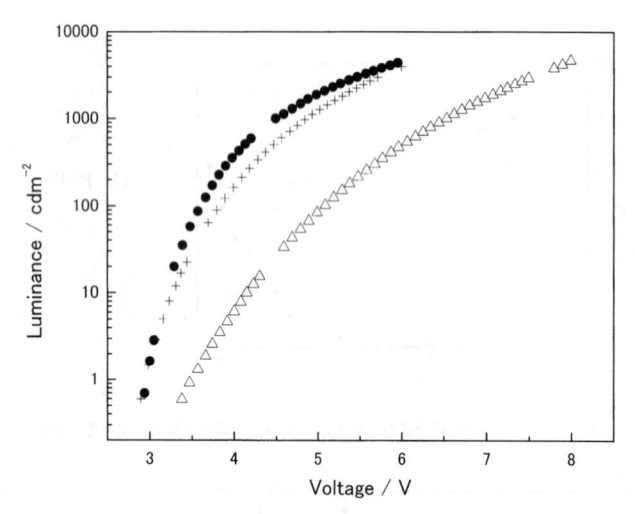

図5 青色素子における電子輸送層の比較
＋：ETS1素子，●：ET4素子，△：Alq$_3$素子

表1 素子特性の比較（100cdm^{-2}時）
素子構成：HI/HT/EM/ET

ET	電圧 V	電流密度 mA/cm^2	色度座標 (x, y)
ETS1	3.8	1.6	0.15, 0.20
ET4	3.6	1.4	0.15, 0.22
Alq3	5.1	2.2	0.16, 0.25

発光層に用いられる全ての材料との組み合わせの中で，必ずしも同じにはならない。素子の電荷バランス，発光機構あるいは再結合サイトなどを考慮に入れて最適化する必要がある。

図5に電子輸送材料ETS1を用いた青色素子の輝度－電圧特性を示す。比較として，電子輸送層にAlq$_3$および前述のET4を用いた素子の特性を合わせて示している。ただし，発光材料は同じものを使用しているが，素子構成は同じではない。図から，ETS1およびET4を用いた素子が，Alq$_3$を用いた素子よりも低電圧で発光していることがわかる。また，これら3つの素子では，同じ発光材料を使用しているにも関わらず，色度座標の値が多少異なっており，再結合サイトが動いている可能性を示唆している。輝度100cd/m^{2}における特性を表1にまとめた。

次に，前述のETS1を用いた素子とAlq$_3$を用いた素子の連続駆動寿命測定の結果を図6に示す。約80％までの輝度減衰においては，2つの素子とも，ほぼ同じ寿命を持っていることがわかる。材料の変更に伴い，素子構成を最適化させることで，より良いパフォーマンスを引き出すことが

第5章　電荷輸送材料

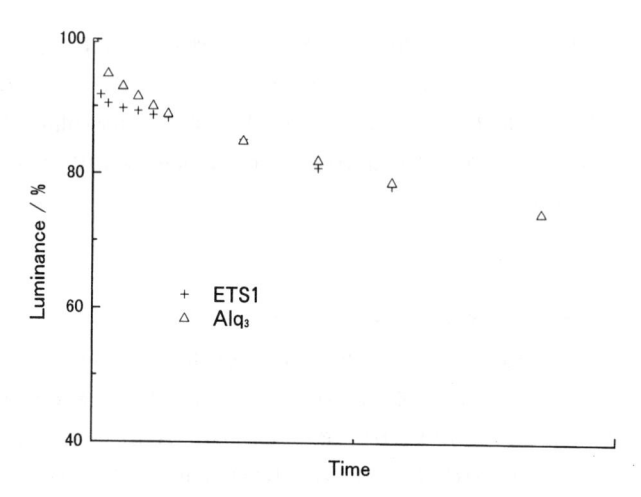

図6　青色素子における電子輸送層の比較
＋：ETS1素子，△：Alq$_3$素子

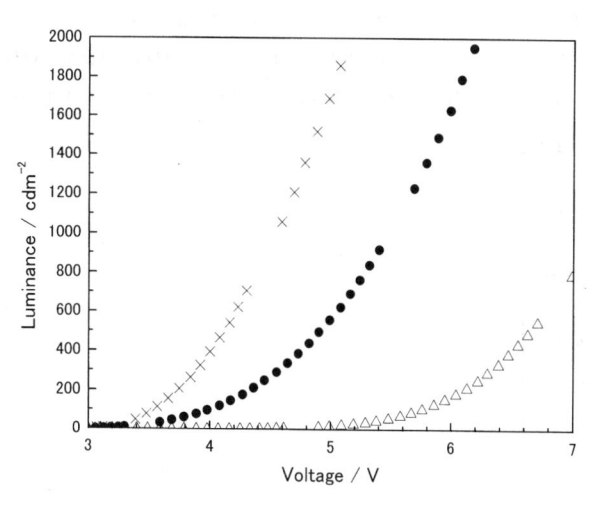

図7　青色素子における電子輸送層の比較
×：ETS2素子，●：ET4素子，△：Alq$_3$素子

可能である。

　図7に電子輸送材料ETS2を用いた青色素子の輝度－電圧特性を示す。比較として，電子輸送層にAlq$_3$および前述のET4を用いた素子の特性を合わせて示している。図から明らかなように，ETS2を用いた素子は，Alq$_3$はもちろんのこと，ET4を用いた素子よりも低い電圧で素子を駆動させることができる。たとえば，500cd/m^{2}の輝度を出すための電圧は約4.1Vであり，ET4を用いた素子に比べて0.8V低い。

3.4　おわりに

　最近の有機－無機界面の研究から，陰極との接合障壁は低下できるところまで下がっていると思われる[5]。つまり，これ以上の低電圧化のためには，単純に電子輸送材料を置き換えるだけでは，限界が見え始めていることがわかる。1つのアプローチとしては，他の有機層およびそれに使われる材料を最適化していく方法を合わせて考えることがあげられる。一例として，当社で開発されたノンドープ型の発光材料と前述の電子輸送材料ET4を用いた青色（0.146, 0.176）素子の特性を図8に示す。500cd/m^{2}の輝度を出す電圧が，わずか4.2V程度でよいことがわかる。発光材料自身もまた，低電圧化に寄与し，他の有機層におけるより良い材料の開発も必要であることがわかる。

　今後の開発において視野に入れなければならない点は，3.2項でも述べたように，発光材料に燐光材料が使われ始めたことである。最近の報告によれば，青色材料以外は蛍光材料に匹敵する寿命が出ており，電子輸送材料に望まれる特性も，より高度化していくものと思われる。

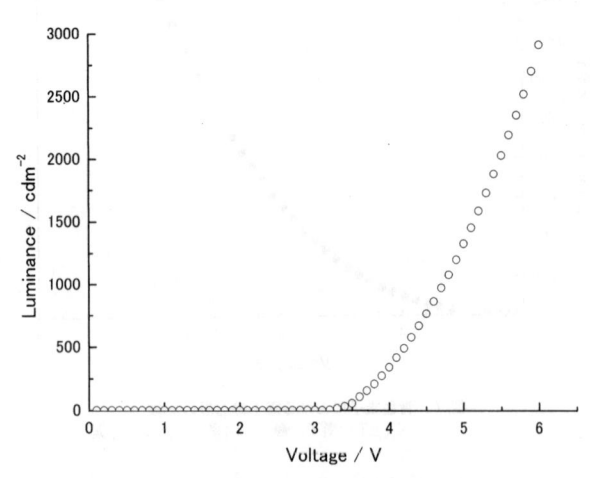

図8　青色素子の輝度－電圧特性

第5章 電荷輸送材料

文　　献

1) Wakimoto T., Fukuda Y., Nagayama K., Yokoi A., Nakada H. and Tsuchida M., *IEEE Trans.Electron Devices*, **44**, p.1245(1997)
2) a) Tonzola C.J., Alam M.M., Kaminsky W. and Jenekhe S.A., *J. Am. Chem. Soc.*, **125**, p.13548 (2003), b) Fukuoka K., Matsuura M., Funahashi M., Yamamoto H. and Hosokawa C., *J. Photopoly. Sci. Tech.*, **16**, p.299(2003), c) Uchida M., Izumizawa T., Nakano T., Yamaguchi S., Tamao K. and Furukawa K., *Chem. Mater.*, **13**, p.2680 (2001)
3) a) Baldo M. A., Lamansky S., Burrows P. E., Thompson M. E. and Forrest S. R., *Appl. Phys. Lett.*, **75**, p.4(1999), b) 川見伸, 月刊ディスプレイ, **7**, No.9, p.20 (2001)
4) Yamaguchi S. and Tamao K., *Bull. Chem. Soc. Jpn.*, **69**, p.2327 (1996)
5) Palilis L. C., Uchida M. and Kafafi Z. H., *IEEE J. Selected Topics in Quantum Electronics*, **9**, XXXX (2004)

第6章　発光材料

1　低分子発光材料の現状

細川地潮[*]

1.1　はじめに

　有機エレクトロルミネッセンスディスプレイは，薄型軽量，高効率の上，広い視野角，高速応答の特徴を保有するゆえに表示品質が高く，次世代のディスプレイとして認められてきた。携帯電話向けのみならず，PDA用，テレビ用，車載表示など様々な市場を目指し，盛んに研究開発が行われている。さらに2003年よりいよいよフルカラーディスプレイの量産が開始された。

　これらの動きに呼応して材料開発も急ピッチで進行してきた。有機EL材料は，長寿命，高効率化がこの数年で大きく進展してきたが，現在では，エリアカラーばかりでなくフルカラーの実現に十分な性能に到達したといってよい段階である。最近では，さらに高効率化を目指したりん光型が登場してきている。ここでは，低分子有機EL材料の現状について概観した後，出光興産での開発現状について述べたい。

1.2　低分子有機EL材料の到達点

　最初に低分子型の有機EL[1)]について簡単に説明する。有機EL素子は，図1に示すような断面の構成が一般的である（なお，図1は青色発光素子のもの）。陰極と陽極の間に正孔注入層，正孔輸送層，発光層，電子輸送層などの有機層を積層した構成である。それぞれの膜厚は10～60 nm程度の超薄膜であり，全体でも0.2～0.3μmの膜厚しかない。2～10V程度の低電圧を印加

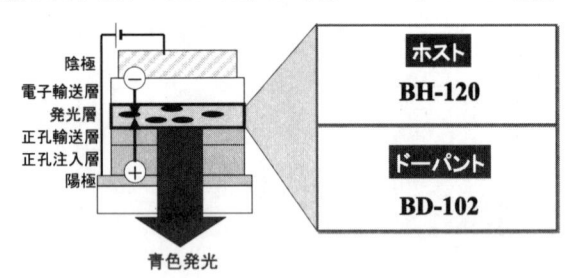

図1　EL素子構成

---

　[*]　Chishio Hosokawa　出光興産㈱　電子材料室　EL開発センター　所長

第6章　発光材料

表1　発光材料の性能

発光色	研究機関	方式	効率 (cd/A)	初期輝度 (nit)	寿命 (hr)	色度座標X	色度座標Y	発表場所
純青	パイオニア	蛍光	3.9	100	1万	0.143	0.118	
	出光	蛍光	6.0	1000	7千	0.15	0.15	FPD03
青	出光	蛍光	12	1000	2万	0.174	0.30	FPD03
	UDC	りん光	9	───	───	0.14	0.23	IDW02
	UDC	りん光	30	───	───	0.16	0.38	IDW02
緑	パイオニア	蛍光	16	300	1万	0.282	0.672	
	九大／パイオニア	りん光	59	500	数百	0.30	0.635	
	パイオニア	りん光	25	818	3300	0.303	0.629	
	出光	蛍光	19	1000	26000	0.32	0.62	FPD03
	UDC	りん光	28	1000	14000	0.31	0.64	FPD03
黄	出光	蛍光	11	1000	3万	0.459	0.518	FPD03
橙	出光	蛍光	13	1000	3万	0.56	0.43	FPD03
赤	UDC	りん光	28	───	───	0.60	0.40	CIF03
	出光	蛍光	4.2〜5.9	1000	1万	0.63	0.37	IDW02
	パイオニア	りん光	3.2	135	3万	0.66	0.32	
	キヤノン	りん光	7.8	800	>3000	0.68	0.33	SID01
	UDC	りん光	14	600	13000	0.65	0.35	FPD03
白	TDK	蛍光	───	500	1万	0.32	0.35	
	松下電工／山形大	蛍光	10	───	───	0.30	0.38	IDW01
	COVION	蛍光	〜7	───	───	0.34	0.40	
	出光	蛍光	12	1000	2万	0.31	0.34	FPD03

すると，発光層が高輝度で発光する。原理的には発光ダイオードと同じであり，陽極より注入された正孔が正孔注入層，輸送層を通り発光層内に運ばれる。一方，電子は陰極より電子輸送層から発光層に運ばれ，電子と正孔は発光層で結合し，発光に至る。発光層は，ホスト材料にドーパントが添加され形成されるのが通常であり，ホスト材料は，電荷輸送や再結合の機能を保有する一方，ドーパントは発光の機能を保有するように機能分離をしている。

有機ELでは，その材料により素子の発光色，寿命，効率などの性能が決まると考えられ，この十数年間，実用化を目指した開発がなされてきた。表1に現状の到達値を示す。

表中，FPDはFPDインターナショナル，CIFは千歳科学技術フォーラム，IDWはInternational Display Workshop，SIDはSociety for Information Displayの略である。

フルカラーに用いられる青色，赤色材料は，この数年間，高性能化が急速に進展した。数年前には純青の領域の発光は，実用寿命の達成が困難と考えられていた。表1に示されるように現在では，初期1000nitにて半減寿命1万時間近くが可能になっている。赤色では開発競争の結果，初期600nitにて半減寿命1万時間以上の材料が登場した。赤色は従来，低効率が問題とされてい

たが，りん光方式の採用で14cd／Aが実現しており，実用性能レベルに到達している。実際に，2003年秋に東北パイオニア社より携帯サブディスプレイでの実用化がアナウンスされた。さらに高い色純度も赤色りん光で可能になっている。このように小・中型ディスプレイ用として，赤および青色材料は，寿命，効率とも十分な性能に到達していると思われる。また先頃，初期1000nitにて半減寿命2万6千時間の緑色発光材料が発表された。これまで緑色材料では，効率面では合格であるが，赤，青とのバランスを考慮すれば輝度をもっと高くする必要があり，寿命が足りないとの要望がでてきていた。しかしながら，これで解決の方向に向かったと思われ，小・中型ディスプレイ用途においては，RGBの3色とも実用化段階である。

高効率化の面で注目されているのが，りん光方式[2,3]である。ここでは，詳細には触れないが，原理上，蛍光方式の3～4倍の効率を達成可能である。緑色では，素子構成を改良した結果，FPD03にて効率28cd／A，初期1000nitにて半減寿命1万4千時間が達成されたとの報告がプリンストン大学，ユニバーサルディスプレイ（UDC）社よりあった。また寿命の面では改良の余地があると思われるが，電子注入層側の改良により50cd／A以上の極めて高い効率が複数の研究機関より報告されている。赤色に関してもUDC社より色度座標（0.65，0.34）において効率14cd／A，初期600nitにて半減寿命1万3千時間が報告された。またIDW03にてCOVION社より色度座標（0.69，0.31）という純赤領域で8cd／Aの高効率と初期800nit，連続駆動2千時間で10％の輝度減少という優れた寿命の結果が報告された。蛍光法が4～6cd／Aであるのに対して，2倍以上の効率が達成され同時に長寿命が実現されてきており，りん光は急速な進歩を遂げている。既に高効率な面に注目し緑，赤をりん光で，寿命を考慮して青を蛍光にて構成したディスプレイが，三星SDI社とUDC社より共同で報告されている[3]。大型を目指すには蛍光方式では，赤，緑色の効率が十分でないという意見があり，りん光方式では，さらに高効率かつ長寿命を目指した開発が実施され，りん光，蛍光のハイブリッド型ディスプレイの開発が加速化すると予想される。

一方，蛍光方式では，さらなる長寿命化に進展があった。私達のこれまで得た結果では，青，緑，黄，橙，白色において初期1000nit寿命2万～3万時間が達成できている（後ほど詳述）。純青と緑においても現状のりん光方式では得難い寿命を実現している。商品化には材料の長寿命が必須とされている関係上，この2，3年は青と緑においては蛍光材料により実用化が進行すると考えられる。

白色に関しては，これまではエリアカラーディスプレイ用として開発されてきた。懸念されていた駆動中の色変化は，これがないもので初期1000nit寿命2万時間以上の材料が報告された。また三洋電機より15cd／Aの高効率の白色とカラーフィルタを組み合わせたフルカラーディスプレイが2002年の業界ショーで発表された[4]。出光からも白色と色変換を組み合わせたフルカラー

第6章 発光材料

ディスプレイが公表されている[5]。これらは大型基板での製造や高精細ディスプレイを目標としており、赤緑青の3色を塗りわける方法では実現が難しい領域を目指している。このような背景でフルカラーディスプレイ用の白色材料の開発は、今後、加速化すると予想される。

1.3 出光での開発の現状

出光興産は、1985年より低分子系有機EL材料の開発に着手し、青色発光材料として有望なスチリル誘導体を見出した。その後、青色発光材料の開発に注力し発光材料の改良だけでなく、陰極改良など素子の高性能化技術の開発にも取り組んだ結果、1997年にスチリル系の青色材料を用いて、世界で初めて寿命が1万時間を超える実用性能を有する青色EL素子[6]の開発に成功した。1999年にはエリアカラー用材料としてこの青色発光材料が採用されるに至った。

その後、青色発光材料のさらなる高性能化、青色以外の発光材料の性能向上を図るため、正孔注入輸送材料及び各種ドーパントの開発に着手した。2001年にはフルカラー用の青色発光材料を開発、2002年にはフルカラー用赤色発光材料とともに長寿命の白色材料の開発に成功している。

さらに、2003年にはフルカラー用の新しい青色発光材料と緑色ドーパントの開発に成功し、大幅な長寿命化と高効率化を実現できた（表1参照）。 以下、現在、出光が開発した有機EL材料の性能を紹介する。

青色発光素子構成は既に図1に示した通りである。陽極の上に正孔注入層、正孔輸送層、発光層、電子輸送層、陰極を積層した構成となっている。発光層は、ホスト材料とドーパント材料から成る。1997年の段階では、ホストとして「BH-120」とドーパントとして「BD-102」を用いており、発光効率が6lm/W、輝度半減寿命は初期100cd/m^{2}で換算して2万時間であった。

1.3.1 正孔材の改良

我々は青色素子の性能向上をめざし、発光材料の改良だけでなく周辺材料の改良にも取り組んだ。特に、新しい正孔材料の開発により、EL素子の長寿命化、耐熱性の向上という大きな効果がみられた。以下、出光興産が開発した正孔注入材料HI-406[7]、正孔輸送材料HT-320の性能を紹介する。いずれの正孔材料も、ガラス転移温度が135℃と高いこと、可視領域で透明であること、正孔移動度が高いこと、アモルファス性であるという優れた特徴を有している。特に、HI-406はアモルファス性が高いため基板に起因する素子の欠陥回避に有効であることがわかっている。

まず、寿命であるが、この正孔材の改良により同じ発光材料（BH120:BD-102）を用いた素子において、3倍以上の長寿命化を達成することができた。実際、室温駆動にて、初期輝度1000cd/m^{2}半減寿命4500時間であった[8]。

また、耐熱性に関しても、大幅な性能向上が実現できた。実際、図2に示すように、105℃に

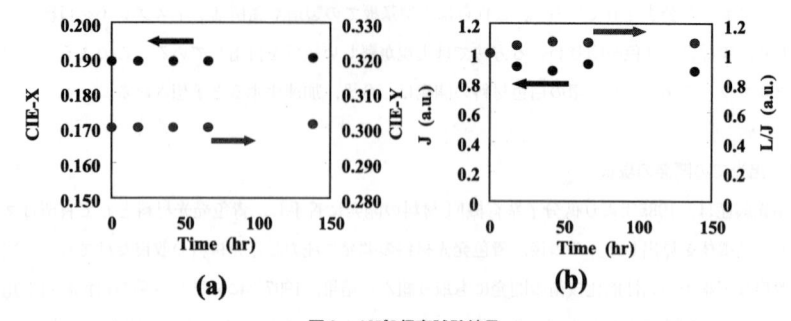

図2 105℃保存試験結果
(a)色度の変化 (b)電流注入性と効率L/Jの変化

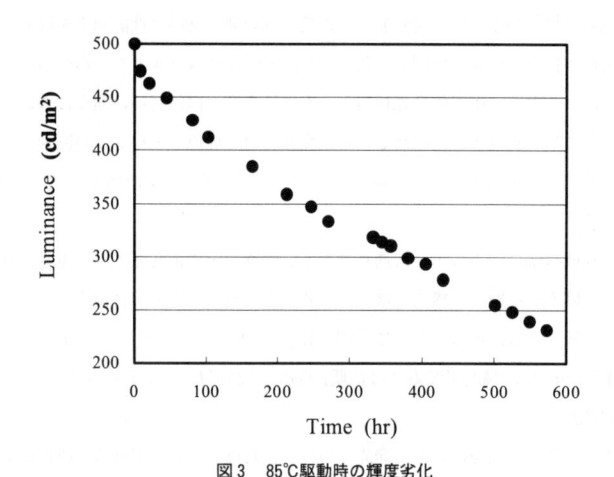

図3 85℃駆動時の輝度劣化

100時間以上保持しても，色変化，効率変化のないことが確認できた。また，85℃駆動では，初期輝度500cd/m²で半減寿命500時間以上を実現した。図3に85℃駆動試験の結果を示す。

1.3.2 青色ホスト材料の改良

青ホスト材料の改良による性能向上に関して，ドーパントにBD-102を使用した場合の結果を表2にまとめた。

青色ホスト材料をBH-120から次世代材料「BH-140」に変更すると，初期性能は，輝度の電流効率が12.4cd/A，電力変換効率5.8lm/W，外部量子収率6.3%，色度は（0.165, 0.300）であった。このように，ホスト材料のBH-120からBH-140への変更により，効率が約20%向上した。一方，BH-140を用いた場合の寿命は，初期輝度1000cd/m²で8600時間となっており，BH-120と

第6章 発光材料

表2 エリアカラー用青色発光材料の性能
（ドーパントは，BD102を使用）

ホスト	色度	効率	半減寿命@$L_0=1000cd/m^2$
BH-120	(0.17, 0.33)	10cd/A	4,500hr
BH-140	(0.17, 0.30)	12cd/A	8,600hr
NBH	(0.17, 0.30)	12cd/A	21,000hr

表3 フルカラー用青色発光材料の性能
（ドーパントは，BD52を使用）

ホスト	色度	効率	半減寿命@$L_0=1000cd/m^2$
BH-120	(0.16, 0.17)	5.4cd/A	1,100hr
BH-140	(0.15, 0.15)	5.9cd/A	1,900hr
NBH	(0.15, 0.15)	5.9cd/A	7,000hr

比較するとほぼ2倍の長寿命化が達成できた。

さらに，青色ホスト材料BH-140の分子構造を徹底的に見直すことにより，さらに長寿命な新しい青色ホスト材料（以下，NBHと省略）の開発に成功した。BH-140から新しい青色ホスト材料NBHに変更することにより，初期輝度1000cd/m²半減寿命2万1000時間となり2倍以上の長寿命化を達成することができた。

1.3.3 フルカラー用純青材料

フルカラーディスプレイを実現するためには，ドーパントBD-102の色度では不十分であり，より短波長のドーパントが必要となる。ドーパントの構造を改良した結果，純青ドーパントとして「BD-052」を見出した。BD-052を用いた場合の青色ELの性能を表3にまとめた。

このドーパントはホストがBH-120の時代に開発されたものである。BH-120を用いた場合，(0.156, 0.165) という色度で，輝度の電流効率が5.39cd/A，初期輝度1000cd/m²で半減寿命は1100時間であった。

ホスト材料をBH-120からBH-140に変更することにより，高効率化，長寿命化を達成できる。具体的には，色度が（0.15, 0.15）で，輝度の電流効率は5.86cd/A，初期輝度1000cd/m²での半減寿命1900時間となり，2倍弱の長寿命化を実現している。

さらに，新青色ホスト材料NBHの場合には，1900時間だった半減寿命がさらに7000時間となり，BH-140の寿命に対して3倍以上の長寿命化を達成できた。

このフルカラー用青色材料の長寿命化の実現により，材料性能では中小型テレビが実現できるレベルに到達したと考えている。

1.4 青色以外の発光材料の開発

次に、青色以外の各色の発光材料の開発状況について紹介する。

この開発の考え方のポイントは、非常に長寿命で高効率な青色ホスト材料と新しいドーパント材料を組み合わせて、青色以外の色で高効率、長寿命の有機EL素子を実現するというコンセプトである。ドーパント材料としては、上述の純青以外に、緑色、黄色、赤色ドーパントを開発した[9]。

1.4.1 緑 色

2003年に緑色材料に関して極めて大きな進展があったので紹介する。

青色材料の寿命が大幅に改良されてきたことに伴い、従来使用されてきたAlqをホストとした緑色材料の寿命がフルカラー用としてみた場合には不足するという問題が顕在化してきた。また、Alqはホールが入ると劣化すると言われており、Alqをホストとして用いる限りこれ以上の長寿命化は困難であると考えられる。

そこで、我々の開発した長寿命青色ホスト材料を使用した緑色ELを実現するという考え方の下で、緑色ドーパントの開発に取り組んだ。このような考え方で開発を進めた結果、我々はフルカラー用の新しい緑色ドーパント材料の開発に成功し、青色ホストとの組合わせで、従来品緑色を大きく上回る高効率、長寿命を達成することができた。青色ホストとしてBH-140を使用した場合には、輝度の電流効率は19cd/A、半減寿命は、初期輝度1000cd/m^2で2万6000時間、色度が（0.32, 0.62）であった。Alq:クマリンによる緑色と性能を比較すると、当社評価比で、効率は1.6倍以上、寿命に関しては5倍以上という大幅な改良を達成することができた。

1.4.2 赤 色

赤色材料は、ホスト材料から赤ドーパントへはエネルギー移動効率が小さい、すなわち発光効率が低いという大きな問題がある。また、ドーパントを高濃度に添加すると消光し、かえって発光効率が低くなる。また、ドーパントが電荷の移動トラップとなり、駆動電圧が高くなるという問題もあった。

そこで、蛍光の量子効率の高い縮合芳香環系の化合物を活用し、立体的にかさ高い置換基を利用して濃度消光を抑制するという考えで開発を進めた結果、高濃度添加が可能な新しい赤色ドーパント「RD-001」を見いだした。なお、この赤色ドーパント「RD-001」は㈶石油産業活性化センターの技術開発事業の中で開発されたものである。

このドーパントは、高濃度ドープ時にドーパント間の電荷輸送が可能となり、従来の赤色材料Alq：DCMと比べると、大幅な低電圧化を実現できた。実際、輝度100cd/m^2の時の駆動電圧はAlq:DCMの場合7‐8Vであるのに対して、Alq:RD-001では4Vであった。なお、この時の色度は（0.64, 0.36）であり、ホスト材料Alqに対してRD-001の濃度は21wt%と濃度の高い条件下

で実現できた。また，輝度100cd/m²の場合の効率は，電流効率が3.0cd/A，発光効率が2.1lm/Wとなる。半減寿命は，初期輝度が500cd/m²で1万時間以上を達成している。

1.4.3 橙色

ドーパントRD-001を用いて，ホスト材料をAlqから青色ホスト材料に変更することにより，橙色の発光を得ることができる。すなわち，この赤色ドーパントは青色ホストからもエネルギー移動が可能になっている。

ホスト材料がBH-120の場合，色度は（0.56, 0.43），輝度の電流効率が11cd/A，発光効率5.2lm/W，初期輝度1000cd/m²の時の半減寿命は1万9000時間であった。ホストをBH-140に変えることにより，電流効率は13cd/Aとなり，効率が向上した。寿命も3万4000時間となり，大幅な長寿命化を達成した。

1.4.4 混合ホスト

次に，赤色性能をさらに向上させるために，混合ホストを検討したので紹介する[10]。

RD-001に関して1.4.2, 1.4.3項で述べたように，ホストがAlqの場合，高効率な赤色EL素子が，一方青色ホスト材料の場合には，非常に長寿命な橙色EL素子が実現できている。そこで，Alqと青色ホスト材料を混ぜた混合ホスト系を作り，これに赤色ドーパントをドーピングすると，高効率かつ長寿命な赤色EL素子が実現できるのではないかと考えた。ここでは，混合比がAlq:BH-140=2.7:1の場合の結果を表4にまとめる。

まず，色度に関しては，ホストがAlq単独の場合の色度（0.64, 0.36）とほとんど同じ（0.63, 0.37）の赤色素子が実現できている。一方，効率は青ホストの混合により向上した。実際，ドーピング濃度が約20wt%の性能を比較すると，ホスト材料がAlq単独の場合は3.5cd/Aだった電流効率が，青色ホスト材料を混ぜた場合には5.2cd/Aまで上がっている。さらに，この青色ホストを混合することで大幅に長寿命化する効果があることもわかった。図4に一例を示すが，初期輝度1000cd/m²でドーピング濃度が7wt%の場合，1万時間を経過しても初期の70%の輝度を確保している。

以上の結果より，Alqに青色ホスト材料を混ぜることで，色度を大きく変えることなく，高効率化，長寿命化できることがわかった。

1.4.5 黄色

青色ホストと黄色ドーパントYD-103の組合せで，極めて長寿命な黄色ELを得ることができる。青色ホストが，BH-120，BH-140の場合に，初期輝度1000cd/m²での半減寿命はそれぞれ1万6000時間，3万2000時間以上であった。

表4 混合ホストの初期性能

*電流密度1 mA/cm²

ホスト	ドーパント濃度 （wt%）	輝度 （cd/m²）	電圧 （V）	電流効率 （cd/A）	発光効率 （lm/W）	CIE (x, y)
Alq:BH140	7	59	5.6	5.9	3.3	(0.63, 0.37)
Alq:BH140	24	52	4.4	5.2	3.7	(0.63, 0.37)
Alq:BH140	39	42	3.2	4.2	4.2	(0.63, 0.37)
Alq	21	35	3.6	3.5	3.1	(0.64, 0.36)
BH140	2.7	231	5.0	11	6.9	(0.56, 0.43)
—	100	23	2.6	2.3	2.8	(0.60, 0.40)

*Alq:BH140=2.7:1

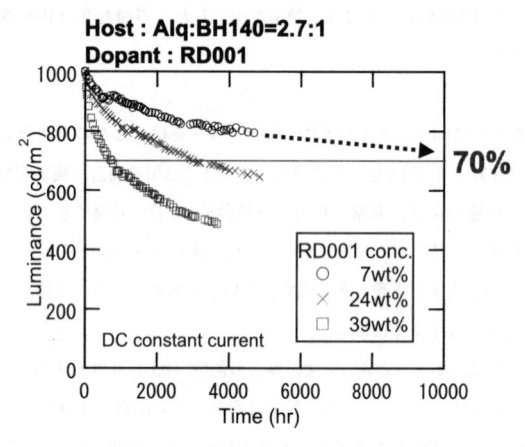

図4 混合ホストの寿命

1.5 白色発光材料

これまでに開発した青色発光層と橙色発光層を積層することにより，実用性能を有する白色ELを開発した。ポイントは，いずれの発光層も長寿命・高効率な青色ホスト材料を使用していることである。さらに素子構成を最適化することにより，長寿命かつ従来の白色素子で大きな問題であった駆動時の色変化がほとんどない白色を実現した。

白色の発光スペクトルを図5に示す。青色がBH-140とBD-102，橙色はBH-140とRD-001の二つの発光スペクトルから成っている。

図6は，寿命測定時の輝度減衰をプロットしたものである。白色に関してもホストの依存性が大きく，BH-120からBH-140に変えることにより長寿命化した。BH-140の場合に初期輝度1000 cd/m²に換算すると，半減寿命は11000時間に相当し，非常に長い寿命が実現できている。なお，この時の色度は（0.30, 0.34），電流効率は12cd/Aであった。

図5　白色ELスペクトル

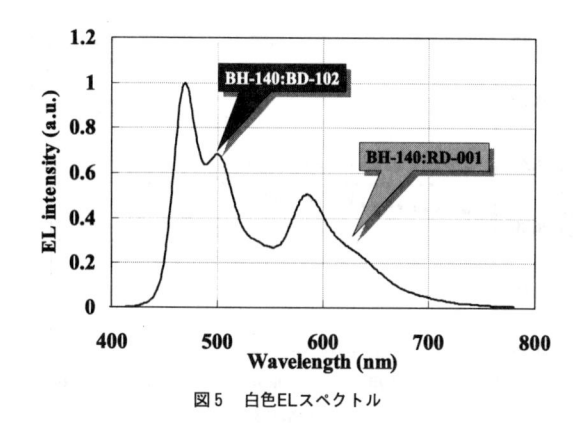

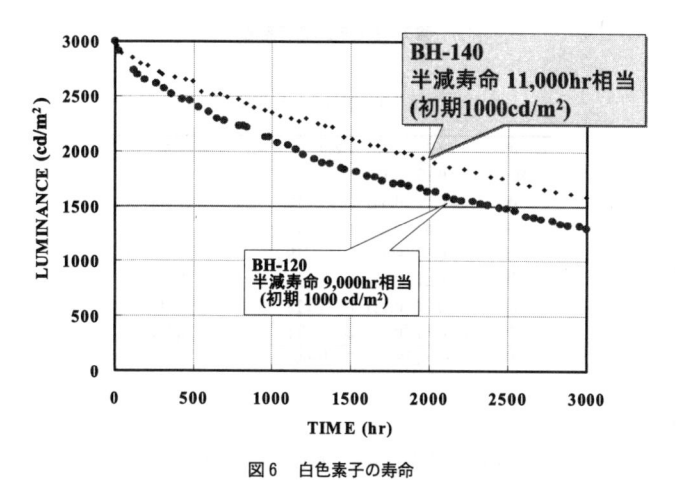

図6　白色素子の寿命

　駆動時の色変化に関して，特に測定初期の部分を拡大したデータを図7に示した。なお，ホスト材料にBH-120を使っている場合は初期に少し色変化があるが，ホストをBH-140に変えることにより，駆動中の色変化がCIEx, yともに0.01以下とほとんどない白色素子が実現した。
　この白色をさらに長寿命化するために，前述の青色の新ホスト材料NBHを用いた白色を検討した。新しい青色ホスト材料NBHを採用することにより，半減寿命は2万3000時間とBH-140を用いた白色の寿命に対して，2倍以上の長寿命化を達成できた。

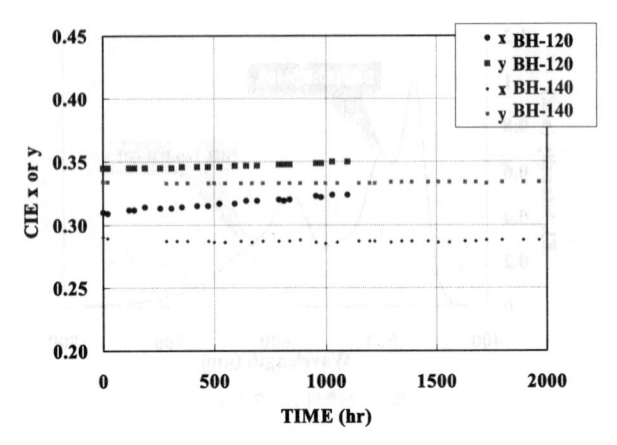

図7　白色ELの色度変化

表5　各色発光材料の性能

色	CIE (X, Y)	効率 (cd/A)	半減寿命 (hrs)
純青	(0.15, 0.15)	5.9	7,000
青	(0.17, 0.30)	12	21,000
白	(0.30, 0.34)	12	23,000
緑	(0.32, 0.62)	19	26,000
黄	(0.51, 0.48)	11	32,000
橙	(0.57, 0.42)	13	34,000
赤	(0.64, 0.36)	3.2	5,000

＊効率は10mA/cm^2の値　初期輝度：1000cd/m^2

1.6　おわりに

　表5に，これまでに出光が開発した各色の発光材料の性能をまとめる。

　青色発光材料に関しては，新しい青色ホスト材料を見いだし，純青，青ともに大幅な長寿命化を達成した。また，緑色については，新たに高効率，長寿命の緑色ドーパントの開発に成功し，長寿命の青色ホストBH-140との組み合わせで，輝度半減寿命2万6000時間を達成した。

　赤色材料に関しては，高濃度の添加により，低電圧化する赤色のELが実現できている。

　また，Alqと青色ホストから成る混合ホストを使うことにより，赤色EL素子の高効率化，長寿命化を実現できた。

　白色に関しては，青色のドーパントと赤色のドーパントを組み合わせた積層型構成で，色ずれのない高効率，長寿命の白色EL素子を実現した。特に，新青色ホスト材料を用いることにより，初期輝度1000cd/m^2の半減寿命は2万時間を超えた。

第6章 発光材料

なお，緑，黄，橙色については，ホスト材料にBH-140を使った場合の寿命であり，今回新しく見いだした青色ホストと組み合わせることにより，さらに長寿命化する可能性があると考えている。以上のように，低分子型有機EL材料は急速に大幅な性能改善がなされており，中・小型のディスプレイが狙える実用性能に到達した。

文　献

1) C.W.Tang, and S.A.VanSlyke, *Appl. Phys. Lett.* **51**, 913 (1987)
2) M.A.Baldo, S.Lamanansky, P.E.Burrows, M.E.Thompson, S.R.Forrest, *Appl. Phys. Lett.* **75**, 4(1999)
3) S. H. Ju, S. H. Yu, J.H.Kwon, H.D. Kim,,B.H.Kim, S.C. Kim, H.K.Chung, , M.S. Weaver, M.H.Lu, R.C. Kwong, M.Hack, and J.J.Brown, SID 02 Digest, p522 (2002)
4) 2002年CEATEK三洋電機出展品
5) LCD/PDP International 2002 出光出展品
6) C. Hosokawa, M. Eida, M. Matsuura, K. Fukuoka, H. Nakamura and T. Kusumoto, *Synth. Met.* **91**, 3 (1997)
7) C. Hosokawa, M. Eida, K. Fukuoka, H. Tokailin, H. Kawamura, T. Sakai and T. Kusumoto, *Display and Imaging*, 8 suppl. 33 (1999)
8) T.Sakai, C.Hosokawa, K.Fukuoka, H.Tokailin, Y.Hironaka, H.Ikeda, M.Funahashi, and T.Kusumoto, *J.SID*, **10**, 145 (2002)
9) T. Iwakuma, T. Aragane, Y. Hironaka, K. Fukuoka, H. Ikeda, M. Funahashi, C. Hosokawa and T. Kusumoto, SID 02 Digest, p.598 (2002)
10) T. Arakane, K. Fukuoka, T. Iwakuma, H. Ikeda, M. Funahashi, C. Hosokawa and T. Kusumoto, Proc. of IDW'02, 1131 (2002)

2 蛍光ドーパント

皐月 真[*1], 菅 貞治[*2]

2.1 はじめに

19世紀半ばに合成色素が初めて世に現れて以来、色素はさまざまな分野で応用されてきた。そして現在では、写真や印刷技術、エレクトロニクス、医療技術そしてエネルギー関連技術等の急速な発展と結びつき、多様で有用な機能を導き出すニューフロンティア材料として無限の可能性を示している。

それら色素の中でクマリン色素は、蛍光色素として注目され色々な応用が図られてきた。身近なところでは洗濯用蛍光増白剤から各種増感色素、セキュリティー分野、そして色素レーザ用色素や色素増感太陽電池まで、多くの分野で検討・応用されてきた。我々も色素レーザ分野では、クマリンの高い蛍光量子収率に着目し、約20年前(旧・日本感光色素研究所時代)、九州大学の前田教授らと共同で色素レーザ用色素の開発に携わった[1,2]。さらに最近では(独)産業技術総合研究所と共同で色素増感太陽電池用への展開を計り、7.7%という有機色素での世界最高の変換効率[3]を達成した。そのような中、我々はクマリンの蛍光色素としての高い蛍光量子収率などの特性に注目し、有機EL用ドーパントとしての開発を続けてきた。今回はクマリンの蛍光色素としての応用の一つである有機EL用ドーパントについて緑色を中心に、また赤と青については簡単に状況を述べる。

2.2 ドーパントとしてのクマリン色素の開発

ドーパントは有機EL素子において、ホスト中に1%内外ドーピングする(図1)ことでその発光色や寿命、効率などEL素子の諸特性を左右する重要な因子である。ドーパントとして検討されてきた蛍光色素は多くあるが、我々は高い量子収率を持つことや官能基修飾の容易さからクマリンをドーパントとして開発を続けてきた。クマリンでは、各種官能基を適宜導入することで同じクマリン骨格を持ちながら、その最大蛍光波長(EL素子の発光波長とほぼ等しい)を青の450nmから赤の650nm付近まで拡大する(図2)事が可能になる。

2.2.1 緑色ドーパント

クマリン色素の中でよく知られているのはクマリン6である。我々はクマリン6に対して特性の向上を計ることを考え、そのN-アルキル基をテトラメチルジュロリジン(TMJ)に換装したNKX-1595を設計・合成[4]した(図3)。そして我々はこのNKX-1595をクマリン色素の基本と

---

* 1 Makoto Satsuki (㈱)林原生物化学研究所 粧薬・化学品センター 主事
* 2 Sadaharu Suga (元)林原生物化学研究所 研究部

第6章　発光材料

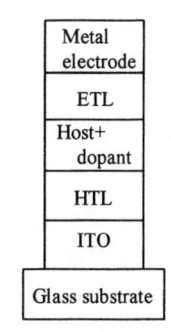

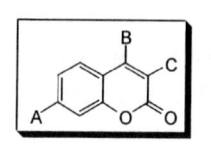

図1　基本的素子構造

図2　クマリンの基本骨格とその蛍光波長

図3　クマリン6とNKX-1595

図4　色素の改良スキーム

表1　各色素の基本物性

Dye-No.	λ max (nm)	Fmax (nm)	m.p. (℃)
coumarin 6	464	497	208
NKX-1595	479	508	229
HFG-02	487	514	326
HFG-03	490	516	280
HFG-04	450	515	230
HFG-06	442	508	375
NKX-2210	494	521	317
NKX-2450	491	518	242
NKX-2755	452	515	242

して，各種特性向上を目指した開発[5]を行っている(図4)。さらに最近，新規な緑色ドーパントとしてHFG-06を開発した。この色素もクマリン骨格を基本としているが，図4中のNKX-1595からの流れとは異なる，別の検討から見出された色素である。これら色素の基本物性は，表1にならべ一覧にした。ここでλmaxは吸収極大波長，Fmaxは蛍光極大波長であり，ともにジクロロメタン溶媒中で測定したデータである。

これら色素はNKX-1595に対して，a)では共役系の拡張を行い，b)では4位に置換基を，そしてc)では嵩高い置換基を導入して色素の会合を防ぐ構造にした。それらの結果，基本的には共役系が拡張されるに従い最大吸収・蛍光波長は長波長化する。一方，b)は前のグループに比べ吸収波長は短波長化するものの，蛍光波長は同様の位置に出てくる。熱特性も共役系の拡張（結果的に分子が大きくなる）に従い良くなる傾向が見える。これらの中でもHFG-06は他の色素に比べ，融点(mp)や分解点の測定値から熱安定性に優れた色素と予想される。この熱安定性は，実駆動時の発熱や車載時，特に夏場の車内温を考えると大きなアドバンテージであると言える。

次にこれら色素をドーパントとして使用した有機EL素子を作製し，素子特性を測定した。比較物質としてはジメチルキナクリドン（DMQd）を用いた。作製した素子構造は図5に，それらELスペクトルは図6に，また素子の初期特性（11mA/m^{2}測定時）は表2に示した。

表2からすべてのクマリンドーパントは，比較物質であるDMQdより高い輝度や量子効率を示したことが解る。これはもともとDMQdが顔料に分類される物質であり，高い凝集性を示す物質であるため濃度消光を起こし，発光効率の低下を起こしたためと考えられる。このことは，比較的濃度消光を起こしにくいクマリンにさらに色素同士の会合を阻害する構造にするため，特にかさ高い置換基を導入したNKX-2450が最も良い特性を示していること

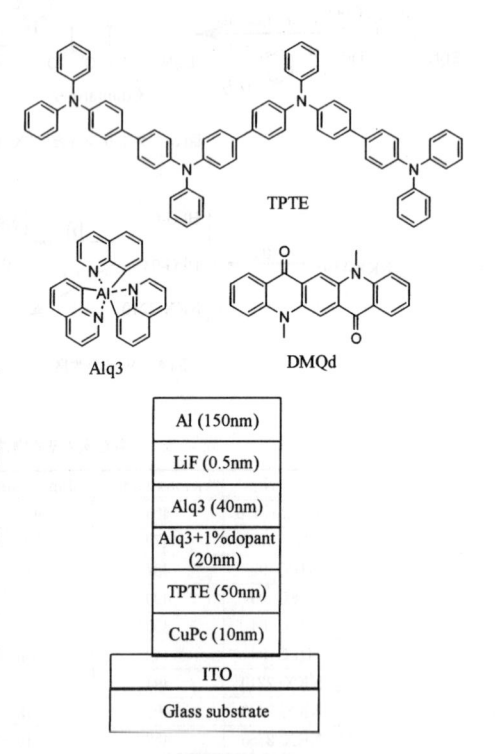

図5　今回作製のEL素子構造と分子構造

第6章　発光材料

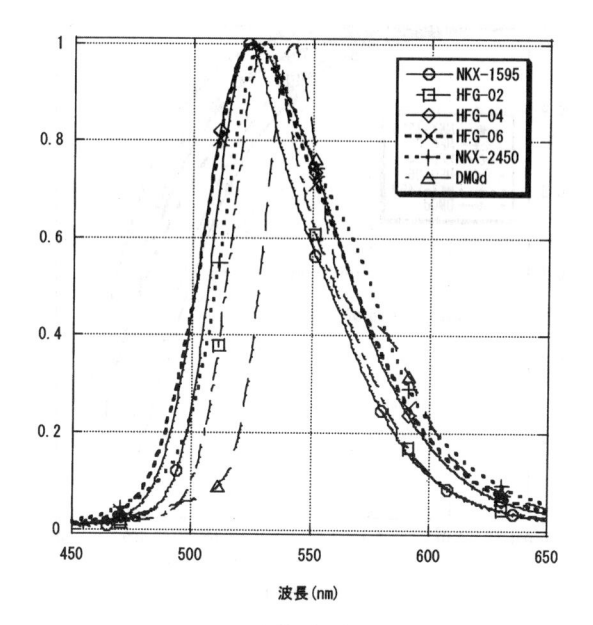

図6　EL発光スペクトル

表2　緑色EL素子の初期特性

	輝度 (cd/m^2)	外部量子効率 (%)	色度座標	
			x	y
DMQd	790.6	1.85	0.371	0.598
NKX-1595	995.5	2.40	0.282	0.653
HFG-02	990.3	2.28	0.303	0.651
HFG-04	1220	3.03	0.297	0.632
NKX2450	1397	3.46	0.328	0.609
HFG-06	1619	4.50	0.301	0.621

からも推察できる。

　図7には初期輝度4,000cd/m^{2}で測定した駆動時間－輝度チャートを示した。NKX-1595とHFG-02の素子半減寿命は100時間程度であるが，かさ高い置換基を導入したNKX-2450でのそれは，約400時間と比較的長寿命を示した。また4位に置換基を導入したHFG-04も同程度の寿命を示すことがわかる。HFG-04の安定化についての詳細な検討は行っていないが，化学的に反応性を持つ4位を塞ぐことで電気化学的に安定化し，EL素子としての寿命向上に貢献したと考えている。

有機EL材料技術

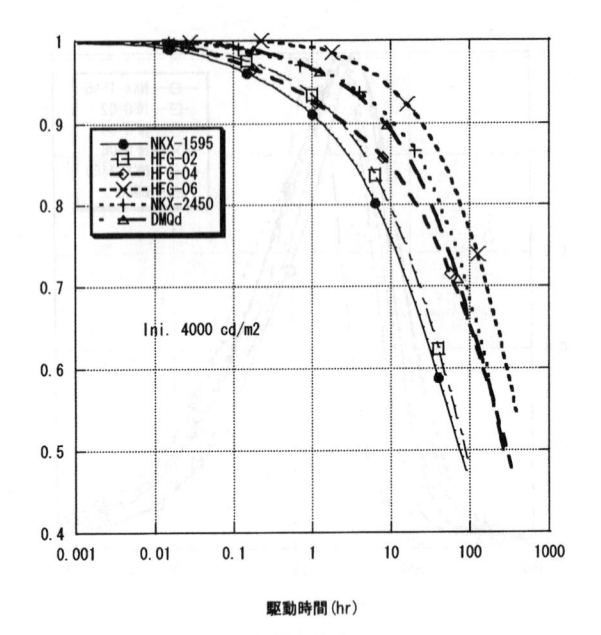

図7 駆動時間−輝度チャート

図8 赤色ドーパントの代表的構造

　さらにHFG-06は，クマリンの中でも外部量子効率が4.5％と高く，また1,100mA/cm^{2}の高電流密度駆動時には160,000cd/m^{2}で発光し，素子破壊は見られていない。図7に示した駆動時間−輝度チャートからも，HFG-06をドーパントとした素子は最も長寿命を示し，ドーパントとして大変安定な色素であることが分かった。

2.2.2　赤色[6,7]，青色[8]ドーパント

　赤色ドーパントは，我々が蛍光色素の応用として有機EL材料開発を始めて以来，今日まで開発を継続している。これらもクマリン骨格を中心とした色素群である。それぞれ長波長化するため，共役系を拡張する，電子吸引性基を導入するなどいろいろな構造の工夫をしている。構造の一例を図8に示す。複素環の回転を固定し共役系の広がりを大きくしたNKX-1695，4位に電子

第6章 発光材料

表3 赤色ドーパントの基本物性

NKX-No.	λmax (nm)	Fmax (nm)	m.p. (℃)
1695	564	577	294
2069	580	627	322
2222	514	604	299
2244	510	629	360

表4 青色素子の初期特性

NKX-No	輝度 cd/m^2	電圧 V	視感効率 lm/W	スペクトルピーク nm
2083	457	6.7	1.96	474
2550	351	4.4	2.26	474
2556	301	4.5	1.93	490
2565	377	4.4	2.43	479
2566	369	4.5	2.33	473
2570	894	6.2	4.11	489
2572	335	4.8	1.99	479
2573	645	4.9	3.72	490
2574	702	5.6	3.56	479

吸引性基を導入したNKX-2069や二つのクマリン骨格の間に電子吸引性基を挿入した共役系で結合したNKX-2222などである。例示した色素の基本物性は表3にまとめた。

これらをドーパントとして素子化し評価した場合，それぞれの色素でホストとの相性や難昇華性のため，色素本来が持つ性能を発揮しきれていない。これら赤色蛍光色素を有効なドーパントとするため，ホストとの相性の改善や昇華性の向上などを目的にさらに検討を加えている。

一方青色ドーパントは一般的に小さな共役系ゆえ分子量が小さいため，昇華温度が低く素子作製時に安定な蒸着速度を得にくい。またNKX-1595の骨格をそのまま導入すると青色領域より長波長側で発光が起こり望む領域での発光が得られない。このため構造式のデザインにおいて，赤色色素と対極に位置すると言える。すなわちある程度大きな分子構造にした上，構造上共役系を短縮する工夫をする必要がある。その結果分子内に自由回転軸を有し，結果としてストークス・シフト（最大蛍光と最大吸収波長の差）が大きくなる。赤色ドーパントにおいては利点となるこの大きなストークス・シフトも現状では，青色ドーパントにとってホストの発光波長との関係から望ましい現象ではない。

表4に我々が開発した青色ドーパントを使用したEL素子の初期特性（11mA/m^{2}測定時）を示す。効率，色純度など良い特性を示すと考えているが，残念なことに前述のストークス・シフトの大きさ故使用しているホストが一般的なものではない。特性だけではなくコストも大きな要因

になる商品化において，特殊なホストが必要という点から未だ採用には至っていない。今後はドーパント自身の改良でホストとの相性を改善すること，またドーパントに合わせたホストの開発も視野に入れている。

2.3 おわりに

クマリンの緑色ドーパントとしてのポテンシャルは，種々の評価から充分実証されて製品への採用も増えてきている。我々もその実績に甘えることなく，今後も更なる性能向上を目指した，またユーザーニーズに合わせた色素開発を続けていく。一方赤と青ドーパントは前述のように，種々の問題からドーパントとして色素本来の性能を発揮出来ていないと考えている。これら色素の改良・開発は緑色ドーパントで培った各種ノウハウを基に，色素が本質的に持っている欠点を改良するのはもちろん，ドーパントが性能を発揮できるホストの開発など，ドーパント以外の材料を含めた環境の改善も視野に入れ今後の展開を考えていく。

文　　献

1) M. Maeda, Laser Dyes, Academic Press(1984)
2) 松谷謙三，神宝昭，内海通弘ほか，応用物理, **59**(8), 1089 (1990)
3) K. Hara, M. Kurashige, Y. Dan-oh, *et al.*, *New J. Chem.*, **27**, 783 (2003)
4) 特許第2759307号
5) 特開2001-76876
6) 特開2001-76875
7) 皐月真，神宝昭，高橋佳美ほか，第48回応用物理学会関係連合講演会，講演予稿集1291 (2001)
8) M. Fujiwara, N. Ishida, M. Satsuki, S. Suga, *J. Photopolymer Sci. Tech.*, **15**, 237 (2002)

3 共役高分子材料

坂本正典[*]

3.1 はじめに

　共役高分子による初めての有機EL発光がCambridge大学から発表されて以来今日まで十数年，その特性は急速に改善されてきた。Cambridge大学で開発された当初は外部量子効率は0.1%以下，寿命は数分であったという[1]。今では先端材料では5%を越し寿命は数万時間に達している。今後の進歩を考えれば数年のうちには大型TV応用も可能になるであろう。

　高分子有機ELでは図1-a)に示すように，低分子有機ELに比べて素子を構成する層数が少ない。このため駆動電圧が低く素子形成が容易という反面，材料開発においてモノマーの設計，重合過程の設計，コポリマー化など材料開発が複雑，高分子材料の高純度化が難しいなどが難点と考えられてきた。また，素子ライフの改善についても，高分子型では不良解析，素子のモデル化が難しいとされてきた。低分子有機ELでは図1-b)の様に電子注入，電子輸送，ホール輸送などの機能が多層膜で分離分担している機能分離型素子である。これに比べて高分子有機ELでは，発光高分子材料がいくつかの機能を併せ持つ必要があるため，最適設計が困難と考えられてきた。実際，最近の低分子素子の急速な特性・寿命改善は，素子の理解（デバイス物理）とそれに基づく材料最適化に負うところが大である。低分子有機ELでは各層の機能分離が進み，各層のcombinatorial engineering によりデバイス物理の理解，各層材料の最適化が進んでいる。これに比べて，高分子有機ELでは，発光高分子に，製膜性，電荷輸送能力，励起子発生と発光，など

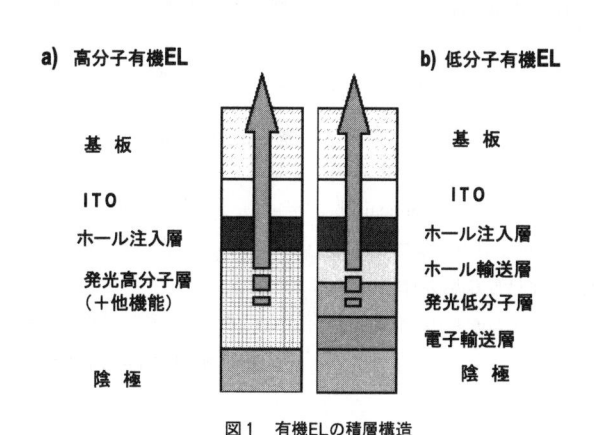

図1　有機ELの積層構造

---

[*] Masanori Sakamoto　東京理科大学　総合科学技術経営研究科（MOT）教授

のmulti functionが集積化されているため，低分子有機ELのようなcombinatorialな解析手法が採りにくい恨みがある。もとより高分子・低分子両者は技術的には密接に絡んでおり，低分子有機EL材料で展開される燐光発光材料やエキシトン閉じ込めなどの新しい考え方は，高分子有機EL材料にも素早く展開されてきている。低分子有機ELにおける寿命やデバイス物理の知見が，高分子有機ELの改善加速に寄与するのは疑いない。

3.2 共役系発光材料
3.2.1 PPV系材料

PPV系の材料[2]（図2-a）は既に実用に供されており前述のように，Covion社製材料がPhilips社のShaverのインジケータの発光材料に用いられている。色目は緑（G），黄色（Y），オレンジ（O），朱（OR）である。代表的黄色（Y）材料では発光スペクトルが広いのでカラーフィルターで分光しRとGの表示も可能である。輝度半減寿命は～10^5時間（100Cd/m^2）に達し，高分子有機ELで最も長寿命な材料である。その分子構造から青色（B）発光は無理でフルカラー用には別系統材料が開発されている。

3.2.2 PF系材料

PF（ポリフルオレン）系材料[3]（図2-b）では，フルカラー用RGB三色の調色が可能である。Cambridge大学から発したベンチャー企業のCDT社を中心に開発され，Dow Chemicals社（ブランド名；Lumation），住友化学で継続開発されている。R，Gでは長寿命の材料が出てきている。Gの色度やBの色度と寿命が課題である。

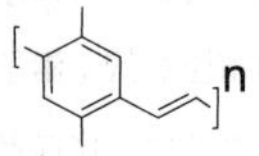

3.2.3 Poly-Spiro系材料

Poly-Spiro（ポリスパイロ）系材料[4]（図2-c）はCovion社で開発されており，同社の固有材料である。上下2つのフルオレン環が直交した嵩高いモノマーユニットを特徴とする。

Poly-Spiro系の嵩高いモノマーの立体障害は，芳香環のスタッキングを不可能にしており，

図2-a　PPV(ポリフェニレンビニレン)系材料

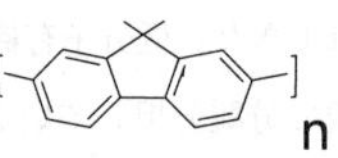

図2-b　PF(ポリフルオレン)系材料

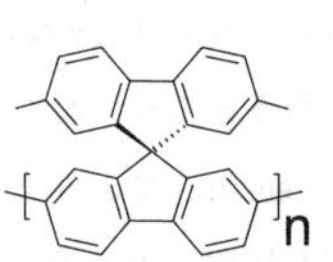

図2-c　Poly-Spiro(ポリスパイロ)系材料

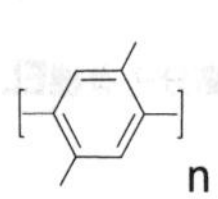

図2-d　PPP(ポリパラフェニレン)系材料

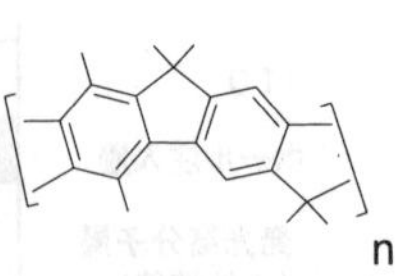

図2-e　Ladder PPP系材料

図2　各種共役系高分子有機EL材料

第6章　発光材料

高分子鎖の会合を防ぎ，化学安定性，色度座標の温度安定性に寄与している。またガラス転移温度が高い（Tg=160〜230℃）ため膜の熱安定性が高い。また側鎖のフルオレン環を色度調整や電荷輸送能力改善に利用できる点も優れている。

これまで知られている青まで発光可能なポリマーは前記PF系，Poly-Spiro系のほか，PPP系[5]，Ladder-PPP系[6]（それぞれ図2-d, e）が知られている。しかし，芳香環を延長結合した系では平面状の構造が，π-π相互作用に起因する芳香環同士の引力による重なり（スタッキング）を招き易く，溶媒溶解性の低下，時には液晶相を呈する[7]非晶性の減少，これら会合体形成による深色効果（bathochromic effect），などを引き起こし，薄膜形成，色設計を困難にしてしまう。

3.3　共役高分子有機ELの発光色

フルカラー用のRGB材料の発光色度は，ほぼ実用可能領域に到達したと言えよう。モノカラー用では黄色（Y），オレンジ色（O），緑色（G）材料が実用可能な性能を持つに至っている。青白いライトブルー（LB）も用途により使用可能である。

また表示のほか照明用途でも白色（W）発光材料が期待されている。低分子有機ELでは2層（BとY）積層構成が多いが，高分子有機ELでは，2層積層が不要な1層型のWが開発も進んでおり，低駆動電圧，容易プロセスの点で，高分子が低分子に比べて有利である。低分子系では，発光色の異なる2色の発光材料を混ぜると発光エネルギーの小さいほうに励起子のエネルギー移動がおこり，短波長材料の発光が観察されず長波長成分のみが発光する場合が多い。高分子では，発光色の異なる2種類の高分子を混合しても，高分子鎖間（インターチェイン）のエネルギー移動が少ないために，2種類の発光が並存して観測される。そのため，黄色（Y）と青（B）の二種の発光高分子のブロックポリマー化，コポリマー化が進められている。高分子有機ELのW材料開発は，プロセスの容易さから，価格圧力の高い照明用途には今後ますます加速されてくるものと考えられる。

3.4　共役高分子有機ELの寿命
3.4.1　共役系高分子発光素子の寿命

共役系高分子素子の寿命(半減時間，輝度値は初期輝度)は，CDT社のSID-03のセミナー資料[8]によると，Yellow（>30,000hrs, 250Cd/m^2），Red（>60,000hrs, 100Cd/m^2），Green（>40,000hrs, 100Cd/m^2），Blue（>10,000hrs, 100Cd/m^2）である。すなわち実用材料として量産供給されている黄色のPPV系材料では，30,000時間以上（初期輝度250cd/m^2）の寿命が既に得られている。これらの寿命を支配している要因は十分明らかにされていないが，材料系や色度にも依存

する。これまでのデータではPPV系のYellow黄色材料が最も長寿命で，ついでポリフルオレン系やポリスピロ系の赤，ついで緑，青の順で寿命が短くなる。特にR, G, B画素フルカラー用のDeep Blueでは格段の長寿命化が待たれる。青色の長寿命化は高分子白色材料（黄色高分子と青高分子あるいは，赤緑青の各高分子の混合またはグラフト高分子から構成）の応用範囲を拡張する意味でも重要である。

3.4.2 発光高分子の寿命の原因

高分子有機EL素子を改善するには，その原因を特定することが必要であるが，未だ充分な知見が得られていない。高分子有機EL素子の発光過程を分解すると次のようになる（図3）。

① アノード側，カソード側から発光高分子への，キャリア注入，あるいは正負電荷の伝達
② 発光高分子中の電子，ホール（正負電荷）の電場移動
③ 発光高分子上での電子再結合とエキシトン形成
④ エキシトンの発光

それぞれの過程の経時劣化が寿命に反映されていると考えられる。

電荷注入過程は，駆動電圧・電流・発光輝度に大きな影響を与えるが，注入材料（通常AnodeはPEDOT, Cathodeはアルカリ金属系）に強く関係するため発光高分子固有の問題としては捉えにくい。結局，①発光高分子中の電荷キャリアの電場移動，②発光高分子上での電子の形成断面積，③エキシトンの発光断面積，の各項の経時変化が問題となる。これらに影響を与えるものとしてキャリアトラップとトラッピングによって引き起こされると予想される高分子の化学変化である。ライフテスト前後での高分子の化学変化が実際に化学分析で検出することができると，

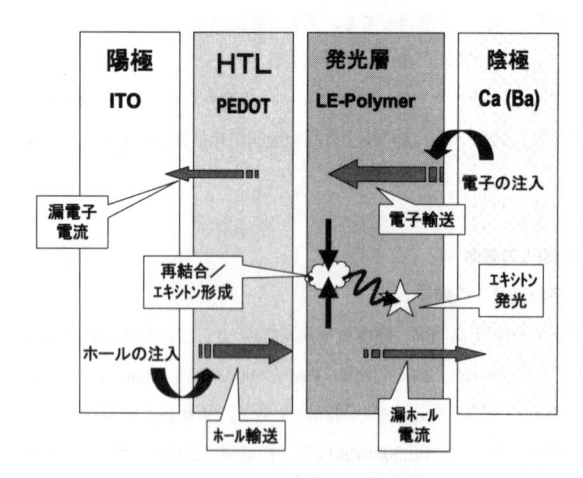

図3 高分子有機ELの発光過程

第6章　発光材料

長寿命化に対する大きな情報が得られるのであるが現状では十分には成功していない。しかし有機ELデバイスの実用化の最大課題が寿命にあることは斯界の共通認識になりつつあり、ライフテスト前後でのデバイスの物理特性の変化から材料変化を類推する手法[9]～[11]が各種提案実施され始めており、遠からず解析成果が出てくるものと期待される。また分子自体の発光過程の追跡解析を時間経過とともに追って行くことも有益な情報を与えるものと思われる。発光高分子溶液に励起光を照射し励起種の形成と分解消滅を追跡する閃光光分解などの基礎的実験もさらに推進すべきであろう。

3.4.3 発光高分子材料の長寿命化

有機EL材料自身の化学的不良解析が前述のような状況にあるため、材料の長寿命化の試みは、まず不要なトラップをなくし同時に材料を"Well Characterized"の状態にすることが重要であろう。具体的には以下のようになる。

① 高純度化（High Purity）
② 高分子の構造欠陥をなくす（分子端を含めた構造の高度制御）（High Integrity）
③ デバイス動作時に膜の熱変化を防ぐための高Tg化（Thermal Stability）

したがい、合成経路の注意深い選択による高純度モノマーの準備、触媒を含めた重合プロセスの選択とデザイン、重合度の最適化などが必要になる。

共役系高分子では特に、単結合と2重結合の結合交代の乱れも、欠陥となることが知られている。モノマーに非対称構造を持たせることにより立体選択性を付与し、重合時の方向を揃えて結合交代欠陥の発生を抑えて寿命を延ばした[2]（図4）。

高Tg化その他の方向に改良したのが前述のPoly-Spiro（ポリスパイロ）系材料（図-2c）である。

このほか高分子の構造を最適化する方向では

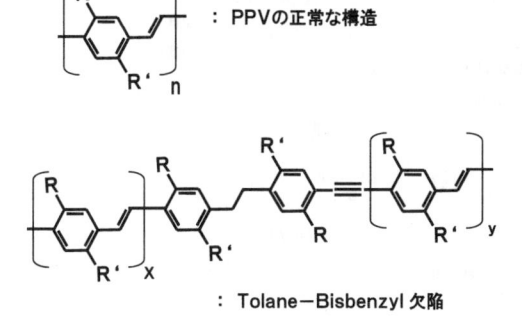

図4　発光共役高分子の構造欠陥

有機EL材料技術

① 高分子を構成するモノマー成分を調整してホール移動度,電子移動度を制御,これにより発光高分子層中でのホール・電子再結合領域の位置を最適化する試み。
② HOMO, LUMOレベルを調整して電極からのキャリア注入をバランスさせる試み。

等があるが,発光高分子の化学劣化を防ぐというよりも広義のデバイス最適化に属するので別途後述する。

3.5 共役高分子有機EL素子の長寿命化
3.5.1 共役高分子有機ELデバイスの寿命原因
デバイスの要素としては
① 界面の問題(アノード/HTL界面,HTL/発光高分子界面,発光高分子/カソード界面)
② 電荷輸送とバランスの問題

に集約される。以下にそれらの課題を検討する(図5)。

3.5.2 界面の課題
高分子有機EL素子ではHTL,発光高分子層は常圧工程で塗布形成される。そのため,真空中で連続的に積層製膜形成される低分子有機EL素子に比べて,界面にイオンが取り込まれるとか,表面が酸化されるなど,プロセス履歴の影響を受けやすい。それらの不安定性がデバイス解析を困難にしている面がある。デバイス特性がこれらの影響を受けにくくするためには,PIN構造すなわちアノード側にホールリッチ領域,カソード側に電子リッチ領域を設け,プロセス中で取り込まれたイオンや電荷の影響を受けにくい構造にする。アノード側のPEDOTはこのような作用

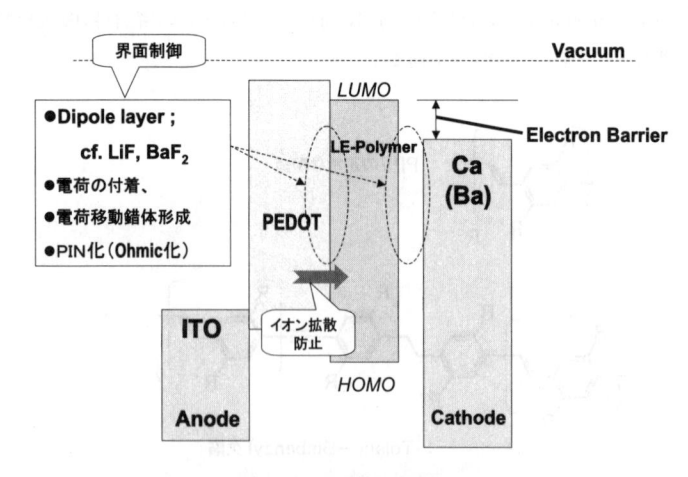

図5　高分子有機EL素子の課題

第6章　発光材料

を持っているが，発光高分子内部にP領域を設けられると好ましい。カソード側については，低分子素子におけるCsドープ層のような電気的化学的遷移層が作れると好ましいであろう。高分子材料によってはカソードと発光高分子の電荷移動（CT）反応によって遷移層が作られる可能性もあり，界面の反応や電荷状態の解析が望まれる。カソード側の遷移層は電荷注入にも関連が強く，別途検討する。

3.5.3 ホール輸送材料（HTL）の課題

最近，PEDOTから高分子発光層へのSあるいはSO_2基の拡散により，高分子が化学変化し発光効率が低下するとの報告がある[8]。PEDOT層と発光高分子層の界面にポリアミン層を設けて拡散を阻止すると，高分子有機ELの寿命が数倍改善されたとしている。PEDOTは水分散系のポリイオンコンプレックスで，遊離した$-SO_3$基や各種イオン性の不純物が，信頼性に影響する懸念はあり，非水系への転換は重要な課題であろう。もちろん，EL発光PhotonによるPEDOT自体へのダメージ，発光高分子層内での発光部位の同定（カソード界面，PEDOT界面，あるいは中間層），など基礎的データとして明らかにすべき問題は他にも多い。PEDOT自体の化学変化については未だ詳細な化学解析はないようであるが，上記イオン種のマイグレーション問題は非常に懸念される。発光高分子の芳香族溶媒溶液と相互に積層塗布できることが条件となるが，新しい電荷輸送材料の探索開発も必要であろう[12]。単に積層時の直交溶媒（下地層を溶かさない溶媒）を条件とせず，下地層の架橋不溶化も検討に値する。その意味では，光架橋型の発光高分子技術[13]は，重要な意味を持っている。

3.5.4 電極と電荷バランス

有機層中の電荷は，陰陽イオンラジカルとして輸送される。これら荷電状態は，中性状態に比較して不安定であり非発光性分子への崩壊，消光中心への崩壊を招くため，できるだけ存在数，存在時間を減らしたい。3.4.1項で触れたように，電子とホールの密度に差が大きいと，エキシトン形成に寄与しない無駄な電流が流れて素子の劣化を早めると予想される。このため電子・ホールの電荷バランスを保つ工夫が望ましい。この目的ではPEDOT／発光高分子界面に電子阻止層を挿入する，あるいは発光高分子／カソード界面にホール阻止層を挿入し，電子，ホールの閉じ込めが有効であろう。前述のPEDOTからのSO_2イオンの阻止層も電子阻止層としての働きを同時に持たせるとより効果があると考えられる。

陰極側からの電子注入に関しては，カソードとしてアルカリ金属やアルカリ土類金属が試みられてきた。物理的には仕事関数の小さな金属ほど，電子注入に有効と期待されるが，実際には結果は単純に仕事関数のみでは説明できない。薄膜蒸着形成の難易の差のみならず発光高分子材料との反応や，界面状態形成にも関係していることをうかがわせる。実際発光高分子とアルカリ金属との電荷移動反応も起きていると考えられる。この意味で発光高分子とカソード金属との反応

性はもっと調べられるべき課題であろう。

　低仕事関数金属のカソードと発光高分子の間に，フッ化リチウム（LiF）などの誘電体薄膜を挿入することにより，効率向上と長寿命化が報告されている[14]。誘電体層の分極によって，金属電極から発光高分子のLUMO準位に電子をトンネル注入するという考え方である。不安定なカソード金属表面を直接用いずに，誘電体層を介して電子を取り出す方法である。

　陰極の機能については，従来からカソード金属のFermi準位から発光高分子の価電子帯に電子を注入し発光高分子内部に輸送するというバンドモデル的考え方（Inject and Transport）が広く行われてきた。しかし近年提唱されているMulti-photon構造の素子[15]では，中間電極に電荷移動錯体を置き，正負電荷の供給を行う。電荷バランスも自動的に達成されると見える。この場合，むしろ界面での電荷生成（電荷移動）反応と発光高分子内部への電荷伝達という実空間的モデル（React and Transfer）として理解される。このモデルに立脚した陰陽極の見直しもまた有効であろう。実際，CaAcAcを電子注入層に用いたPPV発光素子で非常に高い効率が発表されている[16]。

3.6　おわりに

　現在寿命の問題は有機EL全体の最大課題である。しかし，寿命を支配する原因については十分明らかにはなっていないのが現状である。近年学会においても不良解析が取り上げられるようになっており，長寿命の素子，材料の早期実現を期待したい。

　共役高分子有機ELはモノクロ表示ですでに実用化されている。次の展開はやはりフルカラーディスプレイであり，その表示能力をフルに出すためにはTFT基板によるアクティブ方式が主流になるであろう。従来有機ELのアクティブマトリクス駆動にはp-Si（ポリシリコン）TFTアレイが不可欠でa-Si（アモルファスシリコン）TFTでは困難と考えられてきたが，最近ではa-Si TFTで駆動する研究開発が盛んである。a-SiTFTでは基板サイズは拡大の一途であり，近い将来，フルカラーアクティブ表示有機ELでもa-Si基板を用いた大型基板処理が必要になると予想される。また近年の有機半導体材料・素子の進展は，遠からぬ将来a-Siを置き換える有機半導体の出現を期待させる。今後，高分子有機EL材料・素子の寿命改善が進むと，インクジェット法や各種印刷法による大型パネル・大型基板適応性，常温状圧プロセスとしてのプラスチック基板適応性とあいまって究極の有機EL技術として本格的展開をみせるものと期待される。

第6章　発光材料

文　　献

1) J.H.Burroughes, D.D.C.Bradley, A.R.Brown, R.N.Marks, K.Mackay, R.H.Friend, P.L.Burn, A.B.Holmes, *Nature*, **347**, 539 (1990)
2) H.Becker, H.Spreitzer, K.Ibrom and W.Kreuder, *Macromolecules*, **32**, 4925 (1999)
3) Y.Ohmori, M.Uchida, K.Muro and K.Yoshino, *Jap. J. Appl. Phys.*, **30** (**11B**), L1941 (1991)
4) H. Becker, S. Heun, K. Treacher, A. Buesing, A. Falcou, SID-02 DIGEST, 780(2002), H.Becher, E. Breuning, A. Buesing, A. Falcou, S. Heun, A. Parham, H. Spreitzer, J. Steigerand P.Stoessel, *Mat. Res. Soc. Symp. Proc.*, **769**, 3(2003)
5) M.Rehahn, A.D.Schlueter, G.Wegner, *Makromol. Chem.*, **191**, 1991 (1990)
6) U.Scherf, K.Muellen, *Makromol. Chem., Rapid Commun.*, **12**, 489 (1991)
7) K.S.Whitehead, M.Grell, D.D.C.Bradley, M.Jandke, P.Strohriegl, *Proc. SPIEInt. Soc. Opt. Eng.*, **3939**, 172 (2000)
8) J.H.Burroughes SID-03, Seminar Lecture Notes M5 (2003)
9) N.von Malm, R.Schmechel and H.von Seggern, SID-03 DIGEST, 1072 (2003)
10) D.Y.Kondakov, J.R.Sandifer, C.W.Tang and R.H.Young SID-03 DIGEST, 1068(2003)
11) S.Totani, S.Nakazima and A.Mikami, 応用物理学会2003年春季
12) 佐藤佳晴, 月刊ディスプレイ（テクノタイムス社), **9**, No.9, 18 (2003)
13) C.D.Mueller, A.Falcou, N.Reckefuss, M.Rojahn, V.Wiederhirn, P.Rudat, H.Frohne and O.Nuyken, *Nature*, **421**, 829 (2003) ; H.Becker *et al.*, SID-03 DIGEST, 1286 (2003)
14) N.Athanassopoulou, 月刊ディスプレイ（テクノタイムス社), **9**, No.9, 47 (2003)
15) J.Kido, T.Matsumoto, T.Nakada, J.Endo, K.Mori, N.Kawamura and A.Yokoi, SID-03 DIGEST, 964 (2003) ; T.Matsumoto, T.Nakada, J.Endoh, K.Mori, N.Nakamura, A.Yokoi and J.Kido, IDW-03, 1285 (2003)
16) E.Kambe, A.Ebisawa, S.Shirai and M.Shinkai, 応用物理学会2003年春季

第7章　リン光用材料

1　リン光ドーパント

1.1　リン光性発光ドーパントの特徴

岡田伸二郎[*]

　リン光は蛍光より光が弱いと一般に理解されている。それは発光遷移過程がスピン多重度の異なる状態間で行われるために，量子化学的にはスピン禁制とされていて本来は発光しない過程なので発光が弱いのである。したがって，何らかの工夫によってスピン禁制状態を解かなくては強く発光させることができない。

　これまでに，主に次に示す三種類のリン光発光材料が有機EL用に検討されてきた。①リン光発光性の有機材料として知られているベンゾフェノンの誘導体を用いたもの[1]，②Eu，Tbなどのランタノイド系列の金属錯体を用いたもの[2]，③イリジウム，白金などの重遷移金属錯体を用いたもの[3～6]である。①は1990年に筒井らによって発表されている。有機EL素子での電流励起の際に一重項励起子の三倍生成される三重項励起子を発光に用いるという構想のものであったが，用いた材料の室温での発光性が乏しく実用には至っていない。②は1990年に城戸らによって発表されているが，配位子の一重項励起子が三重項励起子に項間交差し100%三重項励起子を形成し，そのエネルギーを金属イオン（ex. Eu^{3+}）にエネルギー転移させ中心金属内遷移で発光させる機構を持つ。発光遷移はEu錯体の場合には$^5D_0$から$^7F_2$への遷移が中心である。これらの遷移は金属内で行われるために配位子の影響を受けにくく金属種固有の発光を示す。Euはメインピークが612nmの赤発光を示すが，Tbは544nmの緑色，Dyは576nmの黄色の発光を示す。これらの発光は非常に急峻な色純度の良いスペクトル形態を示すことに特徴がある。ここでの一重項－三重項項間交差もスピン禁制であるが，Euの重原子効果でスピン軌道相互作用により禁制を解いている。原理的には100%の内部量子効率を出せるはずであるが現実には実現されていない。この原因は配位子の三重項エネルギーの中心金属へのエネルギー移動ロスなどが考えられている。また，Eu錯体はリン光寿命が室温，低温（77K以下）ともに400～900μsと長く，輻射の速度定数krが後述するイリジウム材料などより小さい。③の重遷移金属錯体を用いたEL素子は1998年にBaldoらプリンストン大学のグループによって発表されている。代表的な材料は図2に示したIrppy3である。この材料自体は1985年Wattsらによって報告されている[7]。この材料を用いた目

---

[*] Shinjiro Okada　キヤノン㈱　OL第一開発部　12開発室　室長

第7章 リン光用材料

的はイリジウムの重原子効果を用いて一重項－三重項間のスピン軌道相互作用を促進させることにあった。一重項励起子を三重項励起子に項間交差させ、100％の三重項励起子を形成してそれを全て発光に用いる考え方であった。実際にこの材料を用いることで非常に高い発光効率を得ることに成功している。それ以後、いろいろな材料が開発されて、発光色では緑（Irppy3：（CIE:x=0.3, y=0.64）後述）や赤（Irpiq3：（CIE:x=0.68, y=0.32）後述）では外部量子効率が10％を超えるものができている。青（Ir46dfppy2pic：（CIE:x=0.16, y=0.29）後述）でも5％を超えている。緑のIrppy3では電力効率で1000cd/m^{2}の輝度で20lm/Wを超える電力効率が可能である。このIrppy3は室温での溶液中量子収率は0.4と報告されている[7]。室温でのリン光寿命は一般のリン光材料に比べてかなり短く1.5μs程度であり、輻射の速度定数krがかなり大きいことが分かる。励起一重項状態から励起三重項状態への項間交差確率を"1"とすると量子収率Φと発光寿命τの関係は次式で表される。

$$\Phi = k_r \cdot \tau \tag{1}$$

$$\tau = 1/(k_r + k_{nr}) \tag{2}$$

ここでkrは輻射の速度定数、knrは非輻射失活の速度定数である。一般にEL素子の発光効率は発光材料の量子収率に比例するので材料としてはkrが大きいほどよく、knrが小さいほど良い。

リン光材料のドーピング濃度（約10％）は蛍光材料のドーピング濃度（約1％）よりも一桁大きい点に最適値があるようである。これは、蛍光材料がFörster型のエネルギー移動が可能なので濃度消光の影響を受けやすいのに対して、リン光材料は重原子効果で一重項励起子は極めて短時間に三重項励起子に項間交差するためFörster型のエネルギー移動による濃度消光の影響を受けにくいことが原因であると考えられる。この三重項励起子はFörster型のエネルギー移動は起こさずDexter型のエネルギー移動を起こすがFörster型のエネルギー移動が10nmと比較的長距離で起こるのに対しDexter型は0.5nmと短距離の分子間で起こる。したがって、ドーピング濃度が低い場合にはこの観点での濃度消光が起こりにくいことになる。一般に蛍光材料はStokesシフトを大きく設計することで自己吸収の濃度消光を回避する方法がとられるがリン光材料ではその必要は少なく、むしろ励起状態での構造変化が少ないもののほうが量子収率は高くなる傾向にある[8]。

しかし、リン光材料も100％の発光層よりもホスト材料中にドーピングしたほうが輝度、効率ともに上がる。これはいわゆる濃度消光による効率低下が存在するためと考えられるが、このような濃度消光を回避して、さらにドーピング濃度を上げる手法としては錯体の配位子にバルキーな置換基もしくはFなどのハロゲン置換基を入れて分子間消光を抑制する方法が報告されている[9~11]。

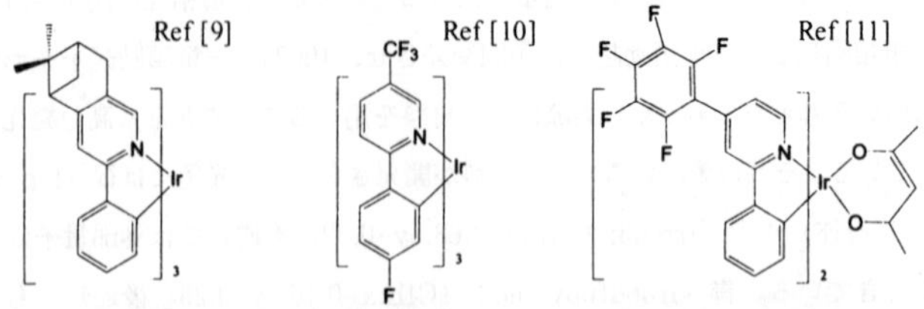

有機EL材料技術

Ref [9]　　　　Ref [10]　　　　Ref [11]

バルキーな配位子　フッ素置換基を用　バルキーかつフッ素置
　　　　　　　　　いた配位子　　　換基を用いた配位子

λmax=509nm　　λmax=525nm　　λmax=578nm

図1

一方で，リン光材料は励起子寿命が長く励起子密度が増すことによる消光機構（T-T annihilation）が存在するためにEL素子の駆動において高電流領域では効率が低下する問題点がある[12]。この観点でもkrが大きく，励起子寿命が短いほど好ましい。しかしながら，蛍光材料のリン光寿命がnsのオーダーなのに比較してリン光材料はsecからμsのオーダーであるので高電流密度領域での効率の低下はリン光材料の本質的問題である。

1.2 これまでに発表されたリン光ドーパント

代表的なリン光ドーパントを示すが，このほかにもかなりの数の金属錯体が報告されている。ここでの要点は①発光色の制御，②錯体の安定性，③量子収率（Quantum yield）の設計ということになる。重遷移金属によるリン光発光はイリジウム，白金[20]のほかにも，Os，Hg，Re，金，Ru，Rhなどで確認されているが，イリジウム錯体より良い特性のものは見つかっていない。また，産業的に使用する場合には有機水銀やOs，シアノ金属錯体などのように毒性の強いものは避けなくてはならない。

1.3 発光色の制御

Euなどの金属イオン発光を用いる場合には発光色は金属の選択で決定されてしまうが，イリジウムや白金などの錯体の場合には配位子のバンドギャップを操作することで発光色を制御することが可能である。厳密にはHFやDFT（密度汎関数法）などのab-intioの分子軌道計算によって予測することが可能であるが，単純に配位子のバンドギャップだけに着目しても図3に見るようにイリジウム錯体の発光と良い相関が得られている[8]。

配位子に対して付与する置換基およびその位置によって励起状態のエネルギーレベルを変化させ，発光波長を変えようとする試みも行われていてIrppy3に対しF原子等を置換してゆくことで発光波長を500nmから590nmまでの範囲に変換した報告[21]や，Irppy2acacに対しパーフルオロフェ

第7章 リン光用材料

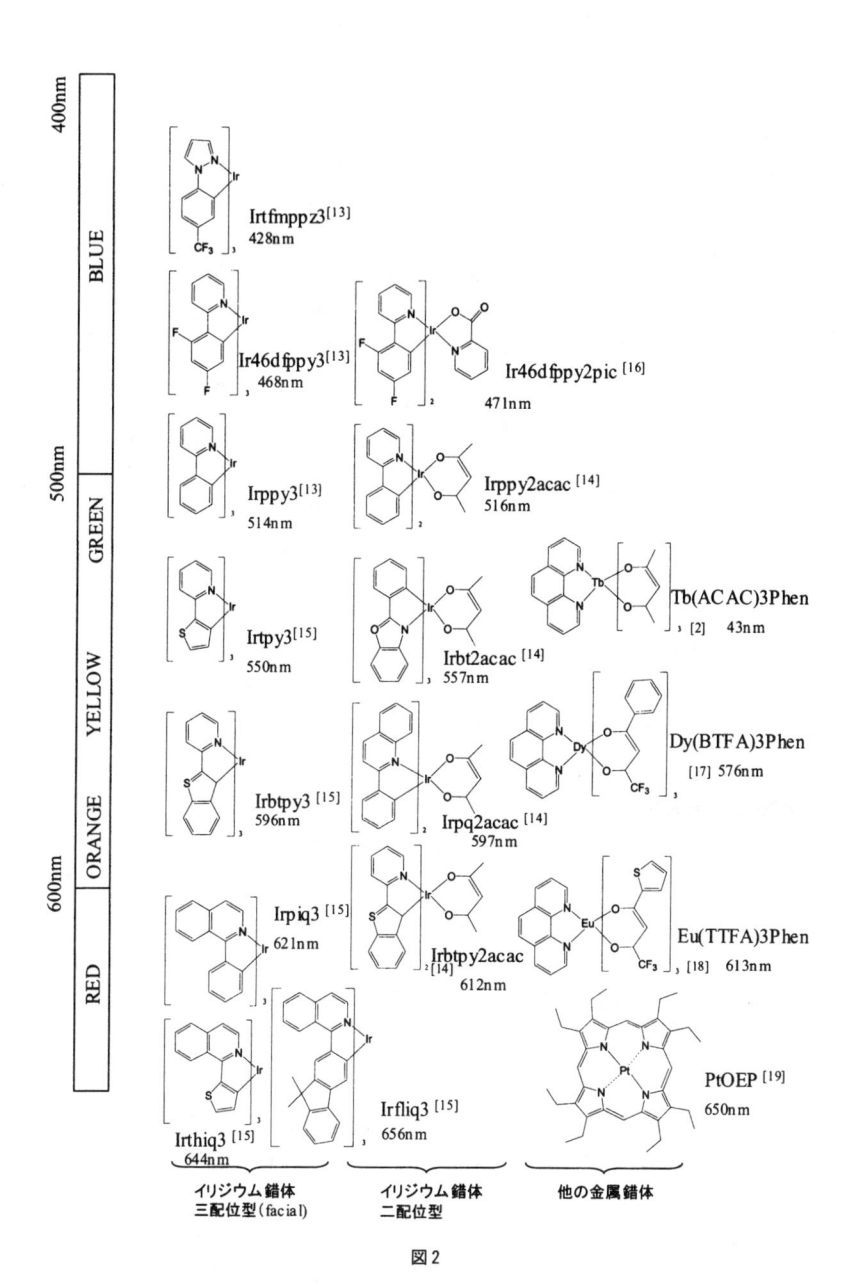

図2

400nm BLUE	Irtfmppz3 [13] 428nm
	Ir46dfppy3 [13] 468nm / Ir46dfppy2pic [16] 471nm
500nm GREEN	Irppy3 [13] 514nm / Irppy2acac [14] 516nm
YELLOW	Irtpy3 [15] 550nm / Irbt2acac [14] 557nm / Tb(ACAC)3Phen [2] 543nm
ORANGE	Irbtpy3 [15] 596nm / Irpq2acac [14] 597nm / Dy(BTFA)3Phen [17] 576nm
600nm RED	Irpiq3 [15] 621nm / Irbtpy2acac [14] 612nm / Eu(TTFA)3Phen [18] 613nm
	Irthiq3 [15] 644nm / Irfliq3 [15] 656nm / PtOEP [19] 650nm

イリジウム錯体 三配位型 (facial) ／ イリジウム錯体 二配位型 ／ 他の金属錯体

ニル基を置換してゆくことで513nmから578nmまでの範囲で発光波長をチューニングした報告がある[11]。

また、1.2項に示したように配位子の構造を変えることでも発光色が変わる。アセチルアセトネート基(acac)を持つacac体（Irppy2acac）は三配位体（Irppy3）に比べて発光波長ピークが6nm長波化している。他のIr錯体でも同様の傾向があり、acac基を入れることで約6nmから10nm発光波長が長波化する。しかし、アセチルアセトネートのようなベータージケトンタイプの配位子でもフェニル置換基がつ

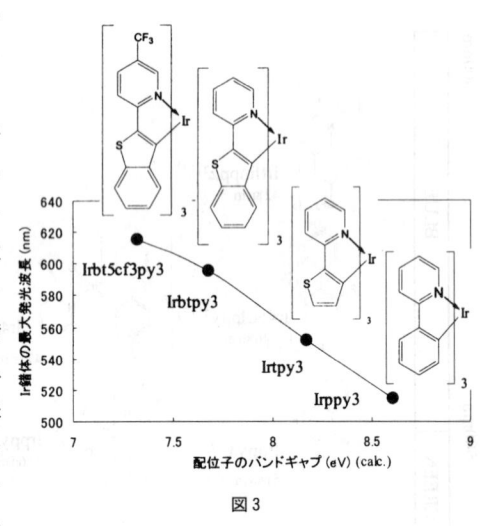

図3

くと発光しなくなることが起こる。これは、Irppy3は後述のMLCTタイプの励起構造を持つが、最低励起状態がMLCTレベルより三重項エネルギーの低い配位子に局在化を起こすためと考えられている[14]。これを利用してIrppy3にアルデヒド構造の置換基を導入することでスペクトルピーク波長を517nmから586nm、619nmへと大きく変えた例が報告されている[22]。

1.4 金属錯体の安定性

金属錯体の安定性は有機EL素子の作成のためには非常に重要な課題である。ここでは二つの観点から説明する。ひとつはオクタヘドラル型イリジウム錯体の構造上の安定性である。三配位子錯体で一つの配位子が窒素と炭素でIrと結合するものにはFacialとMeridionalの二つの構造異性体が存在する(図4)。これらは化合物の合成過程で共存することもどちらかが優先的に得られることもある。一般にFacial構造のもののほうがダイポールモーメントは大きく、発光波長は短く、発光スペクトルの半値幅も狭く色純度が高い。量子収率もFacial型のほうが10倍高いという報告例もある[13]。また、化学的安定性もFacial型のほうが高く、Meridional型がFacial型に不可逆的に構造変化する例も報告されている[23]。合成した錯体がいずれの構造かを知るのはX線による結晶構造解析手法によるのが正確だが、NMRのスペクトルからも高磁場側のスペクトルの状態から推察することが可能で、MASS分析、元素分析などと共用する事で構造同定することは容易である[13]。

次に配位子の種類、配位子構造によっても安定性が大きく異なる。前述したイリジウム錯体の

第7章 リン光用材料

三配位子体は非常に熱的に安定であるが、三つの配位子のうち、ひとつをアセチルアセトネート(acac)やピコリン酸(pic)に変えたものは熱的安定性が低くなる。これはTG-DTAの測定で知ることができ、重量減少のときのDTAピークが発熱か吸熱かで、分解しているか昇華しているかを知ることができる。たとえばIrppy2acacでは341℃で5％重量減少し熱分解が始まる

Facial 型　　　　Meridional 型

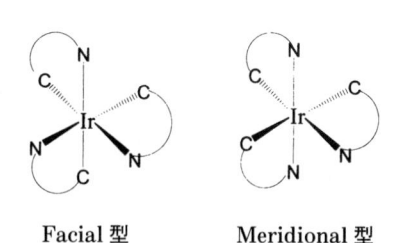

図4　イリジウム錯体の構造異性体

と考えられるが、Irppy3では413℃まで改善されている。一方、Ir(acac)3の5％重量減少温度は243℃であることからアセチルアセトネート基がフェニルピリジン(ppy)に置換されるほど耐熱性が上がることが分かる。この結果は配位子がフェニルイソキノリン(piq)の場合でも同様で5％重量減少はacac体で355℃、三配位体では430℃であった。acacやpicがなぜ耐熱性が低いかはまだ明らかではない(図5)。

一般に知られているAlq3はウェルナー型の錯体であり5％重量減少温度は390℃と比較的安定であることから有機金属結合（炭素－メタル結合）がかならず必要というわけではなさそうである。このような熱的安定性は工業的生産時にはきわめて重要であり、acac体を用いる場合には三配位体に比べてより注意を要する。熱分解温度自体は昇華温度が低くても実用上問題ないことになるはずであるが、イリジウム錯体のように重原子を用いる場合には一般に、蒸着温度が高くなり、より高い耐熱性が要求されている。イリジウム錯体の昇華点を下げる技術として錯体の配位子にF原子を置換基として導入することで昇華温度を下げることができることが報告されている[9]。

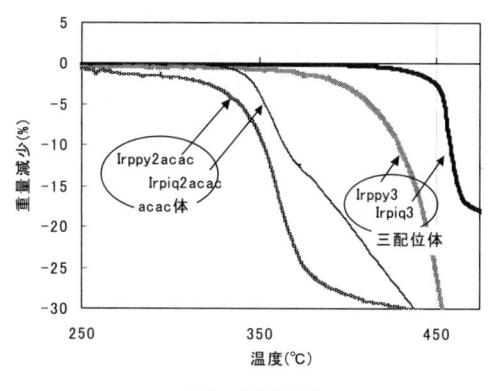

図5　熱重量分析

白金錯体の場合には平面四配位構造を持っているので白金原子同士がスタックし易く蒸着温度が高くなるという問題点がある。加えて，白金錯体はPtOEPを除き熱的安定性がそれほどよくない。二座配位子錯体(例えばPt(ppy)$_2$)の5％重量減少温度はおおむね280℃近辺である。錯体の安定性は金属の酸化数が高いもののほうが安定という考え方もあるがまだ一概には言えなく分かっていない部分も多い。

1.5 量子収率の設計

リン光発光材料は三重項－一重項間の遷移であるためにスピン波動関数の直交性から本来は禁制遷移であるが，スピン軌道相互作用によって禁制が解かれることがあり，このような場合には遷移モーメントがゼロにならず発光を得ることができる。スピン軌道相互作用は原子番号が大きい原子ほど強くなる。Ir，Pt，Euなどが三重項経由の発光性が強いのもそのためである。ここで三重項状態の非摂動波動関数を$^3\Phi^1$としてスピン軌道相互作用が摂動として働くと一重項状態とスピン状態のミキシングが生じる。そのハミルトニアンをHso，一重項状態波動関数を$^1\Phi^1_n$で表すと三重項状態の波動関数$^3\Psi^1$は一次までの摂動をとると次のように表すことができる[15]。

$$^3\Psi^1 = {}^3\Phi^1 + \Sigma_n <{}^3\Phi^1 Hso {}^1\Phi^1_n >/({}^1E^1_n - {}^3E^1) \cdot {}^1\Phi^1_n \tag{3}$$

ここで$^1E^1_n$，$^3E^1$は励起一重項状態S^1_nと最低励起三重項状態T^1のエネルギーである。三重項状態から基底一重項状態への遷移モーメント$M_{T \to S}$は次のようになる。

$$M_{T \to S} = <{}^3\Psi^1 | M | {}^1\Phi^0_n >$$
$$= \Sigma_n <{}^3\Phi^1 Hso {}^1\Phi^1_n ><{}^1\Phi^1_n | M | {}^1\Phi^0_n >/({}^1E^1_n - {}^3E^1) \tag{4}$$

ここでM双極子ベクトルである。したがって，式(4)の分子の積分値がそれほど変わらなければ励起一重項と最低励起三重項状態のエネルギー差が少ないもののほうが大きな遷移モーメントを獲得できることになる。一般にはππ*励起をとる場合には一重項－三重項間のエネルギー差が大きい(交換積分が大きい)ので，電荷移動型の励起(MLCT=Metal to Ligand Charge Transfer)状態を取る物の方が三重項－一重項間のミキシングが大きく，遷移モーメントも大きくなる。

MLCT型の励起状態を持つ錯体の特徴は，発光スペクトルに振動構造が強く乗っていないこと，発光スペクトルが溶媒極性によって影響を受けること，発光寿命が短いこと，などが示されている[25, 26]。しかし，現実の錯体は三重項励起状態自身にもミキシングがあるのでMLCT性とππ*性を同時に持っていてどちらかに割り切ることができない。どちらがより優勢（Dominant）かという議論をすることになる。図6はイリジウム錯体の諸特性を比較したものだが，赤色発光のイリジウム錯体の幅射速度定数kr（遷移モーメントの自乗に比例）と励起状態の関連をみると，MLCT性の強い錯体のほうがkrは大きいことがわかる。緑発光材料のIrppy3や赤発光材料のIrpiq3は図6表に示すようにMLCT型の励起構造を示すのでkrが大きく優れた特性を示す。

第7章 リン光用材料

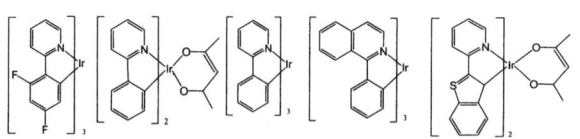

	Ir46dfppy3	Irppy2acac	Irppy3	Irpiq3	Irbtpy2acac
材料特性：					
λ max^a (nm)	468	516	510	621	612
τ^b (μs)	1.6	1.6	1.9	0.8	5.8
Φ^c	0.43	0.34	0.40	0.26	0.21
k_r^d ($\times 10^5 s^{-1}$)	2.70	2.13	2.10	3.50	0.36
k_{nr}^e ($\times 10^5 s^{-1}$)	3.6	4.1	3.2	10.0	1.4
最低励起状態		^{3}MLCT	^{3}MLCT	^{3}MLCT	$^3\pi\pi^*$
EL特性（1mA/cm^{2}駆動時）：					
外部量子効率(%)	5.7^{f,g}	10.0	10.0	10.7	6.0
電力効率(lm/W)	5.0^{f,g}	20.0	20.0	7.0	2.2
CIE座標	(0.16, 0.29)^f	(0.31, 0.64)	(0.3, 0.64)	(0.68, 0.32)	(0.67, 0.33)

a: 最大発光ピーク; b: リン光寿命; c: 量子収率; d,e はそれぞれ輻射, 非輻射の速度定数; f: EL特性のデータは Ir46dfppy2picのもの　g: 2003年50回応物で28p-A-10,11では0.5mA/cm^{2}で9.6%, 8.7lm/Wの値が報告されている。(Oral); Reference [14], [15], [16], [26]

図6

次にknrは基底状態への振動失活が一番大きいが，エネルギーギャップ側に従い励起状態と基底状態のエネルギーギャップが小さい赤発光材料のほうが大きくなる傾向にある。エネルギーギャップ側に当てはまる現象かどうかは，ln(knr)がエネルギーに対して線形になっているか否かで判断できる[27~29]（Robinsonの式）。Ir錯体の場合にもこの関係が成立するので発光が長波長側になればなるほど量子収率は低くなる。その他の観点として配位子の構造から量子収率の変化を検討したものがある[8]。

1.6 おわりに

有機EL素子での発光効率に関する報告例では青発光（Ir46dfppy2pic：図5）で100cd/m^{2}で電力効率5 lm/W, 外部量子効率5.7%, 赤発光（Irpiq3：図5）では300cd/m^{2}で電力効率6.3lm/W, 外部量子効率9.6%, 緑発光（Irppy2acac：図5 Irppy3でもほぼ同様）では440cd/m^{2}で電力効率18.0lm/W, 外部量子効率10.0%, の値が得られている。1 mA/m^{2}での外部量子効率は全色で10％を超える値が出てきており，素子の信頼性も青以外は十分な耐久性が得られている。また，発光効率は素子の構造で大きく変動することが知られており，最適設計をするとこの値以上の発光効率も得ることが可能であると考えられている。

有機EL材料技術

文　献

1) M. Morikawa et al., The 51th Autumn Meeting of The Japan Society of Applied Physics, p.1041 (1990)
2) J. Kido et al., Chem. Lett., 657 (1990)
3) M. A. Baldo et al., Nature, **395**, 10 September 1998
4) M. A. Baldo et al., Appl. Phys. Lett., **75**, No.1 (1999)
5) P.E. Burrows et al., Appl. Phys. Lett., **70**, No.18 (2000)
6) C. Adachi et al., Appl. Phys. Lett., **77**. No.6 (2000)
7) K.A. King et al., J. Am. Chem. Soc., **107**, 1431-1432 (1985)
8) S. Okada et al., SID symp. Dig. 1360 (2002)
9) H.Z. Xie et al., Adv. Mater. **13**, No.16, August 16 (2001)
10) Y. Wang et al., Appl. Phys. Lett., **79**, No.4 (2001)
11) T. Tsuzuki et al., Adv. Mater. **15**, No.17, September 3 (2003)
12) C. Adachi et al., Appl. Phys. Lett, **77**. No.6, 904-906, 7 August 2000
    C. Adachi et al., J. Appl. Phys, **90**. No.10, 5048-5051, 15 November 2001
    M.A. Baldo et al., Phys. Rev. B, **62**. No.16, 10598-10996, 15 October 2000-II
    M.A. Baldo et al., Phys. Rev. B, **62**. No.16, 10967-10976, 15 October 2000-II
13) A.M. Tamayo et al., J. Am. Chem. Soc., **125**, No.24, 7377-7387 (2003)
14) S. Lamansky et al., J. Am. Chem. Soc., **123**, No.18, 4304-4312 (2001)
15) A.Tsuboyama et al., J. Am. Chem. Soc., **125**, No.42, 12971-12979 (2003)
16) C. Adachi et al., Appl. Phys. Lett, **79**. No.13 (2001)
17) Institut für Hochfrequenztechnik, TU BraunschweigAnnual report (1996)
18) C. Adachi et al., J. Appl. Phys, **87**. No.11 (2000)
19) M.A. Baldo et al., Pure Appl. Chem., **71**, No.11, 2095-2106 (1999)
20) J.Brooks et al., Inorg. Chem. **41**, (12), 3055-3066
21) V.V.Grushin et al., Chem. Commun., 1494-1495 (2001)
22) A. Beeby et al., J. Mater. Chem., **13**, 80-83 (2003)
23) T. Karatsu et al., Chemistry Letters, **32**, No.10 (2003)
24) M. G. Colombo et al., Inorg. Chem., **32**, 3088-3092 (1993)
25) M. G. Colombo et al., Inorg. Chem., **33**, 545-550 (1994)
26) T.Iijima et al., The 50th Spring Meeting of The Japan Society of Applied Physics, p.1414 (2003)
27) J.V. Casper et al., J. Am. Chem. Soc. **105**, 5583-5590 (1983)
28) J.V. Casper et al., J. Phys. Chem. **87**, 952-957 (1983)
29) S.D. Cummings et al., J. Am. Chem. Soc. **118**, 1949-1960 (1996)

2 リン光ホスト材料

都築俊満[*1]，時任静士[*2]

2.1 はじめに

リン光材料を用いた有機EL素子は，発光の機構上，蛍光材料を用いる素子に比較して約4倍の高効率発光が得られるため，注目を集めている。室温で赤色リン光が得られる有機EL素子として，1998年に，M. A. Baldoらにより，白金ポルフィリン誘導体 PtOEP（図1）を用いた素子が報告された[1]。この素子の外部発光量子効率は4％程度であったが，1999年に，同じくM. A. Baldoらにより，イリジウム錯体 $Ir(ppy)_3$（図1）を用いた有機EL素子が外部量子効率8％の緑色リン光発光を示すことが報告され[2]，これ以来，リン光材料を用いた有機EL素子の研究開発が活発に行われるようになった。現在では，赤，緑，青色発光を示すリン光材料（図1）の研究開発とそれらを用いた有機EL素子の研究開発が活発に行われており[3~22, 25~35]，緑色リン光素子においては，理論上の限界とされる20％の外部量子効率も実現している[9,13]。

濃度消光による効率低下を防ぐため，リン光材料を用いた素子においても，これまでの蛍光材料を用いた素子と同様に，リン光材料は，ゲスト（ドーパントと表現されることもある）として，適切なホスト材料に対して分散させた状態で用いられる。ゲストとして用いるリン光材料の特性を最大限に引き出すためには，リン光材料に合った適切なホスト材料の選択が不可欠となる。本節では，リン光有機EL素子用のホスト材料の研究開発状況について述べる。

PtOEP　　λ_{max} = 650nm

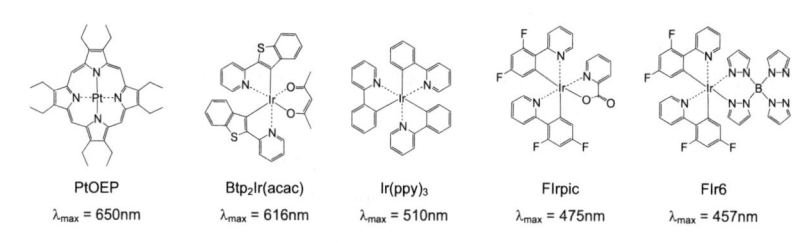

$Btp_2Ir(acac)$　　λ_{max} = 616nm

$Ir(ppy)_3$　　λ_{max} = 510nm

FIrpic　　λ_{max} = 475nm

FIr6　　λ_{max} = 457nm

図1　代表的なリン光材料

2.2 ホスト材料の役割と求められる特性

リン光材料からの高効率発光を得るため，リン光有機EL素子においても，蛍光有機EL素子と同様に，機能分離型の積層構造を取ることが多い。図2に，積層型素子構造の例を示す。素子に電

---

* 1　Toshimitsu Tsuzuki　日本放送協会　放送技術研究所
* 2　Shizuo Tokito　日本放送協会　放送技術研究所　主任研究員

有機EL材料技術

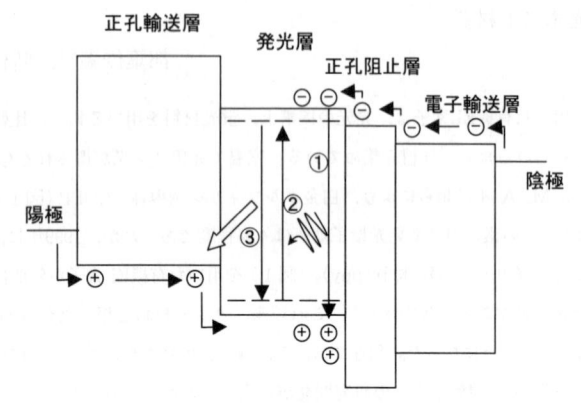

① ホスト分子上での再結合
② ホストからゲストへの励起エネルギーの移動
③ ゲストからの発光

図2　積層型有機EL素子の構造の例

圧印加したとき，陽極より正孔が，陰極より電子が，それぞれ注入される。注入された正孔は，正孔輸送層内を，同じく電子は電子輸送層と電子輸送性の正孔阻止層内を，ホッピング伝導によりそれぞれ輸送され，発光層に注入される。ホスト／ゲスト系発光層における，電荷の注入から発光までの素過程については，様々な機構が考えられるが[23]，ここでは，発光層に電荷が注入される際に，ホスト分子に電子―正孔が注入される場合について考える。ホストに注入された電子と正孔がそれぞれホッピングにより移動し，①ホスト分子上で再結合が起こることによりホスト分子の励起子が生成する。②この励起エネルギーがゲストへ移動した後，③ゲストからの発光が起こる。ゲスト分子が，ホスト分子上を輸送される電荷に対してトラップとして働く場合には，ゲスト分子上で再結合が起こる機構も考えられる。このように，電荷輸送層から発光層ホスト分子に電荷が注入される機構を想定すると，ホスト材料に求められる特性としては，以下のことがあげられる。

・均一なアモルファス膜を形成すること
・電荷輸送性を有すること
・電荷輸送層あるいは電荷阻止層からの電荷注入障壁が小さくなるように，適切なHOMO LUMOエネルギーレベルを有していること

上で述べたような条件は，通常の蛍光ゲスト用のホストに対して求められる条件と基本的には同じである。また，電荷輸送層や電荷阻止層から，直接，ゲストに電荷が注入され，ゲスト上で

第7章 リン光用材料

再結合と発光が起こる機構も考えられるが，この場合には，ゲスト自体のHOMO LUMOエネルギーレベルも，重要なパラメータとなる。これらの条件に加え，リン光ホスト材料として，蛍光ホストと決定的に異なる要求特性として，

- リン光ゲストよりも大きな三重項エネルギーを有していること[6]

が挙げられる。蛍光EL素子の場合には，ホストとゲストの励起一重項のエネルギーレベルの関係が重要であるが，励起三重項からのリン光を利用するリン光素子では，ホストとゲストの励起三重項のエネルギーレベルの関係がより重要となる。すなわち，リン光ゲストの三重項励起エネルギーをホストへ逆戻りさせないために，ホストがゲストよりも大きな三重項エネルギーレベルを有していることが必要となる。このことについては，後で詳しく述べる。

2.3 赤～緑色リン光素子用の低分子ホスト材料

図3(a)に，これまでにリン光EL素子におけるホストとして用いられた低分子材料の例を示す。先にも述べた，PtOEPを用いたリン光素子においては，当初，発光層のホストとしてAlq_3が用いられたが[1]，この素子の外部発光量子効率は4％程度にとどまっていた。これに対して，PtOEPのホストとして，CBPを用いた素子では，外部量子効率を5.6％まで向上させることができた[3]。この結果は，同じPtOEPに対しても，ホストの選択により，発光効率が大きく変化することを示す例として興味深い。ホストAlq_3とCBPの差異は，以下のように説明されている[3,6]。Alq_3/PtOEPの系では，Alq_3とPtOEPの励起三重項のエネルギーが近いため，両分子間の三重項励起状態の相互作用が大きく，ゲストからホストへの逆エネルギー移動などが起こりやすくなり，励起エネルギーの非輻射失活過程が増大して，素子の発光効率が低下していると考えられる。これに対して，CBP/PtOEPの系では，CBPとPtOEPの三重項エネルギーがそれぞれ，2.6eV，1.9eVであり[6]，ホストの三重項エネルギーがゲストよりも著しく大きいため，ゲストからホストへの逆エネルギー移動が抑制されることになる。結果として，励起エネルギーはリン光ゲスト上に閉じ込められ，リン光ゲストから効率よく発光が得られる。実際，パルス光励起したときのフォトルミネッセンスの過渡応答測定からPtOEPの励起状態の寿命(τ)を評価すると，ホストAlq_3にドープした場合$\tau=40\mu s$であるのに対し，CBPにドープした場合$\tau=80\mu s$であることが分かっている[6]。このことに加えて，CBP/PtOEPの系では，発光層内に三重項励起エネルギーを閉じ込めることを目的として発光層と電子輸送層との間に挿入したBathocuproine (BCP) の効果も合わせて，高効率化が実現している。

CBPは，さらに，緑色リン光材料Ir(ppy)$_3$を用いた素子におけるホストとしても用いられ，外部量子効率8％が達成された[2]。CBPとIr(ppy)$_3$の三重項エネルギーは，それぞれ，2.6eV，2.4eVと見積もられており[6]，ホストの三重項の方が大きなエネルギーを有しているものの，CBP/

(a) 低分子ホスト材料

Alq₃　BCP　Bphen　TAZ

TPBI　OXD-7　TCTA

　　　CBP

mCP　CDBP　UGH1　UGH2

(b) 高分子ホスト材料

PVK　PFO

図3　リン光ホストとして使用されている材料の例
(a) 低分子ホスト材料, (b)高分子ホスト材料

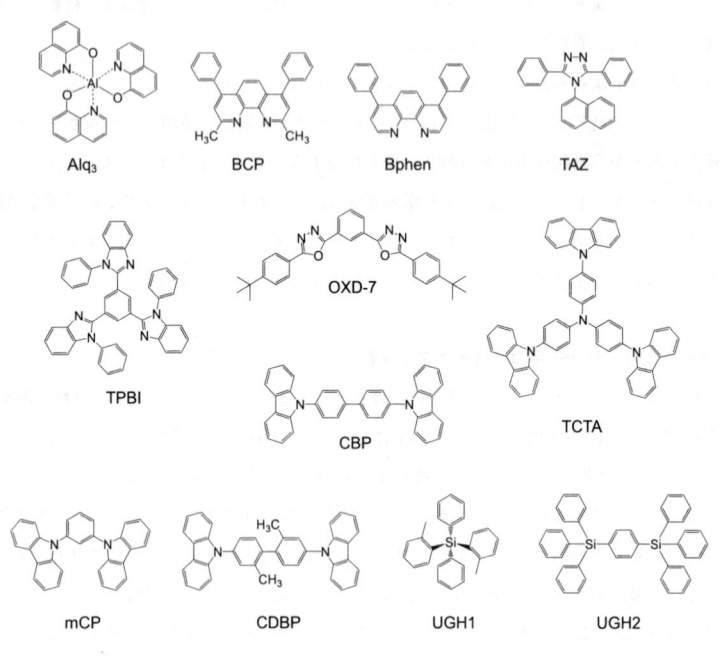

Ir(ppy)₃間の三重項エネルギー差が0.2eV程度しかないため，CBP/Ir(ppy)₃系においても，効率低下の原因となるホストからリン光ゲストへの逆エネルギー移動過程の存在は否定できない。しかし，ゲスト上での電荷トラップに続く直接再結合による励起子生成の機構を考慮すれば，8％の高い外部量子効率を実現できたことを説明できるとされている[6]。

CBPは，緑色あるいは赤色発光イリジウム錯体用の優れたホストとして機能することから，

第7章　リン光用材料

リン光素子の研究開発の分野で広く用いられている。CBPはバイポーラ性ホストと考えられているが[15]，CBP以外にも，電子輸送性のホストとして，TAZ[5,13]，BCP[5,15]，BPhen[17]，OXD-7[5]，TPBI[8]，正孔輸送性のホストとしてスターバースト分子[24]の一つであるTCTA[9,17]など(以上，図3)を，緑色あるいは赤色発光イリジウム錯体用のホストとして用いた素子においても，高効率発光が得られている。これらの中で，緑色リン光材料$(ppy)_2Ir(acac)$[12]に対し，ホストとしてTAZを用いた素子で[13]，また，$Ir(ppy)_3$に対しホストとしてTCTAを用いた素子で[9]，それぞれ，外部量子効率として理論限界値とされる約20%が得られることが報告されている。TAZ/$(ppy)_2$Ir(acac)の系では，電子輸送性かつHOMO-LUMOエネルギーギャップ(Eg)の大きなホストTAZに対して，HOMO準位が浅くかつEgの大きな正孔輸送材料を組み合わせることにより，TCTA/$Ir(ppy)_3$の系では，正孔輸送性ホストTCTAに対して，HOMO準位が非常に深い正孔阻止材料を組み合わせることにより，キャリヤバランスと再結合領域の最適制御，発光層内でのゲストの三重項励起エネルギーの効果的な閉じ込めが実現し，高効率発光が達成されている。これらの結果から，ホストのHOMO-LUMOの準位がどの程度であるか，電子・正孔どちらの電荷の輸送性を有しているか，なども考慮して，使用するホストに適した電荷輸送材料や電荷阻止材料を選択する必要があることがわかる。

2.4 青色リン光素子用の低分子ホスト材料

　ホスト材料開発の大きな課題の一つとして，青色リン光ゲスト用ホストの探索がある。青色リン光材料は，緑色および赤色材料に比較して，三重項エネルギーが必然的に大きくなるため，青色リン光ゲストに対するホストは，より大きな三重項エネルギーを有していることが求められる。実際，青色リン光材料(FIrpic)からのEL発光が得られた初めての報告例[11]においては，大きな三重項エネルギーを有する適切なホスト材料が未開発であったことから，CBPがホストとして用いられており，量子効率は約6%にとどまっていた。すなわち，CBP/FIrpicの系においては，CBPの三重項レベルが，さきに述べたように2.6eV(より詳しくは2.56±0.10eV)であるのに対し，FIrpicの三重項レベルが2.62±0.10eVであり，ホストの三重項レベルの方がやや低いため，ゲストの励起三重項エネルギーがホストへ逆移動し，非輻射での失活が起こりやすくなり，高効率が得られなかった。安達らによるリン光ゲストの発光特性に関する一連の詳細な実験から，FIrpic分子のリン光量子収率は約100%であることが分かっており[25,26]，FIrpicをはじめとする青色リン光ゲストの能力を最大限に引き出すことのできる，大きな三重項エネルギーを有するホスト材料を実現するための分子設計指針の確立が求められていた。最近，R. J. Holmesらにより，大きな三重項エネルギーを有するmCP(図3)をFIrpic用のホストとして用いた素子が外部量子効率7.5%を示すことが報告された[18]。mCPの三重項レベルは2.9eVであり，FIrpicの三重項レベルよ

219

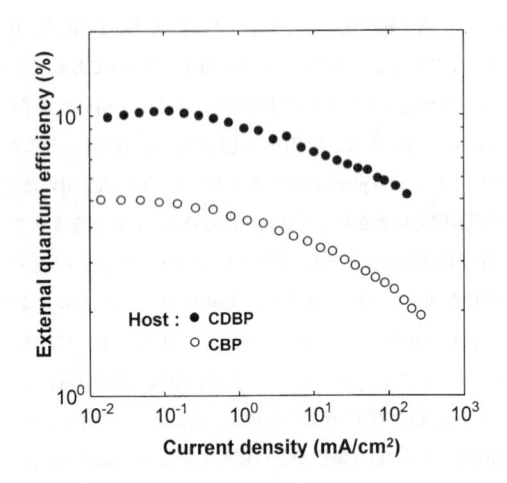

図4　青色リン光素子ITO/PEDT:PSS/α-NPD/Host:FIrpic/BAlq/LiF/Al
　　　の電流密度−外部発光量子効率特性

りも高い。さらに，筆者らは，CBPをベースにして開発した大きな三重項エネルギーを有する新規ホスト材料CDBP（図3）をFIrpic用のホストとして用いた素子において，外部量子効率10.4％が得られたことを報告している[20]。

　図4に，CBP/FIrpic系とCDBP/FIrpic系の素子の電流密度−量子効率特性の比較を示す。CDBPをホストとして用いると，CBPを用いた場合に比較して2倍近くの効率が得られることが分かる。CDBPにおいては，CBPのビフェニル骨格部位への2つのメチル基の導入によりフェニル基同士をねじってπ共役を短くすることで，CBPよりもHOMO-LUMOのEgを大きくし，これに伴って三重項エネルギーを大きくすることを狙っている。実際に，77KにおけるCDBP溶液（エタノール：メタノール＝4：1）の遅延PL測定によりCDBPのリン光を観測し，これより三重項エネルギーは約3.0eVと見積もられた。このことから，骨格をねじるようなアルキル基の導入は，大きな三重項エネルギーを有する材料開発のための一つの分子設計指針となることがわかる。発光層ホスト内におけるFIrpicの励起エネルギーの閉じ込めの効果について検討するため，CBP/FIrpicおよびCDBP/FIrpicの単層膜に対しパルス励起したときのFIrpicのPLの過渡応答を測定した（図5）。CBP/FIrpicにおいては，長い時間領域に遅延発光を含む複雑な減衰を示す。この遅延発光は，CBPの三重項エネルギーがFIrpicのそれよりも低いために，FIrpicの励起エネルギーがCBPに移動し，CBP上にとどまってから，再びFIrpicに移動して発光するというプロセスの存在を示すと考えられる[11]。すなわち，CBP上での励起エネルギーの非輻射失活の可能性の増大を

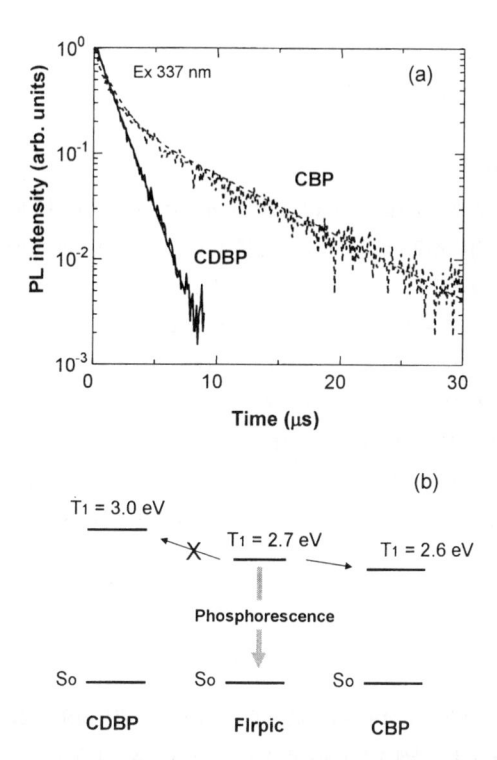

図5 (a) CBP/3 wt% FIrpic 薄膜およびCDBP/3 wt% FIrpic薄膜にパルスレーザ(337nm)を照射したときのフォトルミネッセンス(470nm)の過渡応答，(b) CBP，CDBP，FIrpicの三重項エネルギー(T_1)レベル

示唆する。これに対して，CDBP/FIrpicの系では，FIrpicのPLは，単一の指数関数的に減衰し，励起寿命は約1.4μsと見積もられている。CBP/FIrpicの系で観測されたような遅延発光が認められないことから，ゲストからホストへの逆エネルギー移動が抑制されていると考えられる。したがって，CDBP/FIrpicを用いた素子においても，励起三重項エネルギーがFIrpicに効果的に閉じ込められて，高効率化につながったと結論付けることができる。また，新規ホストCDBPの応用例として，CDBP/新規青色リン光ゲストと CDBP/赤色リン光ゲストの2つの発光層を有する素子から高効率の白色発光が得られることも報告している[21]。

ごく最近，R. J. Holmesらにより，FIrpicよりも色純度の改善された（発光がより短波長化された）新規青色リン光材料として，FIr6（図1）が報告されている[22]。この新規材料用のホストとして，Siを含む材料UGH1およびUGH2（図3）が用いられている。これらのホスト材料は，

約3.2eVの非常に大きな三重項エネルギーを有し,UGH2/FIr6を発光層に用いた素子で,外部量子効率11.6%が得られている。このように,色純度の優れる青色リン光ゲストに対しても,十分機能するホスト材料が開発されてきた。

2.5 高分子ホスト材料

リン光材料を用いた低分子型素子が報告されたのを受け,高分子材料を用いた有機EL素子においても,リン光材料の適用が研究されている(図3(b))。poly(N-vinylcarbazole)(PVK)をホストとして用い,低分子のリン光ゲストを分散した素子の特性について,いくつかの報告例がある[27~32]。これらの中で,筒井らは,Ir(ppy)$_3$をホストPVKに分散した発光層に対し,蒸着により正孔阻止層と電子輸送層を積層することで,7%を越える外部量子効率も達成している[27]。PVKの三重項エネルギーを考慮すると,青色リン光ゲストに対するホストとしては,不十分であるとの報告もある[29]。PVK以外の高分子ホスト材料としては,poly(9,9-dioctylfluorene)(PFO)をホストとして用いた研究例がある[33]。ホストPFOに対しPtOEPを分散した素子で,外部量子効率3.5%が得られている。また,筆者らは,ホストとリン光ゲストを一体化した初めての高分子リン光材料として,ホストユニットとリン光発光ユニットの共重合高分子「リン光性高分子」を開発している[34,35]。

2.6 おわりに

以上,リン光EL素子用の低分子および高分子ホスト材料の研究開発状況について述べた。今後も,リン光ゲスト本来の特性を最大限に引き出すことができるようなホスト材料の研究開発が望まれる。リン光EL素子のホスト材料に求められる特性としては,励起三重項エネルギーをリン光ゲストに効果的に閉じ込められるような大きな三重項エネルギーを有していることが,特に重要となる。さらに,発光効率,寿命など,素子特性のより一層の向上のためには,用いるホスト/リン光ゲスト系発光層に組み合わせる電荷輸送材料ならびに電荷阻止材料の探索も重要な研究課題である。

文　献

1) M. A. Baldo, D. F. O'Brien, Y. You, A. Shoustikov, S. Sibley, M. E. Thompson, S. R. Forrest, *Nature*, **395**, 151 (1998)

第7章 リン光用材料

2) M. A. Baldo, S. Lamansky, P. E. Burrows, M. E. Thompson, S. R. Forrest, *Appl. Phys. Lett.* **75**, 4 (1999)
3) D. F. O'Brien, M. A. Baldo, M. E. Thompson, S. R. Forrest, *Appl. Phys. Lett.* **74**, 442 (1999)
4) T. Tsutsui, M.-J. Yang, M. Yahiro, K. Nakamura, T. Watanabe, T. Tsuji, Y.Fukuda, T. Wakimoto, S. Miyaguchi, *Jpn. J. Appl. Phys.* **38**, L1502 (1999)
5) C. Adachi, M. A. Baldo, S. R. Forrest, M. E. Thompson, *Appl. Phys. Lett.* **77**, 904 (2000)
6) M. A. Baldo, S. R. Forrest, *Phys. Rev. B* **62**, 10958 (2000)
7) M. A. Baldo, C. Adachi, S. R. Forrest, *Phys. Rev. B* **62**, 10967 (2000)
8) C. Adachi, M. A. Baldo, S. R. Forrest, S. Lamansky, M. E. Thompson, R. C. Kwong, *Appl. Phys. Lett.*, **78**, 1622 (2001)
9) M. Ikai, S. Tokito, Y. Sakamoto, T. Suzuki, Y. Taga, *Appl. Phys. Lett.* **79**, 156 (2001)
10) Y. Wang, N. Herron, V. V. Grushin, D. D. LeColuox, V. A. Petrov, *Appl. Phys. Lett.* **79**, 449 (2001)
11) C. Adachi, R. C. Kwong, P. Djurovich, V. Adamovich, M. A. Baldo, M. E. Thompson, S. R. Forrest, *Appl. Phys. Lett.* **79**, 2082 (2001)
12) S. Lamansky, P. Djurovich, D. Murphy, F. Adbel-Razzaq, H.-E. Lee, C. Adachi, P. E. Burrows, S. R. Forrest, M. E. Thompson, *J. Am. Chem. Soc.* **123**, 4304 (2001)
13) C. Adachi, M. A. Baldo, M. E. Thompson, S. R. Forrest, *J. Appl. Phys.* **90**, 5048 (2001)
14) V. V. Grushin, N. Herron, D. D. LeColuox, W. J. Marshall, V. A. Petrov, Y. Wang, *Chem. Commun.*, 1494 (2001)
15) C. Adachi, M. E. Thompson, S. R. Forrest, *IEEE J. Selected Topics in Quant. Electr.* **8**, 372 (2002)
16) S. Okada, H. Iwasaki, M. Furugori, J. Kamatani, S. Igawa, T. Moriyama, S. Miura, A. Tsuboyama, T. Takiguchi, H. Mizutani, *SID 02 DIGEST*, 1360 (2002)
17) X. Zhou, D. S. Qin, M. Pfeiffer, J. Blochwitz-Nimoth, A. Werner, J. Drechsel, B. Maennig, K. Leo, M. Bold, P. Erk, H. Hartmann, *Appl. Phys. Lett.* **81**, 4070 (2002)
18) R. J. Holmes, S. R. Forrest, Y.-J. Tung, R. C. Kwong, J. J. Brown, S. Garon, M. E. Thompson, *Appl. Phys. Lett.* **82**, 2422 (2003)
19) T. Tsuzuki, N. Shirasawa, T. Suzuki, S. Tokito, *Adv. Mater.* **15**, 1455 (2003)
20) S. Tokito, T. Iijima, Y. Suzuri, H. Kita, T. Tsuzuki, F. Sato, *Appl. Phys. Lett.* **83**, 569 (2003)
21) S. Tokito, T. Iijima, T. Tsuzuki, F. Sato, *Appl. Phys. Lett.* **83**, 2459 (2003)
22) R. J. Holmes, B. W. D'Andrade, S. R. Forrest, X. Ren, J. Li, M. E. Thompson, *Appl. Phys. Lett.* **83**, 3818 (2003)
23) 村田英幸,「有機EL材料とディスプレイ」, 第6章, 城戸淳二監修, シーエムシー出版
24) 城田靖彦,「有機EL材料とディスプレイ」, 第8章, 城戸淳二監修, シーエムシー出版
25) 安達千波矢ほか, 第49回応用物理学会関係連合講演会 (2002)

26) 安達千波矢ほか,応用物理学会 有機分子・バイオエレクトロニクス分科会会誌, **14**, 23 (2003)
27) M.-J. Yang, T. Tsutsui, *Jpn. J. Appl. Phys.* **39**, L828 (2000)
28) C.-L. Lee, K. B. Lee, and J.-J. Kim, *Appl. Phys. Lett.* **77**, 2280 (2000)
29) Y. Kawamura, S. Yanagida, S. R. Forrest, *J. Appl. Phys.* **92**, 87 (2002)
30) S. Lamansky, P. I. Djurovich, F. Adbel-Razzaq, S. Garon, D. L. Murphy, M. E. Thompson, *J. Appl. Phys.* **92**, 1570 (2002)
31) K. M. Vaeth, C. W. Tang, *J. Appl. Phys.* **92**, 3447 (2002)
32) I. Tanaka, M. Suzuki, S. Tokito, *Jpn. J. Appl. Phys.* **42**, 2737 (2003)
33) P. A. Lane, L. C. Palilis, D. F. O'Brien, C. Giebeler, A. J. Cadby, D. G. Lidzey, A. J. Campbell, W. Blau, D. D. C. Bradley, *Phys. Rev. B* **63**, 235206 (2001)
34) S. Tokito, M. Suzuki, M. Kamachi, *Proceedings of EL 2002*, 283 (2002)
35) M. Suzuki, S. Tokito, M. Kamachi, K. Shirane, F. Sato, *J. Photopolym. Sci. Tech.* **16**, 309 (2003)

3　正孔阻止材料

3.1　リン光発光素子

佐藤佳晴*

　リン光素子の代表的な構造を図1に示す。蛍光素子と比較して特徴的なのは、正孔阻止層の存在である。BCPが最初のリン光素子に適用された正孔阻止材料である[1]。BCPはワイドギャップ材料であるとともに、深いイオン化ポテンシャルを有することからリン光素子に適用されて成功した。ただし、この材料は分子量が小さいことから、結晶化や凝集等の薄膜状態での不安定性がある。その後、いくつかの材料系においてリン光素子において機能する正孔阻止材料が見つけられた。代表的な材料を図2に示す。フッ素化する分子設計は、イオン化ポテンシャルを大きくすることにより、正孔阻止性能を高めるねらいである。$C_{60}F_{42}$はそのようなねらいで合成された材料であるが、これまでの$Ir(ppy)_3$を用いたリン光素子の発光効率のチャンピオンデータを与えている[2]。電子欠損型であることもイオン化ポテンシャルを大きくする方向にあり、TPBIはその例である[3]。金属錯体系の青色発光材料であるBAlq及びSAlqは、発光層として最初に検討されたが、その後、正孔阻止材料としても有効なことが見出された[4]。

3.2　正孔阻止層

　正孔阻止層の考え方は、青色蛍光素子への適用から始まったと考えられる[5]。当社においても、発光層のホスト材料として図1に示したPPDという正孔輸送材料を用いて、青色発光を得てい

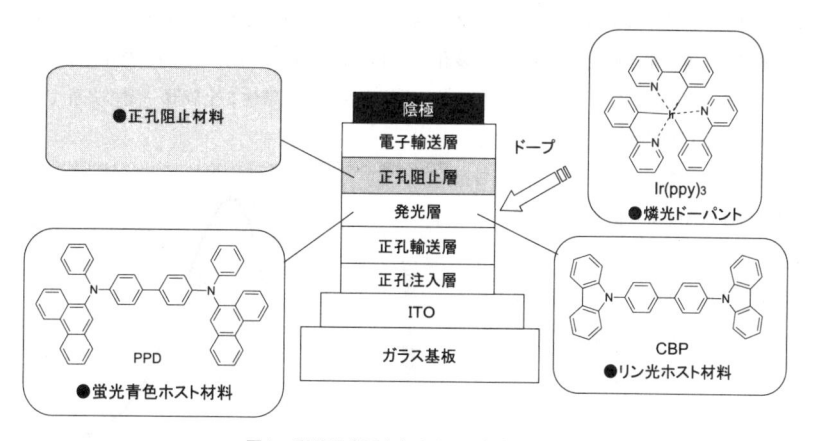

図1　正孔阻止層を有するリン光素子構造

---

*　Yoshiharu Sato　㈱三菱化学科学技術研究センター　光電材料研究所　副所長

有機ＥＬ材料技術

図2　正孔阻止材料の開発

るが，従来正孔輸送層としてしか考えられていなかった芳香族ジアミン化合物を光らせるのに成功したのは，正孔阻止層としてのSAlqの発見にある[6]。

SAlqは青色発光材料としても使用可能であり，当社でも発光層として検討した。その過程において，この材料は正孔輸送層とAlq$_3$電子輸送層とのサンドイッチ構造で，15nmという膜厚でも十分に機能したことから，正孔輸送層からの正孔をAlq$_3$層へ移動させない機能を有していることに気付いた。この発見はすぐに前述の青色発光素子へとつながった。図3にSAlq正孔阻止層の膜厚に対する，素子の発光スペクトル変化を示す。膜厚2nmの正孔阻止層の存在により，すでにPPDからの青色発光が観測されている。電流密度－電圧特性を全膜厚一定の条件で比較したが，SAlqの膜厚が小さい素子の方が低電圧になっていることから，電子の移動度自体はAlq$_3$より低いことが予想される。

サイクリックボルタンメトリーにより決定した，リン光素子を構成する各材料のエネルギー準位を図4に示す。BAlqはSAlqと同様の物性を有すると考えられる。BAlqのイオン化ポテンシャルの値は，PPDより0.3V程度大きいので，正孔注入に対する障壁はあると考えられ

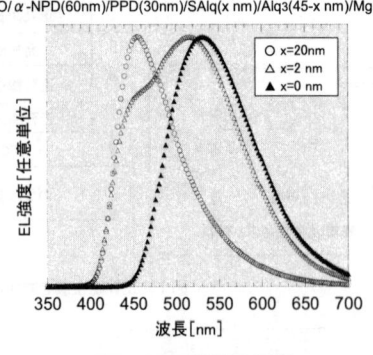

図3　SAlqの正孔阻止特性

第7章　リン光用材料

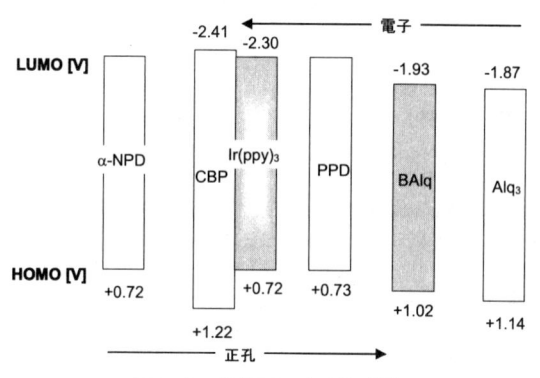

図4　リン光素子のエネルギー準位

（図中の数値：LUMO [V]　α-NPD: -2.41、CBP: -2.30、Ir(ppy)₃、PPD、BAlq: -1.93、Alq₃: -1.87。HOMO [V]　α-NPD: +0.72、CBP: +1.22、Ir(ppy)₃: +0.72、PPD: +0.73、BAlq: +1.02、Alq₃: +1.14。電子→、正孔→）

る。一方，リン光素子のホスト材料であるカルバゾール誘導体（CBP）の場合は，イオン化ポテンシャルの関係は逆転する。ここで，5％程度ドープされるIr(ppy)$_3$のHOMO準位をみると，PPDとほぼ同じ値を示す。CBPホスト内で，正孔移動がIr(ppy)$_3$のHOMO準位を経て起きていると考えられているので，むしろIr(ppy)$_3$のイオン化ポテンシャルより正孔阻止材料のイオン化ポテンシャルが大きいことが，本質的なことだと推測される。

　正孔阻止層に要求される物性としては，上記のようにイオン化ポテンシャルが大きいことが，再結合サイトを発光層内に閉じ込めるために必要であるが，励起三重項状態（T1準位）がリン光ドーパントのそれより大きいことも要求される。これは，発光層内で生成した励起三重項状態が正孔阻止層に使われている材料の励起三重項状態により消光されることを防ぐためである。この他に，発光層内で効率よく再結合が行われるためには，電子移動度が高いことも必要である。

3.3　今　後

　リン光素子も蛍光素子と同様に，長寿命化がますます要求されている。正孔阻止層という機能を付加したために，発光機構及び劣化機構がAlq$_3$ベースの蛍光素子とは異なる面が出てきている。リン光素子の劣化をより深く理解するためには，カルバゾール系のホスト材料や正孔阻止材料の物性情報が不可欠である。今後の材料開発においても，物性理解を深めながら，素子特性との対応をとりながら長寿命化を促進していくことが肝要だと考える。

有機EL材料技術

文　献

1) M.A. Baldo, S. Lamansky, P.E. Burrows, M.E. Thompson and S.R. Forrest, *Appl. Phys. Lett.*, **75**, 4 (1999)
2) M. Ikai, S. Tokito, Y. Sakamoto, T. Suzuki and Y. Taga, *Appl. Phys. Lett.*, **79**, 156 (2001)
3) R.C. Kwong, M.R. Nugent, L. Michalski, T. Ngo, K. Rajan, Y-J. Tung, M.S. Weaver, T.X. Zhou, M. Hack, M.E. Thompson, S.R. Forrest and J. Brown, *Appl. Phys. Lett.*, **81**, 162 (2002)
4) T. Watanabe, K. Nakamura, S. Kawami, Y. Fukuda, T. Tsuji, T. Wakimoto and S. Miyaguchi, *Proc. SPIE 2000*, **4105**, 175 (2000)
5) Y. Kijima, N. Asai and S. Tamura, *Jpn. J. Appl. Phys.*, **38**, 5274-5277 (1999)
6) Y. Sato, S. Ichinosawa, T. Ogata, M. Fugono and Y. Murata, *Synthetic Metals*, **111-112**, 25-29 (2000)

第8章　周辺材料

1　ダイニック㈱の水分ゲッター材「HGS(Humidity Getter Sheet)」

内堀輝男*

1.1　はじめに

　有機ELディスプレイ（OELD）は，次世代フラットパネルディスプレイとして現在非常に注目されている。その特徴としては，①自発光であるためコントラストが高い，②厚みが薄い，③視野角が広い，④応答速度が液晶に比べ非常に速く動画に適している，⑤構成部品数が少なく，量産化によりコストを大幅にダウンできる可能性を秘めている，⑥エネルギー消費量が少ない，などが挙げられる。これらの特徴は，特に液晶ディスプレイ（LCD）と比較されることが多く（表1），液晶の持つ市場を狙って参入と競争が始まっている。

　有機ELディスプレイの製法と種類を表2[1)]に示す。パッシブ型モノカラー，エリアカラーについては既に国内では東北パイオニア社やTDK社などが，また，海外では，SNMD社（韓国）やRit-display社（台湾）他が車載用途や携帯電話用ディスプレイとして量産を開始している。アクティブ型のフルカラーについても，各種展示会において各社から発表がなされており，2003年にはコダック社のデジタルカメラにエス・ケイ・ディスプレイ社の製品が搭載・実用化されている。

　有機ELディスプレイの量産化には，様々な課題が残っているが，現在の最も大きな問題は発光寿命の短さである。これに対して発光材料そのものの長寿命化が各メーカーにより進められているが，中でも燐光タイプの発光材料は注目されており，外部量子効率の改善と寿命改善の両立が検討されている[2)]。また，駆動方法の面からも，様々な研究が進められている。

表1　OELDとLCDの比較

	OELD	LCD
コントラスト	高い	低い
厚さ	薄い	厚い（バックライト要）
応答速度	速い（動画に適する）	遅い
視野角	広い	狭い
部品数	少ない	多い

---

*　Teruo Uchibori　ダイニック㈱　電子特材技術グループ　参事補・スペシャリスト

有機ＥＬ材料技術

表2　OELDの製法と種類

有機材料	駆動方式	発光色	真空蒸着	スピンコート	インクジェット	パネルサイズ
低分子タイプ	パッシブ	モノカラー	○			10型以下（高精細向き）
		エリアカラー	○			
		フルカラー	● ↓			
	アクティブ	フルカラー	●			
高分子タイプ	パッシブ	モノカラー		○	○	10型以上（大画面向き）
		フルカラー		●	● ↓	
	アクティブ	フルカラー			●	

　素子の長寿命化に関しては，素子内部の水分や酸素による素子劣化というもう一つの問題がある。当社は，この問題の解決に注目し，発生原因である内部残存水分・酸素を素子内から除去するための高性能な水分ゲッターシートの開発を行い，HGSシリーズの名前で国内外の有機ELディスプレイメーカーに納入している。

1.2　有機ELのダークスポットについて

　まず，有機ELディスプレイの構造を図1に示す。有機ELディスプレイは，概略的には，ガラス／陽極／有機発光層／陰極で構成されている。陰極には，Al-Li，Mg-Ag，Caなど仕事関数の低い金属膜が使用される。その陰極が，デバイス内へ侵入する水分や酸素により酸化され，腐食や浮きが生じる事により通電不良が部分的に起こり，非発光エリアが発生拡大すると言われている。これがダークスポットあるいはシュリンケージと呼ばれるものである。写真1は，ダークスポットの発生例である。この陰極の劣化を防ぐためには，①材料自体が持ち込む水分，②封止剤を通過して侵入する水分，③外部から侵入する酸素，④内部から発生するアウトガス，⑤封止剤から発生するアウトガスなどを抑制することが重要である。

　外部からの水分の侵入は，その殆どが封止剤の部分からであり，封止剤自体の改良は，封止

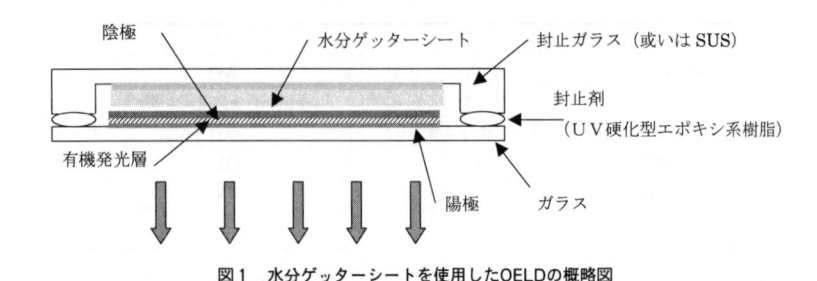

図1　水分ゲッターシートを使用したOELDの概略図

第 8 章　周辺材料

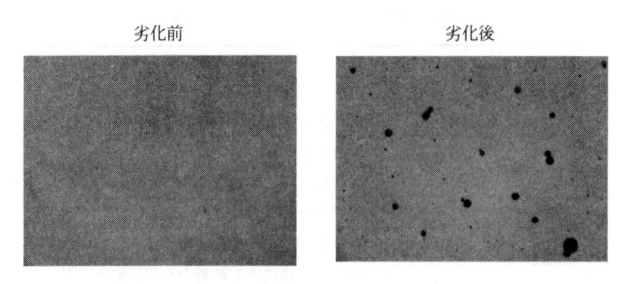

劣化前　　　　　　　　劣化後

写真 1　ダークスポットの発生例

メーカーの方でかなりの研究が進められている。しかし，その封止性も高温多湿環境に置かれると完璧ではなく，ごく僅かな水分の侵入によりダークスポットは成長する。その僅かな水分を確実に取るために水分ゲッター材の使用が不可欠である。

有機ELの封止工程は，露点マイナス70～80℃といった1ppm前後の水分濃度の低湿度環境で行うのが一般的である。水分ゲッター材には，このような微量濃度レベルの水分が陰極を侵す前に素子内から除去する非常に高い吸湿能力が要求される。従来一般的に使用されてきた吸湿剤，例えばゼオライトやシリカゲルなどの物理吸着タイプのものは，このような低湿度環境下での吸湿能力は高いとは言えない。また，吸湿した水分を100℃以上の高温下では可逆的に再放出することから有機EL用途には適さない。一方，不可逆的な化学反応による吸着メカニズムを持った吸湿剤として，一般にアルカリ土類金属の酸化物が知られており，従来有機EL用途にも使用されている。しかしながら，市販のアルカリ土類金属酸化物では，吸湿能力が十分ではない。そのため吸湿能力を向上させた特殊処理酸化物が吸湿剤としてゲッター材メーカーで開発されており，ゲッター材の形態についても，粉末やペースト状のもの，粉末を多孔質フィルムでパッケージングしたものなどが各社から出されているのが現状である。

1.3　ダイニックの水分ゲッター材HGS

ダイニックでは，有機ELディスプレイ用のシート状の水分ゲッター材「HGS」を開発した[3]。薄さを特徴とする有機ELディスプレイには，薄いシート状の水分ゲッター材が不可欠であることに着目し，有機ELの量産性を考慮し，粘着剤付きのシートタイプで開発を進めてきた。水分ゲッターシートに求められる特性を表3に示す。

1.3.1　水分ゲッターの反応機構[4]

$$MXO + H_2O \rightarrow MX(OH)_2$$

　　　MX：アルカリ土類金属（Mg, Ca, Sr, Ba）

表3 水分ゲッターシートの要求品質

水分吸湿機能	水分吸湿速度が大きいこと
	水分吸湿量が大きいこと
	極低湿度で吸湿力を持つこと
シート厚さ	できるだけ薄いもの
	水分吸湿後の厚み変化が少ないもの
アウトガス	低アウトガス
粘着性	初期粘着力が適正なこと
	低温から高温まで粘着力を保持すること
封止キャップへの装着性	完全自動化で装着できること
安全性	地球環境に負荷を与えないこと
価格	できるだけ安価なこと

アルカリ土類金属の酸化物は，有機ELディスプレイ内の水分と反応して，水酸化物になる。この逆反応は400℃近い高温にならないと起こらない。すなわち，有機ELディスプレイの使用環境下では，再び水分を放出することはない。ところがSrやBaの水酸化物は多量の結晶水をもっており，この内$Sr(OH)_2$の結晶水の一部は100℃以下でも再放出するので，この用途に単独で使用するのは好ましくない。また，Baの酸化物，水酸化物は劇毒物に指定されている。そのため，原料のグリーン調達の面からもできる限り使用を控えるべきである。

我々は主に，価格的にも安価な酸化カルシウムに特殊な処理を行うことで，高い吸湿特性を持った新規の水分ゲッター材を開発した。この特殊処理によって酸化カルシウムの活性度を上げることにより，他の酸化物より優れた吸湿速度を持っている。図2に，他のアルカリ土類酸化物と弊社開発の酸化カルシウムとの吸湿速度の比較を示した。ディスプレイデバイス内での陰極の酸化反応よりも早くゲッター材が水分を吸湿することが不可欠であり，この吸湿剤の吸湿速度が水分ゲッター材の重要なポイントである。

1.3.2 水分ゲッターシートの構造

図3にHGSの構造を示す。マトリックス樹脂としてPTFEを用い，高活性化した酸化カルシウムを混合し，シート化したものである。シートは，PTFEを使用することにより多孔質化した構造を持ち，酸化カルシウムのもつ吸湿能力を効率よく発揮できるようになっている。また，粘着層には，低アウトガス設計の粘着剤を用いることはもちろんの事，中間にPET基材を入れることにより，素子への装着時の機械的特性や寸法安定性等を付与している。

1.3.3 水分ゲッターシートの吸湿特性

HGSの吸湿特性を図4と図5に示す。図4のグラフは，20℃65%RHの環境に放置したときの吸湿による重量増加を示したものである。シートの厚さによって吸湿容量は変わるものの非常に

第8章　周辺材料

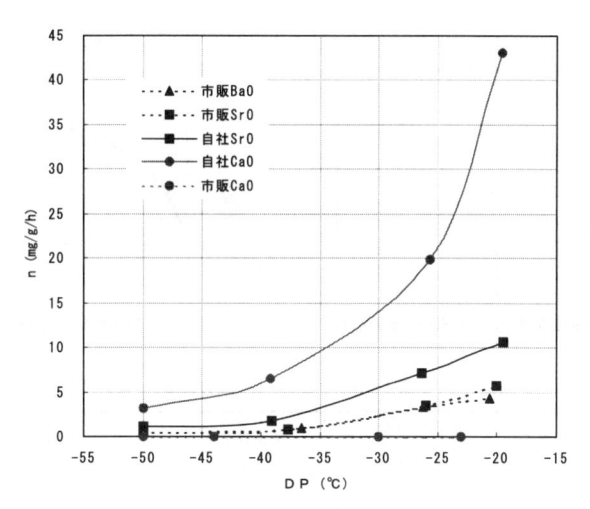

図2　吸湿剤の吸湿速度比較

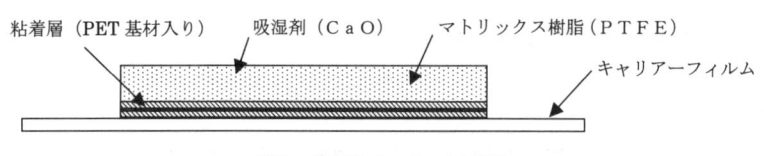

図3　水分ゲッターシートの構造

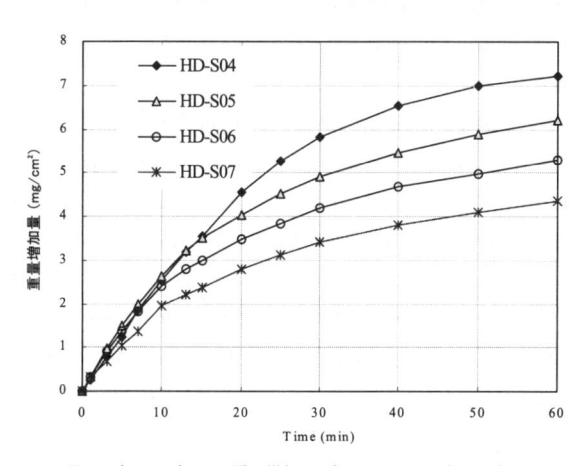

図4　各タイプの吸湿重量増加（20℃，65％RH環境放置時）

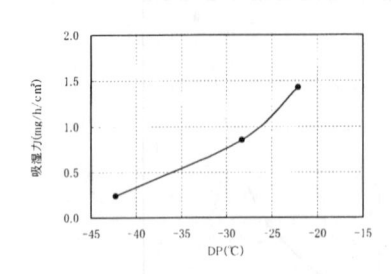

図5 低露点環境でのHD-S05の吸湿特性

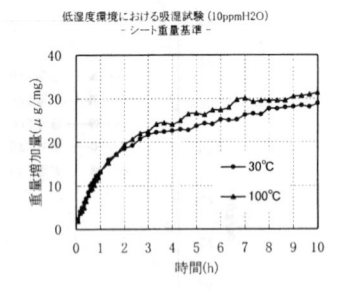

図6 吸湿特性の温度依存性

表4 水分ゲッターシートの品種

タイプ	吸湿層厚み (max)	粘着層厚み	キャリアーフィルム幅
HD	02：420μm 04：270μm 05：250μm	30μm：SUS，エッチングガラス対応	33mm 40mm（標準）
HD-S	06：200μm 07：150μm	40μm：サンドブラストガラス対応	48mm 50mm（標準）

高い水分吸湿能力を有している（表4参照）。

また，図5のグラフは，低露点環境における吸湿力を示す。極低湿度環境でも優れた吸湿特性を持っていることが分かる。

図6は，同一水分濃度雰囲気での温度による比較である。30℃の場合も，100℃の場合も吸湿性に大きな差は無い。温度が高い時の方がデバイス内への水分の浸入も著しいと考えられるが，その場合でも吸湿性が劣ることなく発揮されることを示している。

1.3.4 シートの厚さ

有機ELディスプレイには，封止用のガラスとして1.1mm厚や0.7mm厚のものが使われているが，ゲッター材を装着するスペースを確保するためにガラスに掘り込みを設ける必要がある。このガラスの掘り込みは，エッチングやサンドブラストなどの方法で行われているが，多くのコストが掛かる上，掘り込みによってガラスの強度が低下するという問題がある。そのため，掘り込みは極力薄い方が好ましく，ゲッターシートも厚みが薄く，また吸湿による厚みの増加の少ないものが良い。デバイスメーカーが，吸湿性能を満足する厚み・サイズを評価・選定することにより，封止ガラスの掘り込み深さを出来るだけ少なく出来るように，弊社のHGSは数種類の厚さのグレードを取り揃えている。また，粘着性においても，適切な接着性を得るため，封止ガラスの種類に応じ選択できるようにしている。表4に弊社HGSの品種を示す。

1.3.5 水分以外の劣化成分の除去

水分吸湿剤として酸化カルシウムを使ったゲッター材の利用によりダークスポットの発生は大幅に改善されるが，酸素やアウトガスによる劣化の問題がまだ残っている。弊社のHGSは，水分以外の劣化要因，特に封止用剤から発生するアウトガス[5]にも着目し，それらの除去効果も兼ね備えている。図7には，有機EL用の封止剤のアウトガス分析のデータを示す。(A)は，何も入れてない空容器，(B)は，容器内に封止剤を入れたガス分析結果である。チャートから明らかなように，封止剤からのアウトガスの発生が確認出来る。(C)は，封止剤と一緒にHGSを入れたものである。(B)で検出されていたアウトガス成分が大幅に除去されていることが確認できる。残念ながら発生しているアウトガス成分の特定には至っていないが，このHGSのアウトガス除去効果は，デバイスメーカーによる劣化促進テストで高い評価を得ており，現在多くの有機ELディスプレイメーカーが当社HGSを採用する動機となっている。

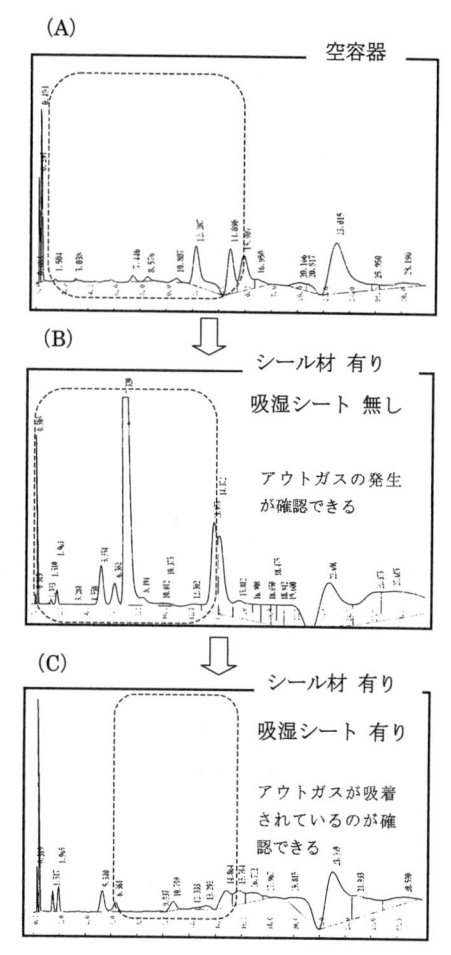

図7　シール剤のアウトガス除去効果

1.3.6 酸素に対する特性

水分と同様に，デバイス内の酸素の存在もダークスポットの発生因子であり，デバイスの劣化を促進させる。有機ELの製造工程では，酸素の存在を嫌い，窒素雰囲気中で封止されるのが通例であるが，前工程の低湿度環境はドライエアー雰囲気下であり，多量の酸素を含んでいる。また，先に述べた封止剤からのアウトガスとしての酸素の発生や，封止後の空気中の酸素の侵入などでデバイス内に酸素が存在する可能性が有る。当社のHGSは，この酸素に対しても消費能力がある。図8のグラフは，HGSを容器に入れて密封した際の，時間経過による酸素濃度の変化

有機EL材料技術

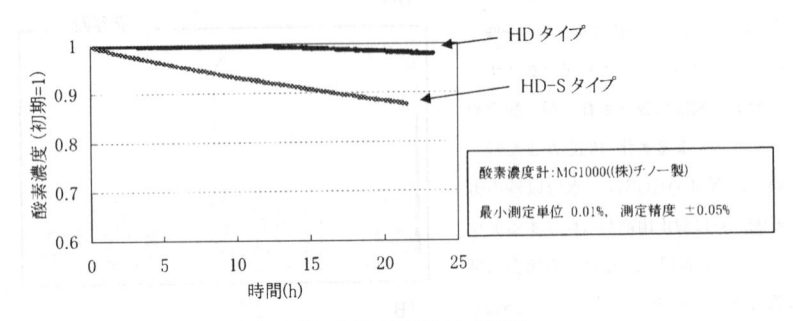

図8　HGSの酸素に対する挙動

を示したものである。酸素消費特性を付与したHD-Sタイプは，HD-タイプに比べてより多くの酸素を消費していることが確認できる。また，この特性は温度依存性があり，高温になるほどその特性は顕著になることがわかっている。デバイス内への酸素侵入は，温度の高い時の方が多いと思われ，適切にその機能が発揮できると考えている。

このように，ダイニックの水分ゲッターシートHGSは，デバイス内で単に水分だけを除去するのではなく，いろいろな角度からデバイスの劣化原因に対してアプローチすることで特性の向上を図っている。このことが，有機ELディスプレイメーカーの厳しい評価に適合して採用されているものと自負している。

1.3.7　水分ゲッターの供給形態

有機ELディスプレイの製造工程では，従来は粉末の乾燥剤を封止缶の凹部に手作業で封入したり，溶剤と混合したペーストタイプを塗布するなどの方法でこの問題を解決していた。しかしながら，粉末の場合は，粉体による素子の汚染を防止するためのカバーの取り付けや，工程中の慎重な取り扱いを必要とする。また，ペーストタイプの場合は，溶剤の乾燥除去・乾燥剤の活性化のために高温での熱処理が必要とされてきた。当社のシートタイプのゲッター材HGSは，写真2のようにリール形態になっている。シートは，図3に示すように裏面が粘着層になっており，所

写真2　HGSの製品形態

第 8 章　周辺材料

定の寸法に打ち抜かれた形状でキャリアーフィルム上に搭載されている。このシートをキャリアーフィルムから剥がして封止ガラスに貼り付けるだけでよい。このシートの貼り付けは，デバイスメーカーの工程内に設けられた自動装着ラインで行われている。自動装着ラインでの信頼性を得るために，キャリアーフィルムからの剥離性や封止ガラスへの接着性等に充分な設計がなされており，貼付け装置メーカーとも情報交換をしながら最適化を図っている。リール交換によるライン停止を極力少なくするために 1 リールあたりの搭載枚数は，多い方がよい。搭載枚数は，シートサイズや厚みにも左右されるが，多列配置にすることによって直径350mmのリールに40,000枚近く搭載している製品もある。製品の取扱い性や供給形態については，常にディスプレイメーカーと協議を重ねることによって改良を加えており，有機ELディスプレイの生産性アップに大きく寄与しているものと考えている。

1.4　今後の動向

アクティブタイプの有機ELディスプレイは，光の取り出し効率を上げるためトップエミッション方式が考えられている。不透明な水分ゲッターシートであるHGSは，トップエミッションには使用できないため，透明な乾燥剤が必要となってくる[6]。また，ゲッター材を必要としない膜封止技術や，フレキシブルフィルムディスプレイというものも研究されている[7]。しかし，いずれも実用化にはまだ解決されなければならない問題が残されている。

　有機ELの特長を生かし用途に応じた形態が追求され，それぞれで使い分けられていくと考えられるが，どのような形であっても，封止技術が重要であることに変わりは無く，新しい技術開発が今後も進められていくだろう。それぞれの材料の改良が進められ，欠点を補い合って全体のレベルアップに繋がっていくと考えている。有機ELディスプレイの本格実用化に対し，当社も透明乾燥剤の開発を含めて果敢にチャレンジしていきたいと考えている。

文　　献

1）　吉田広幸，「有機ELディスプレイ2003徹底検証」Electronic Journal 14th FPD Seminar 2003
2）　川見伸ほか，「燐光材料を用いた有機EL素子の長寿命化の可能性」 PIONEER R&D Vol. 11, No.1, p.13（2001）
3）　United States Patent : US6,673,436　B2
4）　川口洋平，月刊ディスプレイ，p.78，10月号（2002）

5) 飯田隆文，電子材料，p.38, 12月号（2001）
6) Y.Tsuruoka *et al.*, SID 03DIGEST, 860（2003）
7) A. B. Chwang *et al.*, SID 03DIGEST, 868（2003）

2 有機EL用透明薄膜捕水剤"OleDry®"の開発

鶴岡誠久*

2.1 概　要

OLEDの保存信頼性を大幅に改善することができる，透明薄膜捕水剤（OleDry®）を開発した。OleDry®はアルミニウム錯体を主成分とする，優れた吸水能力を備えた捕水剤である。この錯体は炭化水素系溶媒に良く溶けるので，封止ガラス内面に塗布し，乾燥させることによって透明な薄膜を形成することができる。OleDry®を使用することで，高い保存信頼性を有した，極めて薄型の透明OLED，トップエミッションOLED，さらにはプラスチック基板を使用したフレキシブルOLEDを実現することができる。

2.2 まえがき

1987年のC. W. Tangらによる低分子タイプOLEDの報告[1]以来，OLEDディスプレイはそのシンプルな構造，高速応答特性，広い視野角などの優れた特徴によって，非常に大きな注目を集めている。

1997年には車載用のディスプレイとして最初に市場に導入され[2,3]，最近では携帯電話のディスプレイに採用されるなど，確実にその市場を伸ばしている。

しかしながら，素子の長寿命化，生産プロセスの効率化など，解決しなければならない問題を数多く抱えているのも事実である。

OLEDはデバイス内部に吸着している残留水分，あるいは素子外部から封止シール部分を透過して浸入してくる水分等の影響により，ダークスポットと呼ばれる非発光部分が発生，成長することが知られている。このダークスポットの発生，成長はデバイスの信頼性を著しく低下させるため，これらの原因となる微量の水分を徹底して取り除く捕水剤をパッケージ内に装着する必要がある。

従来の捕水剤としては，酸化バリウム（BaO），酸化カルシウム（CaO），モレキュラーシーブス（ゼオライト）等があるが，これらの捕水剤の形態は粉末なので，取扱いが大変面倒であった。また，実装上の理由からパネルを薄型化できず，透明でないためトップエミッション構造[4]，さらにはプラスチック基板を使用したフレキシブルOLED[5,6]に適用することが困難であった。

これらの問題を解決するために，粉末状の捕水剤ではなく，液状の捕水剤という新しいコンセプトで開発を行ってきた。そして，ある種の有機金属錯体が優れた捕水効果を持つことを見出し，

---

* Yoshihisa Tsuruoka　双葉電子工業㈱　商品開発センター
プロダクトグループマネージャー

OLEDの捕水剤として評価した。その結果，ダークスポットの発生，成長を強力に抑制することがわかった。この特性を利用することで，信頼性の高い保存寿命特性を有した透明なOLED，トップエミッションOLEDを実現することができる。

2.3 OleDry®とは？

OleDry®の一般式，水との反応式を図1に示す。水との反応は主に付加反応であり，OleDry®のAl原子1個に対して水1分子を化学吸着すると考えている。これによりダークスポットの発生，成長を抑えることができる。

OleDry®の一般式を，また水との反応式を以下に示す。

一般式 $[R-O-Al=O]n \quad R=C_mH_{2m+1}CO$

$$[R-O-Al=O]n + nH_2O \longrightarrow n\ R-O-Al(OH)_2$$

あるいは，

$$\text{(環状三量体)} + 3H_2O \longrightarrow 3\ R-O-Al(OH)_2$$

図1 OleDry®の一般式，及び水との反応式

2.4 OleDry®を使用することによる薄型パッケージの実現

図2にOleDry®を使用したときと，従来の捕水剤を使用したときのパッケージの比較を示す。OleDry®を使用する場合は，キャップとして浅いザグリ加工したガラス基板や，フラットな板ガラスを使用することができ，極めて薄型のパッケージが実現できる。OleDry®の塗布はディスペ

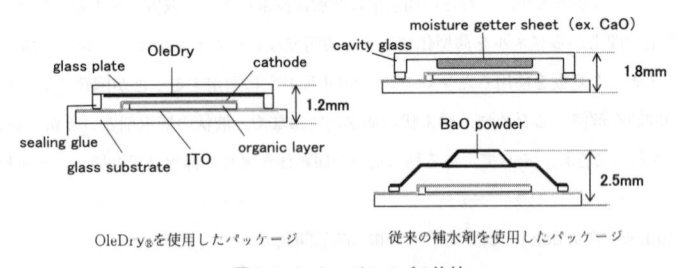

図2 パッケージサイズの比較

ンサやスピンコートで行うことができる．また，乾燥はホットプレート，あるいはオーブンを用い，150～200℃，10minで完了する．OleDry®はどのようなサイズのOLEDにも塗布することができ，さらに塗布量も自由に設定することができる．また，表示エリア全体をカバーして水分を吸着するため，固形タイプのように場所による劣化の違いがない．

2.5 OleDry®の特性

2.5.1 OleDry®の水分吸着能力

捕水剤として最も重要な特性は水分吸着性能である．図3に，CaOを基材とした捕水剤とOleDry®の水分吸着性能の比較を示す．評価は一定容器内に同一体積の捕水剤を投入し，水分量の絶対値の変化をモニターした．センサーには酸化アルミニウムを使用した水分計を使用している．この図から，同一体積における水分吸着性能は，CaOを用いたものに比べて優れていることがわかる．

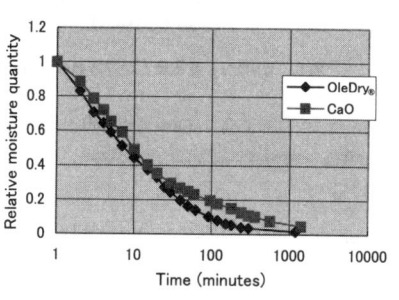

図3 OleDry®の水分吸着能力

2.5.2 OleDry®によるダークスポット抑制効果

OleDry®を実際にディスプレイに実装し，ダークスポットの特性を評価した．その結果を図4に示す．試験条件は85℃-85%RHで行った．この図から明らかなように，OleDry®を使用することで極めて大きなダークスポット抑制効果があることがわかった．

2.5.3 OleDry®塗布量と保存寿命の改善効果

OleDry®塗布量と保存寿命の改善効果を図5に示す．改善効果は85℃-85%RHにおける500×500μm□の発光面積の残存率で評価した．この結果から，OleDry®を2μl/cm^{2}塗布するだけで保存信頼性が大幅に改善されることがわかる．

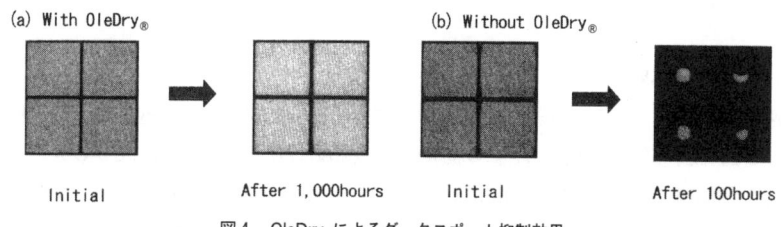

図4 OleDry®によるダークスポット抑制効果

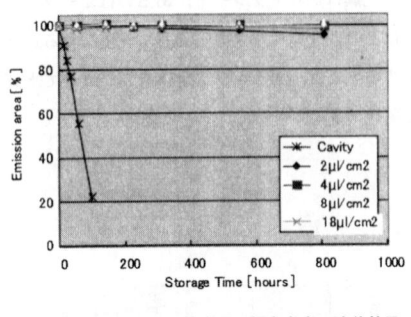

図5　OleDry®塗布量と保存寿命の改善効果

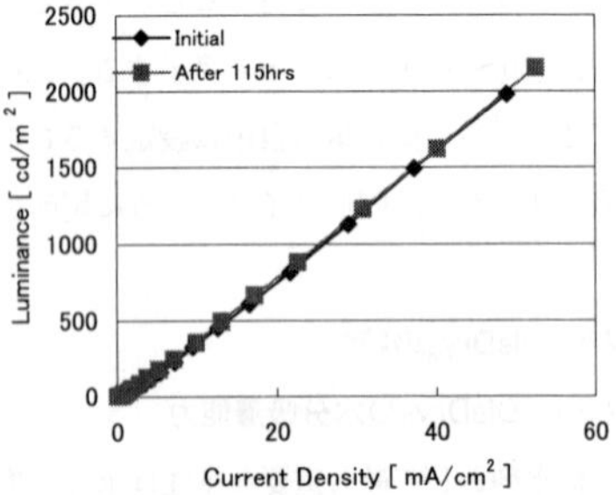

図6　OleDry®の電気的，光学的特性に及ぼす影響

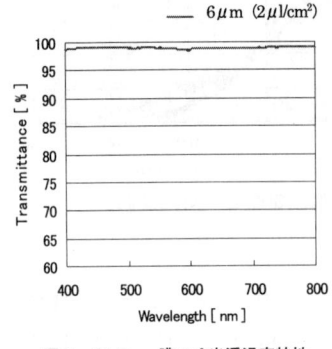

図7　OleDry®膜の分光透過率特性

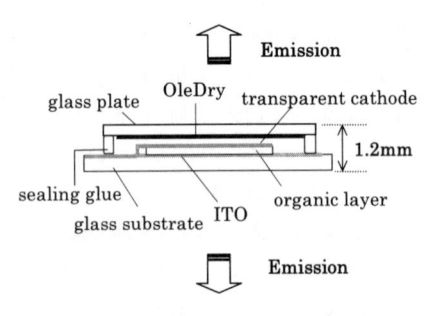

図8　透過型OLEDパネルの構造

2.5.4　OleDry®の電気的，光学的特性に及ぼす影響

OleDry®がOLEDの電気的，光学的特性に及ぼす影響を評価するため，85℃-85%RHの保存寿命試験前後における輝度－電流密度特性を評価した。その結果を図6に示す。この図から，試験前後で電気的，光学的特性に差はみられず，OleDry®の実装によるOLED特性への影響はないと考えられる。

2.6　OleDry®の応用

図7は，乾燥したOleDry®膜の分光透過率特性を示したものである。OleDry®を$2\mu l/cm^2$塗布したとき，膜厚は約$6\mu m$となり，この膜厚では可視領域にわたり透明であることがわかる。この特性を利用することで，透明なOLEDや，トップエミッション構造への適用が可能となる。

図8，写真1は，試作した薄型透明OLEDの構造と表示例である。OleDry®の塗布にはスピンコートを使用している。キャビティガラスを使用せず，パネル厚をトータル1.2mmとしている。

第8章 周辺材料

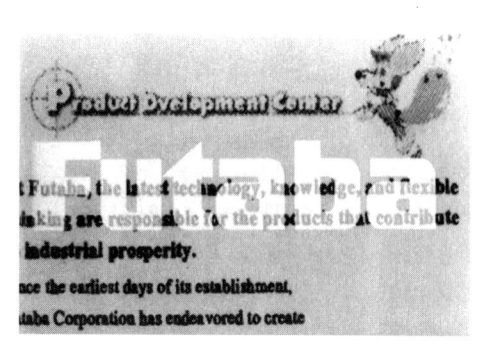

写真1 透過型OLEDパネルの表示例

このように，OleDry®を使用すれば非常に薄型で透明なOLEDを容易に作製することができる。

2.7 まとめ

透明な薄膜でありながら優れた捕水機能を有する有機EL用捕水剤（OleDry®）を開発した。OleDry®はアルミニウム錯体を主成分とする，優れた吸水能力を備えた捕水剤である。この錯体は炭化水素系有機溶媒によく溶けるので，封止ガラス内面に塗布し，溶媒を乾燥させることで透明な薄膜を形成することができる。OleDry®を使用することによって，高い保存寿命を有した，薄型の透明OLED，トップエミッションOLED，さらにはプラスチック基板を使用したフレキシブルOLEDを容易に実現することができる。

文　献

1) C. W. Tang and S. A. VanSlyke, *Appl. Phys. Lett.* **51**, 913 (1987)
2) T. Wakimoto, R. Murayama, K. Nagayama, Y. Okuda, H. Nakada, T. Tohma, *SID '96 Digest*, 849 (1996)
3) H. Kubota, S. Miyaguchi, S. Ishizuka, T. Wakimoto, J.Funai, Y. Fukuda, T. Watanabe, H. Ochi, T. Sakamoto, T. Miyake, M. Tsuchida, I. Ohshita, and T. Tohma, *Journal of Luminescence*, **87**, 56-60 (2000)
4) T. Sasaoka, M. Sekiya, A. Yumoto, J. Yamada, T. Hirano, Y. Iwase, T. Yamada, T. Ishibashi, T. Mori, M. Asano, S. Tamura, T. Urabe, *SID'01 Digest*, 385 (2001)
5) J. K. Mahon, *SID'01 Digest*, 22 (2001)
6) A. Sugimoto, A. Yoshida, T. Miyadera, S. Miyaguchi, *EL'00*, 365-366 (2000)

3 封止材料

堀江賢一*

3.1 はじめに

有機ELディスプレイは軽量薄膜の自発光ディスプレイであり、次世代のフラットパネルディスプレイの有力候補の一つとなっている。現状はオーディオ用、携帯電話のサブパネル用などに採用されている。有機ELディスプレイの課題はまだまだ多くあるが、その一つとして長寿命化がある。長寿命化への取り組みは素子材料開発などがあるが、EL素子を外部要因から守る封止材料及びプロセスも重要な案件となっている。本稿では有機ELディスプレイの封止材料の現状と今後の課題について説明する。

3.2 シール材に求められる特性

有機ELの一般的な構造を図1に示す。有機ELディスプレイの主な外部構成は有機EL素子ガラス基板、封止基板（掘りガラスまたはSUS）とシール剤からなっている。有機ELディスプレイの内部は中空構造になっており、有機EL素子を劣化させないため、不活性ガスで満たされている。有機EL素子は水分などの外的要因にさらされると劣化しダークスポットが発生する。そのため有機ELディスプレイの寿命の重要な要因の一つがシール剤ということができる。

有機ELディスプレイのシール剤の主な要求特性を以下に列挙する。

① 塗布性（ディスペンス塗布、スクリーン印刷など）
② 塗布後形状維持性（シールパンク対策）
③ 低温硬化（UV硬化、低温熱硬化）
④ 低アウトガス
⑤ 低透湿性
⑥ 高剥離接着強さ

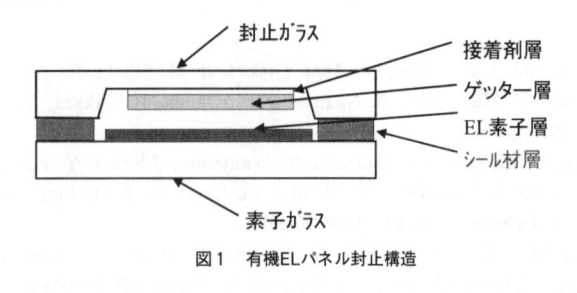

図1 有機ELパネル封止構造

* Kenichi Horie ㈱スリーボンド 研究所 研究企画課 課長

第8章　周辺材料

　以上の要求特性の中で材料選定をするにあたり，③低温硬化を重視して材料選定を実施する必要がある。有機ELディスプレイは有機デバイスである故に耐熱性に優れたデバイスではない。そのため，その組み立てプロセス上で可能な限り高温下にさらさないことが要求される。

　そこで低温硬化という観点から，紫外線硬化性樹脂または低温熱硬化樹脂が考えられる。ただし低温熱硬化樹脂は硬化時に液状状態で熱がかかるために，多量のアウトガスが発生し，EL素子にダメージを与える可能性が高い。また2液硬化樹脂も考えられるが，作業性から量産使用は困難と予想される。

　そのため，量産されている有機ELディスプレイのほとんどは紫外線硬化性樹脂をシール剤として使用している。

3.3 紫外線硬化性樹脂とは

　紫外線硬化性樹脂とは文字通り「紫外線照射装置から照射される紫外線のエネルギーにより短時間に重合硬化する材料」と位置づけられる。紫外線硬化性樹脂は近年ではあらゆる電子機器部品の接着用途に使用されている。その使用例はHDDなどの記録デバイスやピックアップレンズ周辺などの光学デバイスなど様々である。使用理由としては当初は秒単位で硬化するという生産性向上目的が主であったが，最近では紫外線というエネルギーを用いた低温硬化するという特徴を生かした用途が増加してきている。有機ELディスプレイも生産タクトはもちろん重要であるが，最も重要なポイントは低温硬化であるという点である。

　紫外線硬化性樹脂の特徴を以下に列挙する。

① 低温硬化であること
② 硬化速度が速くインライン化が容易であること
③ 紫外線照射しないと硬化しないため，塗布工程における制約が少ない
④ 一液性無溶剤で作業効率が良い
⑤ 多彩な硬化物を実現できる

逆に短所は以下のような項目が挙げられる。

① 紫外線を透過しない材料の接着は不可である
② 複雑な形状の被着体への適用は困難
③ 濃い着色は困難
④ 硬化にUV照射装置が必要

　紫外線硬化性樹脂に必要な波長は200～400nmである（図2参照）。この中でも特に300～350nmの波長が非常に重要である。紫外線照射装置の照度管理波長として365nmが有名であるが，これはあくまでも紫外線照射装置のランプである高圧水銀灯の主波長が365nmであるためであり，紫

紫外線硬化性樹脂に有効な波長は、200〜400 nm

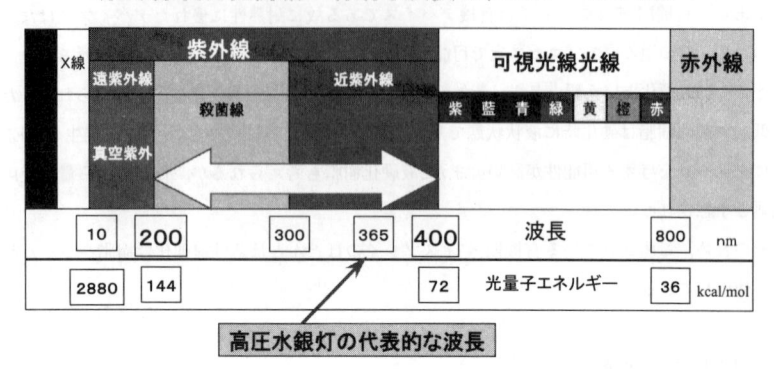

図2　電磁波の分類

外線硬化性樹脂の光重合開始材の分解主波長とは異なる。

紫外線硬化性樹脂の主な種類としてアクリル系とエポキシ系がある。その一般的な構造を図3に示す。アクリルは紫外線を照射するとラジカル重合で重合硬化し（図4）、エポキシは紫外線を照射するとカチオン重合で重合硬化する（図5）。また一般的なアクリル系とエポキシ系の紫外線硬化性樹脂の比較を表1に示す。紫外線硬化性エポキシ樹脂は一般的に耐熱性，耐湿性が良好であり，硬化物の物理特性が非常に良好なことがわかる。

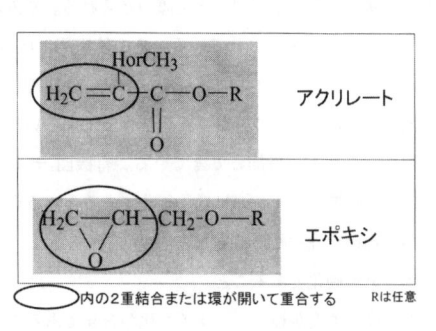

図3　紫外線硬化性樹脂の一般的な構造式

開始反応	$I(開始剤) \xrightarrow{h\nu} I\cdot(ラジカル)$	開始反応	$I(開始剤) \xrightarrow{h\nu} HX^-(プロトン酸)$
生長反応	$I\cdot + R(acrylate) \longrightarrow I-R\cdot$ $I-R\cdot + R \longrightarrow I-R-R\cdot$	生長反応	$HX^- + E(epoxy) \longrightarrow HE^+X^-$ $HE^+X^- + E \longrightarrow HEE^+X^-$ $HEE^+X^- + E \longrightarrow HEEE^+X^-$
停止反応	$I-R\cdot + I-R\cdot \longrightarrow I-R-R-I$	停止反応	なし
酸素阻害	$I-R\cdot + O_2 \longrightarrow I-R-O-O\cdot$ 不活性物質	酸素阻害	なし

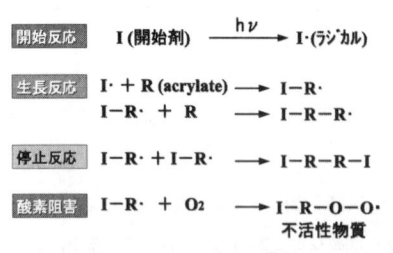

図4　ラジカル重合反応機構　　　図5　カチオン重合反応機構

第 8 章　周辺材料

表 1　紫外線硬化性樹脂の比較

	ラジカル系	カチオン系
主成分	アクリレート	エポキシ
硬化収縮率	5～10%	2～4%
酸素の硬化阻害	受ける	受けない
UV照射停止後は	硬化反応停止	硬化反応継続
熱による促進	あまり受けない	受ける
耐熱性	中程度	良好
耐薬品性	中程度	良好
樹脂設計自由度	大きい	小さい

3.4　有機EL用シール剤

　前述したように有機ELシール剤としては低温硬化性，また耐熱性，耐湿性等のバルク特性が必要なことから，紫外線硬化性エポキシ樹脂が主流となっている。またLCD用シール剤としても一部のパネルに採用されていることから，それをベースにデザイン検討された。

　紫外線硬化性エポキシ樹脂は有機ELシール剤にとって重要な低アウトガス，低透湿性という二つの良好なバルク性能を保有している。硬化物のアウトガスについてはGC／MSで確認すると主成分は光重合開始剤起因となっている。ただし，実際は樹脂中に含まれている水分がアウトガスのほとんどを占めており，樹脂起因のアウトガスを制御することも重要であるが，それよりも樹脂中の水分を最小限に抑えることが低アウトガスへの近道といえる。スリーボンド製シール剤は樹脂中水分管理を実施しているが，今後はさらに低水分化していくことが重要である。

　透湿性については素材として以下の順位になる。

　　シリコーン　＞　アクリル　＞　エポキシ

　水に弱い電子デバイスの接着シール用途には熱硬化エポキシ樹脂が使用されているが，これは前述のように一般的な素材として透湿性が低いことが理由である。図6に一般的なエポキシ樹脂

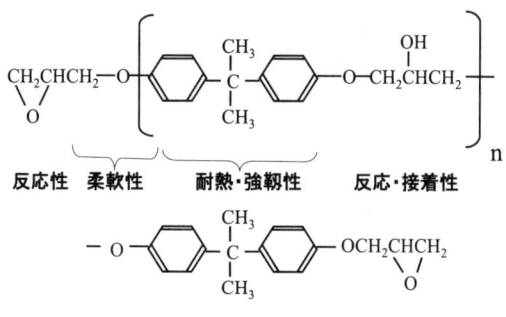

図 6　一般的なエポキシ樹脂の構造

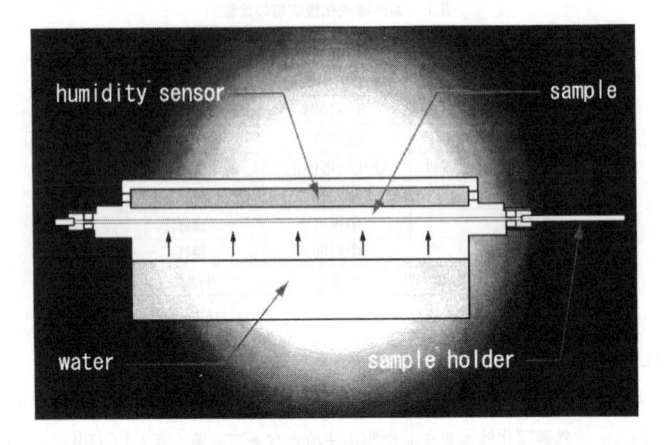

図7 透湿度測定方法（JIS K 7129）

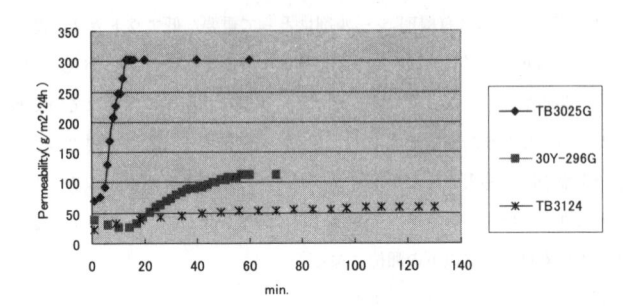

図8 透湿性測定結果（80℃×95%RH）

であるビスフェノールA型エポキシ樹脂の構造を示す。

透湿性はJIS K 7129に準じて測定している（図7参照）。図8に紫外線硬化性エポキシ樹脂3種類の透湿性測定結果を示す。条件は80℃×95%RHと厳しい条件を設定している。このグラフにおいて透湿性は飽和点の数字を物性表には記載している。ただし，実際には飽和点に達する時間も考慮に入れなければならないと思われる。

図8に示しているシール材料はTB3025G（液晶用シール剤），TB3124（有機EL用シール剤），試供品（30Y-296G）の3種類である。有機EL用シール剤の透湿性が液晶用と比較してかなり低いことが確認できる。

このようにバルク性能に優れている紫外線硬化性エポキシ樹脂であるが，有機EL用シール剤としてデザインするにあたっては以下の問題点が挙げられた。

第8章　周辺材料

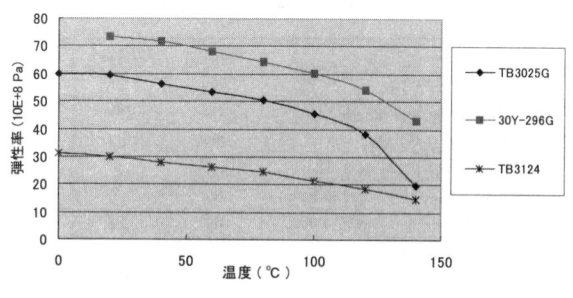

図9　有機ELシール剤弾性率比較

① 紫外線硬化性が遅い（アクリル系紫外線硬化性樹脂と比較して）
② 剥離接着力が弱い

　紫外線硬化性エポキシ樹脂は図5に示すようにカチオン重合により重合硬化する。そのため，ラジカル重合するアクリル系と異なり，紫外線硬化性は遅くなる。また，紫外線照射ランプの劣化，硬化環境，被着体の波長カット特性などにより，紫外線硬化性エポキシ樹脂の硬化状態は微妙な影響を受ける。そこでスリーボンド製有機ELシール剤は紫外線硬化後にアフターベイクとして加熱による硬化促進プロセスを入れることにより，安定した最終硬化状態を得るようにデザインしている。

　一般的に熱硬化エポキシ樹脂の熱硬化剤はアミン系などを使用することが多く，その場合はアミンの極性を利用していることもあり，接着力が発現しやすい。紫外線硬化性エポキシ樹脂は熱硬化のようなアミン系硬化剤を使っていないこと，また有機EL用途に使用する際は意識的に透湿性を下げるために非常に極性を落とすことから，接着力特に剥離接着力が発現しづらい。スリーボンド製有機EL用シール剤TB3124は無機充填材を添加すること，また硬化性をマイルドにすることにより，硬化物の弾性率を従来品（例えばTB3025G，30Y-296G）と比較して低く維持している（図9）。その結果として安定した剥離接着力を有することが可能となった。

　表2に有機EL用シール材の性状及び物性表を記載する。TB3124及び30Y-296Gは共に有機EL用シール剤である（TB3025Gは液晶用シール剤であり，比較として記載）。有機ELシール剤として最も重要な要求事項は有機EL素子を外的要因（特に水分）から守ることにある。水分を始めとする外的要因のパネル内部への侵入ルートは，基板が無機材料のガラスまたはSUSのため，基板／シール界面からの水分浸透，シール剤バルクからの水分浸透，シール剤自身のアウトガス成分などが考えられる。そのためシール剤は低透湿性，低アウトガス性，高接着力が求められる。その意味ではTB3124はバランスのとれたシール剤ということができる。

表2 有機ELシール材物性

		TB3124	TB3025G	30Y-296G
Viscosity (Pa·s)		330	45	100
Glass transition point (℃)		153	140	120
Shrinkage rate (%)		3.5	3.0	3.2
Water absorption rate (%)		0.6	1	0.5
Permeability ($g/m^2 \cdot 24h$)	60℃×95%	80	77	37
	80℃×95%	60	302	113
Outgassing ($\mu g/g$)		150	100	30
Peeling strength ($10_4 N/m^2$)	SUS/Glass	150	93.1	19.6
	Glass/Glass	17.6	14.7	7.5

Curing Condition：$6000mJ/cm^2 + 80℃ \times 1\,h$

3.5 有機EL用シール剤の今後の課題

有機EL用シール剤としてTB3124等が上市されているが，今後の課題を以下に整理する。

① 硬化性改良

② さらなる低透湿化

③ 接着力向上

前述したように現在の有機EL用シール剤の硬化条件は紫外線照射後に加熱硬化促進するタイプのシール剤である。現在は最終製品の信頼性重視のため使用しているが，今後は加熱硬化しないなどの硬化性改良が必須となる。また，有機ELディスプレイに紫外線を照射することもいいこととは言えないため，可視光硬化などの工夫が必要となると考えられる。

上市されている有機ELディスプレイにはパネル内部に侵入した水分等を吸湿する目的でゲッター材が設置されている（図1）。このゲッター材を使用しなくてもいいレベルにシール剤の透湿性を下げてほしいとの依頼が挙がっている。現在スリーボンド製シール剤ではシール膜厚を均一化するためのスペーサー材として25μmガラスファイバー，10μmガラスビーズを標準品として上市している。スペーサー材の厚みは120〜300μm程度のため，封止基板は掘りガラス基板またはSUSを用いて，スペーサー材と有機EL素子の干渉をなくしている。掘りガラスはコスト的に問題になっている。そのため，低透湿性のシール剤を開発することにより，いくつかのコストダウン策が考えられる。

① 低透湿性シール剤により，ゲッター材レスとする。またその結果，掘りガラスではなく平板ガラスが使用可能となる。

② 低透湿性シール剤と薄膜ゲッター材の組み合わせにより，掘りガラスの深さを浅くすることが可能となる。

①のゲッター材レスはシール剤透湿度「ゼロ」，シール剤アウトガス「ゼロ」としなければな

第8章　周辺材料

らず，現実的には困難と思われる。

　②のシール剤とゲッター材の合わせ技によるコストダウンは可能性の高い方法と思われる。理論上はシール剤透湿性を半分にすることが可能であれば，シール膜厚を倍にすることができる。またゲッター材の保水能力を倍にすることが可能であれば，ゲッター材膜厚を半分にすることができる。このようにシール剤，ゲッター材両者の能力を向上することにより，平板ガラスによる封止が可能になると考えられる。

　接着力については有機ELディスプレイがフレキシブルディスプレイの可能性が最も高いディスプレイであることを考えると，シール剤としてもフィルム基材への接着力の向上は大きな課題となる。

3.6　固体封止について

　現在，上市されている有機ELディスプレイは図1に見られるようなシール剤による中空構造のディスプレイである。しかし，最近では大型化，トップエミッションへのアプローチから固体封止による封止が種々検討されている。

　固体封止としては様々な考え方があると思われるが，ここでは液状材料による固体封止の可能性について説明する。液状材料による固体封止をした場合のディスプレイ構造は図10のようになる。液状材料による固体封止については以下の点に留意する必要がある。

① 有機EL素子にケミカルダメージを与えないこと（低アウトガス）
② 有機EL素子に物理的ダメージを与えないこと（硬化収縮等による歪など）
③ 高い封止性能を有すること（低透湿性，高接着力）
④ 可視光透過率が良好なこと（トップエミッション構造の場合）
⑤ 低温硬化であること（紫外線硬化性樹脂，低温熱硬化性樹脂）

以上のようなコンセプトで固体封止用材料を開発中である。また，材料開発と同時に本材料の塗布，貼り合せ，硬化プロセスの検討も重要である。封止材料の性能が十分でも，気泡なく，均一膜を実現できるシステムの構築が急務である。

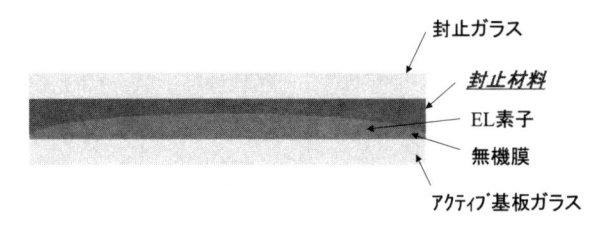

図10　液状材料による固体封止構造

3.7 おわりに

　有機ELディスプレイは各メーカー，各研究機関が長寿命化を含めた材料開発にしのぎを削っている。また実際に市場にも出荷され始め，今までの表示デバイスにはないパフォーマンスを発揮している。しかしながら有機ELディスプレイはその封止方法，材料においてはまだ未完成の部分が多いのも事実である。今後は封止材料の性能向上，封止方法を含めた工程の提案がさらに有機ELディスプレイのパフォーマンス向上につながると思われる。

4 アルカリメタルディスペンサー～陰極材料としてのアルカリ金属蒸発源

前田千春[*]

4.1 はじめに

　有機ELの本格的な実用化を目前にして，需要拡大と携帯機器以外への用途拡大を実現するには，さらなる高輝度化・高効率化が不可欠である。そこで，有機層への電子注入に有効な低仕事関数のアルカリ金属を陰極に用いることが望まれている。また，陰極界面にアルカリ金属ドープ層を採用することで，トップエミッション構造や透明ディスプレイ素子などへの応用や，素子の厚膜化による歩留まりの向上に貢献することが期待できる。

　当社のアルカリメタルディスペンサー（AMD）は，安全で安定なアルカリ金属の蒸着源で，アルカリ金属の純度に敏感な光電面の製作等の用途に，長年にわたって広く用いられてきた。最近では，有機EL素子の量産に対応できる，大容量のアルカリメタルディスペンサーの開発を進めている。

4.2 陰極材料としてのアルカリ金属

　有機EL素子はいくつかの有機層を陽極と陰極で挟んだ構造で，陽極から正孔，陰極から電子が有機層内に注入され，有機層内で電子と正孔が再結合して励起状態を形成し，発光が起こる。電極と有機層界面の注入障壁は駆動電圧を決定する最も大きな要因となっている。

　陽極側ではLCD等で実績のある透明電極のITOがホール注入に比較的適した材料で，陽極材料として一般的に用いられている。これに対し，陰極材料には有機層への電子注入を容易にし，かつ信頼性のある配線材料であることが求められ，各種の陰極材料が提案されてきた。陽極側に比べて陰極側の方が，電子注入効率改善の余地が大きいといえる。

　低仕事関数のアルカリ金属やアルカリ土類金属を陰極に用いると，注入障壁が低くなり，有機層への電子注入量が増加し，低電圧での駆動が可能になる。アルカリ金属やアルカリ土類金属を用いる陰極としては，MgAgやAlLiの合金，Alと有機層の間にLiFやLi_2Oなどを挿入する手法が広く用いられている。しかし，合金電極でも酸化等による素子劣化が起こる上，組成のコントロールが容易でなく，さらに，配線材料としての機能から材料が限定されてしまう不都合がある。また，比較的安定であると期待されるLiFやLi_2Oは，その絶縁性のため，駆動電圧を上昇させないよう，膜厚をきわめて薄くすることが求められる。

　陰極と電子輸送層の間に低仕事関数のアルカリ金属の層を挿入すると，駆動電圧の低減に有効

---

[*] Chiharu Maeda　（元)サエス・ゲッターズ・ジャパン㈱　ゲッターアプリケーション開発室
　　室長

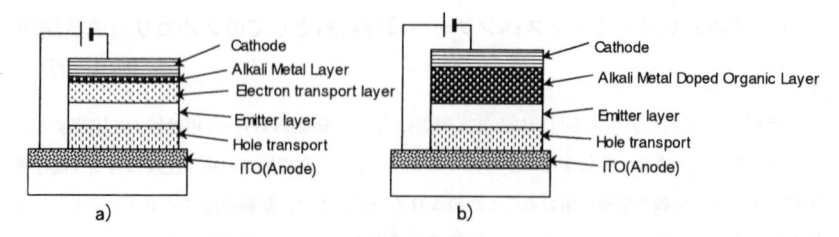

図1 a) OLED structure with Alkali metal layer
b) OLED structure with Alkali metal doped organic layer

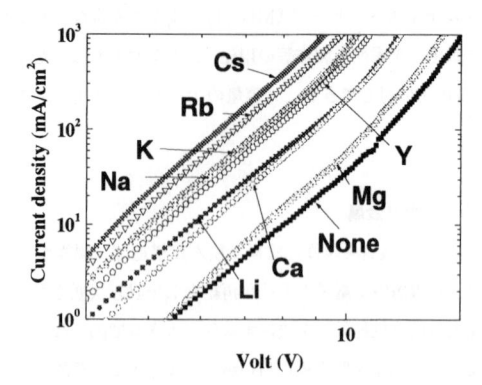

図2 J-V characteristics depending on a work function of cathode[1]
ITO(110nm)/a-NPD(50nm)/Alq3(50nm)/X(0.5nm)/Al(100nm)

である（図1.a）。仕事関数の低い金属ほど低電圧化に効果があり，Csが最も効果的なアルカリ金属であるということが確認されている（図2）[1]。Cs層の場合，30Åくらいまでは高効率の陰極として有効[1]，膜抵抗の増加を抑制するため5Å程度に維持するよう，厳密なプロセス管理を必要とする絶縁体のLiFやLi_2Oに比べて，プロセス管理の点では有利である。

4.3 バッファー層としてのアルカリ金属ドープ層とその効果

陰極界面の有機層に，低仕事関数の金属，特にアルカリ金属をドーピングし，電荷注入のためのバッファー層として機能させるアルカリ金属ドープ層は，駆動電圧低減に有効である（図1.b）。この効果は，アルカリ金属により有機分子のラジカルアニオンが生成され，電場印可時に内部キャリアーとしてふるまうためだと説明されている[2,3]。ホスト材料にAlq3（Alキノリノール）やDPVBi（ジスチルアリーレン誘導体）などを用いた場合，アルカリ金属の中ではCsが低電圧化・高効率化の効果が最も大きいことが確認されている[4,5]。アルカリ金属ドープ層は，携帯機器用

第8章　周辺材料

途に必要な低消費電力のデバイスを提供することができる。

アルカリ金属ドープ層の電子注入を促進する性質は，高仕事関数の陰極材料の利用を可能にし，例えばITOなどの透明電極を陰極に用いて，透明なディスプレイの製作も可能になる。TFTの開口率の減少による輝度の損失をなくすために提案されている，上部から光を取り出す「トップエミッション構造」にも透明陰極を容易に提供できる。

また，アルカリ金属ドープ層は10^5-10^6 Ω cmと純粋な有機物に比べて比抵抗が低く[3]，可視光領域では透明で，駆動電圧を上昇させることなく膜厚を厚くすることができる。厚膜化により短絡不良が低減し，歩留まりの向上が期待される。

電荷発生層（CGL）をはさんで発光ユニットが直列に接続された積み重ね構造で提案されている，マルチフォトンエミッション（MPE）有機ELは，電極に電圧が印可されると複数の発光ユニットが同時に発光するため，高輝度発光や低電流駆動による寿命の向上が可能になり，注目されている（図3）。反面，直列接続のため，駆動電圧は加算され，発光ユニットの数が増えるほど電圧が上昇する[6]。アルカリ金属ドープ層は積み重ねによって上昇する電圧を抑制することができる。

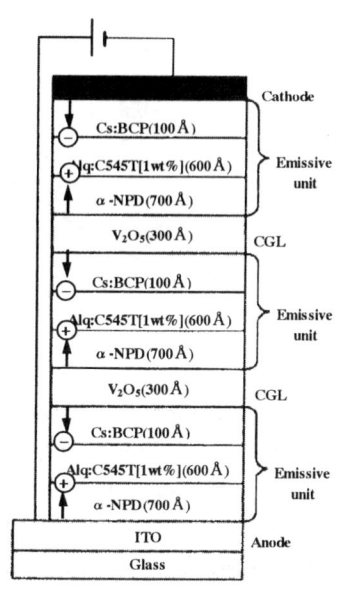

図3　MPE structure[6]

アルカリ金属は反応性が高く，不安定な印象を与えるが，有機物と適正比率で混合された膜中では，アルカリ金属はすでに酸化された状態にあり，アルカリ金属ドープ層自体は安定だと考えられる。素子の安定性はむしろホストになる有機物の性質に左右され，アルカリ金属の性質にはよらない。アルカリ金属のホスト材料として，Alq3，BCP（バソクプロイン），Bphen（バソフェナントロリン），DPVBi等がこれまでに検討され，公表されている。安定で長寿命の素子作成には，ホスト材料の選択が重要である。

4.4　アルカリメタルディスペンサー（AMD）の特長

アルカリ金属層またはアルカリ金属ドープ層を形成するために，純度の高いアルカリ金属の蒸発源が必要になる。

アルカリ金属は単体では反応性が高く，安全上取り扱いが面倒である。当社のアルカリメタル

有機EL材料技術

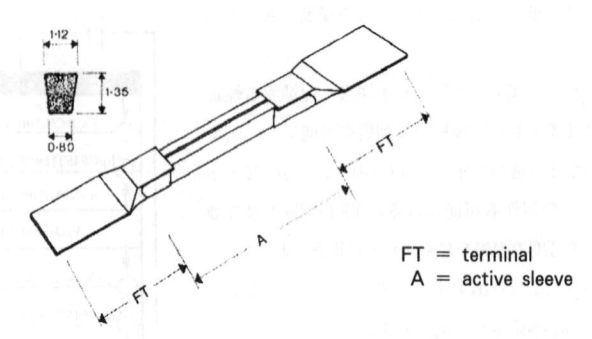

FT = terminal
A = active sleeve

図4 Dispensers for laboratory use

ディスペンサー（AMD）は，純度の高いアルカリ金属を安全に安定して蒸着させることができ，アルカリ金属の純度に敏感な光電面の製作等の用途に，長年にわたって広く用いられてきた。また，表面研究やフラーレン研究のためのアルカリ金属蒸着源として，多くの実績がある。

アルカリメタルディスペンサーからLi，Na，K，Rb，Csを蒸着させることができる。従来からある小型のアルカリメタルディスペンサーは，数ミリグラムのアルカリ金属を供給し，有機ELの実験室レベルでの使用に対応できる(図4)。また当社では，有機EL素子の量産に対応できるよう，数グラムまでのアルカリ金属を蒸発させることができる，大容量のアルカリメタルディスペンサーの開発を進めている（図5）。

アルカリメタルディスペンサーの中には，アルカリ金属が塩として安定化され，ジルコニウム合金の非蒸発型ゲッター材と混合されて装填されている。この構造により，空気中での安全な取り扱いが可能になり，アルカリメタルディスペンサーに対する特別な環境は必要なくなる。

アルカリメタルディスペンサーが真空中で加

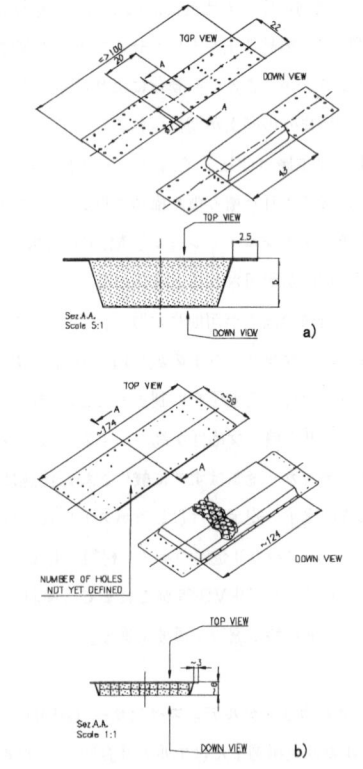

図5 Dispensers for OLED mass production
a) 1g Cs type b) 10g Cs type

第8章　周辺材料

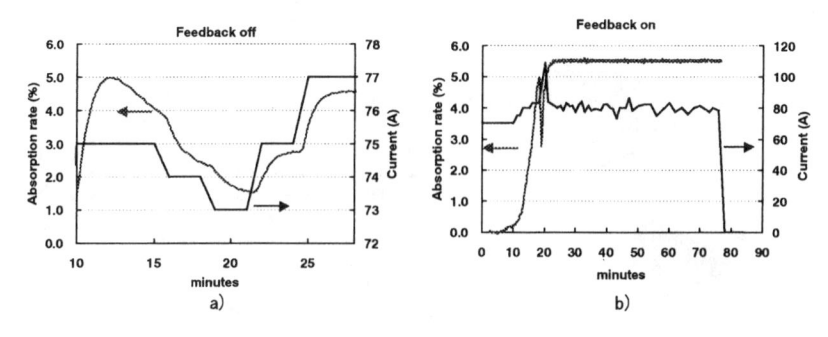

図6 measurement of Cs absorption rate by using ATOMICAS™
a) Current change and Cs absorption rate without feedback
b) Cs absorption rate with feedback from monitor(ATOMICAS™)

熱されると，アルカリ金属塩がゲッター材に還元されて，アルカリ金属が蒸発する。ゲッター材はアルカリ金属塩の分解中に発生するガスを吸収し，結果として純粋なアルカリ金属の蒸気だけがディスペンサーから発生する仕組みになっている[7]。

当社では，特に低電圧化の効果が高いCsについて，最初に大容量化を進めてきた。以下は1gのCs容量をもつタイプ（図5.a）の，アルカリメタルディスペンサーの特性評価例である。

アルカリ金属ドープ層は，有機物とアルカリ金属の共蒸着により形成される。共蒸着層の性能を保つため，その混合比は一定に調整されなければならない。アルカリ金属の蒸着レートは，有機物の蒸着レートの変動に合わせて，容易に調整することができる。

アルカリメタルディスペンサーには抵抗加熱が採用されており，蒸着レートの制御性に優れている。図6.aに，電流変化とCsディスペンサーからのCs蒸発量の変化の観測例を示す。Cs蒸発量は電流の変化によく追従し，電流制御性が良好であることが確認できる。成膜中の膜厚や蒸着レートの測定には，水晶振動子の膜厚計が最も一般的に使用されているが，ここでは蒸発源の温度変化の影響を受けず，高精度に金属蒸着のレートモニターが可能な，原子吸光法を用いて測定している[8]。

アルカリ金属の蒸着レートは，モニターからのフィードバックを用いて自動制御することもできる。図6.bに，自動制御によるCs蒸発量の観測例を示す。約1時間の蒸着時間であるが，2%以内というきわめて安定した蒸着レートが実現された。

アルカリメタルディスペンサーにより蒸着されたCsは，きわめて均一な膜を形成できる。200mm×200mmのガラス基板上への蒸着実験の結果を図7に示す。基板の回転なしに，5%以内のCs分布が実現されている。分布の形状は$\cos \alpha$（n=1）に近い分布を示した。

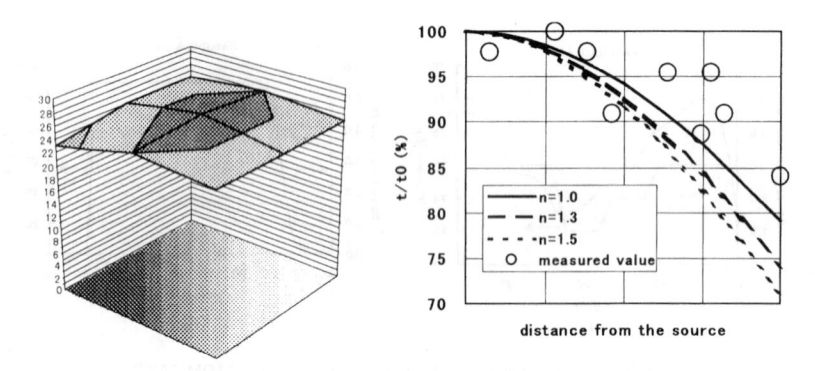

図7 Distribution of Cs deposition

4.5 おわりに

陰極に，有機層への電子注入に有効な低仕事関数のアルカリ金属を用いることで，高輝度化・高効率化が実現できる。また，陰極界面のアルカリ金属ドープ層は，種々の有機ELの構造に応用可能で，その実用化を促進し，厚膜化による生産性の向上に貢献する。アルカリメタルディスペンサーは，アルカリ金属の安全で安定な蒸着源で，陰極やアルカリ金属ドープ層の形成を容易に実現する。

文　　献

1) T. Oyamada et al., Jpn. J. Appl. Phys. **42**, pp. L1535-L1538 (2003)
2) J. Kido et al., Appl. Phys. Lett. **73**, p. 2866 (1998)
3) 松本敏男, O plus E, **22**, No.11, pp. 1416-1421 (2000)
4) H. Nakamura et al., SID99, p.446 (1999)
5) 近藤行廣ほか, 照明学会研究会資料, MD-00-82, p.43 (2000)
6) T. Matsumoto et al., Proc. of IDW'03, OLED2-1, pp.1285-1288 (2003)
7) P. della Porta et al., IEEE Conference on Tube Techniques, NY (1968)
8) C. Maeda et al., Vacuum Technology & Coating, December, p.33 (2002)

第9章　各社ディスプレイ技術

1　東芝モバイルディスプレイ㈱（旧東芝松下ディスプレイテクノロジー㈱）における有機ELディスプレイ技術

羽成　淳*

1.1　はじめに

　有機ELディスプレイは，電流を流して発光する有機材料からなる素子を並べた表示デバイスで，自発光であることから広い視角と高速応答性を持ち，次世代の薄型ディスプレイとして期待されている。近年，材料の電気的特性や耐久性などが飛躍的に発展し，液晶ディスプレイやPDPなどと同様に，携帯デバイスから大型TVなどへの応用が現実になろうとしている。

　旧東芝松下ディスプレイテクノロジー㈱は，2002年4月，㈱東芝と松下電器産業㈱の共同出資にて設立された会社で，液晶ディスプレイの開発・生産・販売を行っている。有機ELに関しても，両者が持つ低温ポリシリコン技術とそれまでの研究成果を融合し，マスク蒸着法を用いた低分子型有機ELデバイスと，インクジェットによって塗布した高分子有機EL型デバイスの両方の開発を進めており（図1），それぞれのデバイスの特徴を生かした製品や応用分野への適用を目指している[1]。また，駆動技術を始めとする周辺共通技術の開発も進めており，有機ELディスプレイの画質向上にも努めている。本稿では，こうした弊社の有機EL技術について紹介する。

1.2　低温ポリシリコン技術の活用

　有機ELディスプレイも液晶ディスプレイと同様，アクティブマトリクス型とパッシブ型があ

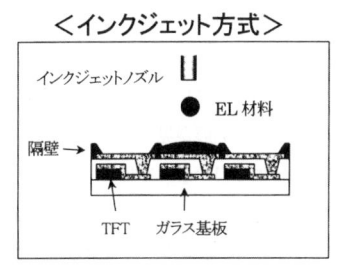

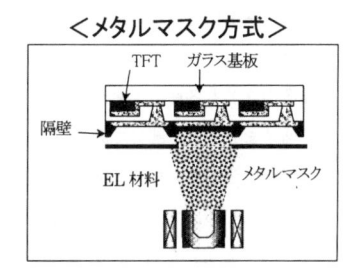

図1　有機EL成膜法の比較

*Jun Hanari　旧東芝松下ディスプレイテクノロジー㈱　AVCユース事業部　TV・PC製品技術部　製品技術第三担当　グループ長

り，それぞれに特徴がある。パッシブ型では，透明電極で発光素子を挟み込んだ構成で，比較的簡単な構成で表示できる一方，1走査線ごとに発光させて画面表示をするため，短時間ながら高輝度で発光させる必要がある，といった特性を持つ。一方，アクティブ型は，各画素にTFT回路を持ち，電流制御をしながら表示する方式で，パッシブ型に比べ点灯輝度は低く，高精細化や大型化が可能といった特徴を持つ。有機EL材料の特性から駆動電圧が低く，電流が小さいアクティブ型の方が消費電力や輝度低下を抑制できるといった点から有利だと言われている。現在は，パッシブ型のものが先行して製品化されているが，LCDの変遷と同様，表示品位の点でも優位なアクティブ型へ移行していくものと考えている。

我々が開発したディスプレイはアクティブ型のもので，各画素の有機ELダイオードの電流制御に低温ポリシリコンTFTを用いている。このTFTは，当社が世界に先駆けて大型ディスプレイ向け量産に成功した低温ポリシリコンTFT技術を用いたものである。有機ELダイオードを発光させるためには，ダイオード素子に電流を流す必要があるが，この電流供給のためには，駆動能力の点でアモルファスシリコンによるTFTに比べて，ポリシリコンTFTが2桁有利であること，TFTの電流信頼性が高いことなどから，我々は，この低温ポリシリコン技術が，有機ELのキー技術であると考えている。

1.3 低分子有機ELディスプレイの開発

先に，我々は，低分子材料を用いたデバイスと高分子材料を用いたデバイスとの開発を進めていると述べたが，すでに製品化されている有機ELディスプレイの多くが低分子材料を用いたもので，こちらの方式が早期に市場拡大していくものと思われる。一般に，低分子有機ELダイオードは，正孔注入層・正孔輸送層・発光層・電子輸送層・電子注入層といった多層構造の発光層を，アノード層とカソード層で挟み込んだ構成をしている。それぞれの層に適用する材料の特性は毎年伸長しており，デバイスの寿命や色度，発光効率などが年を追うごとに向上している。また，プロセスや装置の面でも各種の提案がなされ，特性向上に寄与している。こうした部分は，各社独自の工夫が盛込まれている部分であり，今後ともいっそうの発展が見込まれている。

弊社では，材料の選定やプロセス条件，装置の構造などに独自の改良を重ね，製品レベルに達する特性を実現している。たとえば，低分子型有機ELをフルカラーディスプレイに適用する場合にはメタルマスクを用いた真空蒸着法を用いてRGB毎に異なる材料を蒸着するが，量産化のためには大型のガラス基板に直接蒸着ができるよう，大型メタルマスクを精度良く製作することがポイントになる。我々は，大型メタルマスク精度の改善と同時に，蒸着装置での合せ精度の向上・プロセス中の変動の抑制を行うことにより，従来は困難であったサイズのメタルマスクの適用を可能にした。こうした大型のメタルマスクは，今後ともいっそうの高精細化も含めて，さら

に発展すると予想している。

　また，製造装置の改良も進めてきた。たとえば，発光材料は，水分や酸素によって劣化する恐れがあるため，蒸着装置への基板投入から封止完了まで，水分・酸素濃度が管理された工程で製造している。さらに，コスト面での量産化への課題と言われている材料使用効率の課題も装置改善・プロセス条件により総合的に解決，量産適用可能になってきた。

　また，最近白色に発光する材料を用い，カラーフィルタによってRGB表示する方式も提案されており，今後，それぞれの特徴を生かしたデバイスを検討する必要があろう。

　材料特性の向上と相まって，低分子有機ELディスプレイは，現在，製品化されているものだけでなく，長寿命が必要な用途にも今後さらに拡大していくものと期待している。

1.4 高分子有機ELディスプレイの開発

　一方，我々は，高分子有機ELディスプレイも開発している[2～4]。

　高分子有機ELダイオードは，アノードとしての透明電極とカソードである金属薄膜によって有機層を挟み込むシンプルな構造の素子で，正孔注入／輸送層（PEDOTなど）と発光材料層（ポリフルオレン系，ポリフェニレンビニレン系など）だけの単純な構成で素子を形成できるという特徴を持つ。上記PEDOTは水溶液として，発光材料は有機溶剤に溶解してスピンコートなどの薄膜形成方法によって簡単にデバイスを形成することができる。材料開発やダイオード素子の開発段階ではこの方法が多く用いられている。ところが，発光材料は水分や酸素により特性が劣化してしまうため，通常のフォトリソグラフィー法によるRGB各画素の形成ができず，スピンコート法ではフルカラーディスプレイを実現できない。発光材料のパターニング手法は，近年各種の方法が研究されているが，高分子有機ELではインクジェット方式が一般的である。

　インクジェット方式は，プリンタなどに用いられているインクを吐出するヘッドと同様のヘッドを用いて，直接，画素を形成する方式であり，近年の高画質化の流れとともに技術開発も進み，市販レベルのプリンタでも1440dpi（dot per inch）の解像度を実現できるレベルに到達している。インクジェットの方式には，各種方式が提案されているが，ピエゾ素子を用いてインクを吐出させるヘッドを用いる方式が一般的である。

　インクジェット方式の利点としては，ヘッドを移動させて画素を形成するため，基本的には基板サイズ・デバイスサイズの制限が無いこと，各画素に直接材料を成膜するため，材料ロスの発生を最小限に抑えられること，吐出位置のプログラム変更だけで品種の切替えができるため，多品種少量生産にも対応できること，などがあり，特に大型ディスプレイへの適用に有利であると考えている。こうしたインクジェット方式を用いて有機ELディスプレイの画素を形成するため，我々は，画素を正確な位置に形成させるためのインク吐出位置の制御と，所定の膜厚の発光材料

層を形成するための吐出量の制御を実施している。いずれの場合も，ヘッドのノズル部分とインクの相互作用が大きく影響するため，使用するインクに適合するノズル設計，あるいは逆にノズル仕様に合わせたインク調製たとえば粘度や表面張力の調整を行っている。

なお，吐出したインクの位置精度は，ヘッド位置の制御とインク吐出後の直進性で決まるが，インクを正規の画素位置に導くためのガイドの働きをする隔壁を形成することで，より高精細ディスプレイの実現が可能になる。これによりインク塗布位置の矯正効果を高め，±10μmの位置精度を実現できた。

このインクジェット技術は正孔注入層にも活用でき，正孔注入層の材料特性にあったヘッドと吐出条件の設定で，同様の位置精度を得ることができる。

1.5 有機ELディスプレイの駆動技術

一般に，アクティブマトリクス型有機ELディスプレイには電圧駆動方法と電流駆動方法の2通りの駆動方式が提案されており，それぞれに開発が進められている。

電圧駆動方法では，映像信号は電圧データとして画素に印加され，画素の駆動用TFTで電流データに変換され，この電流データが画素の有機ELダイオードに流れ，素子が発光するという方式である。この駆動方法では，画素の駆動用TFTのしきい値電圧，移動度のばらつきにより均一な画像表示ができないという課題がある。この課題を克服するために，画素の駆動用TFTの特性ばらつきを償う様々な方法が提案されている[5]。

一方，電流駆動方法では，映像信号は電流データとして画素に印加され，この電流データは画素のコンデンサに保持される。保持された電流データが，画素の駆動用TFTから有機ELダイオードに流れ，素子が発光する。そのため，各画素のダイオードに流れる電流は，各画素の駆動用TFTの特性，特にしきい値のばらつきに左右されない。この電流駆動方式にも電流プログラム方式や電流ミラー回路方式など種々の回路方式が提案されている[6,7]。

我々は電流駆動方式の方が，有機ELディスプレイをより均一に画像表示できると考え，この方式を改良した「電流コピー：current-copier」方式を採用した。図2に本方式を用いた画素回路の概略図を示す。簡単に動作を説明する。まず，選択用ゲート信号によって選択した画素にデータ信号線でEL素子に流すべき電流を駆動TFTに設定する。次に，

図2　電流コピー方式による有機EL画素回路

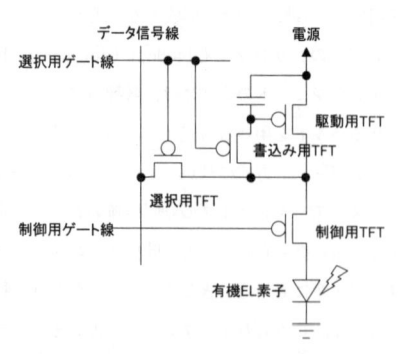

第9章　各社ディスプレイ技術

書込みTFTによって，コンデンサに電荷を保持する。その次に，制御用TFTをONすれば，コンデンサに保持した電圧に従って，駆動TFTはEL素子に所定の電流を流すことができる。この方式は，駆動用TFTのしきい値や移動度のばらつきに加え，従来の電流駆動方式が困難であったEL特性のシフトも補償できるという特徴を持つ。これによって，従来は表示上の課題となっていた駆動用TFT特性ばらつきによるムラが無くなり，均一な表示が可能になる。反面，電流駆動方式では，低電流領域，すなわち黒や低階調の表示をすることが難しいと言われている。これは，微小電流の制御や黒すなわち電流が流れない際の制御が難しいことに起因している。これに対し，我々は，電流駆動専用のICを開発，微小な電流ばらつきの抑制に加え，必要に応じて間歇駆動に似た駆動をすることで，単位時間に流す電流を確保してEL駆動電流を制御，低階調も含めて均一な表示ができるようになった[8]。今後とも，さらなる性能向上のため，駆動方式の改良を継続していく。

1.6　有機ELディスプレイの開発例

我々は，2003年には，上述した独自の電流駆動方式を用いた低分子型有機ELの3.46型QVGA（画素数：320RGB×240）を開発した[9]。図3に表示例，表1に仕様を示す。現在，この方法を用いた製品の開発を進めている。

図3　3.5型QVGA低分子型有機EL　　　　図4　17型WXGA高分子型有機EL

表1　3.5型QVGA低分子型有機EL仕様

表示サイズ	対角87.884mm（3.46inch）
画素ピッチ	0.220mm（115ppi）
画素数	320（xRGB）x240
階調／色数	64（RGB 6bits）／262,000colors
白色輝度	300 nit

有機EL材料技術

表2 17型WXGA高分子有機EL仕様

表示サイズ	対角432.159mm (17.01 inch)
画素ピッチ	0.2895mm (88ppi)
画素数	1280 (xRGB) x768
階調／色数	64 (RGB 6bits)／262,000 colors
白色輝度	300 nit

また，2002年にインクジェット技術を用いて，17型WXGA（同1280RGB×768）高分子型有機ELの開発に成功した[3,4]。図4に表示例を，表2に仕様を示す。図5に，同デバイスの視角特性を示す。視角方向によるコントラスト低下が無く，良好な表示特性が得られた。これは本質的に有機ELが大型表示装置に適していることを示している。

1.7 おわりに

これらの試作によって，独自の電流駆動方式の有効性と有機ELデバイスの量産性や大型基板の適用性が検証できた。特に，大型パネルの試作によって，インクジェット技術による大型基板での有機ELパネル試作の検証

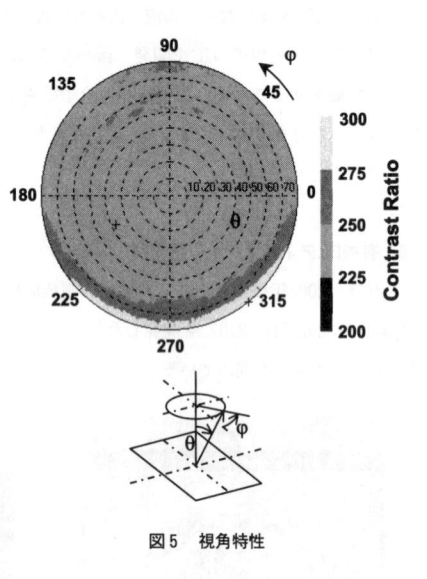

図5 視角特性

と，さらに大きなデバイスへの可能性を見通せたと考えている。

今後，有機ELディスプレイの製品化を進めるとともに，さらなる性能改善に努め，多くの用途に有機ELデバイスが活用できるように開発を継続していく。

文　　献

1) 小林道哉, 羽成淳, 「有機ELディスプレイの最新技術動向」第1章　第3節, 情報機構 (2003)
2) N. Kamiura, *et al.*, Asia Display/IDW '01 Digest Tech. Paper, p1403 (2001)

第 9 章 各社ディスプレイ技術

3) M. Kobayashi, *et al.*, IDW '02 Digest Tech. Paper, p231 (2002)
4) M. Shibusawa, *et al.*, *IEICE Trans. Electron.*, **E86-C**, No.11 p2269 (2003)
5) R. Dawson, *et al.*, Proceedings of SID '99, pp438-441 (1999)
6) A. Yumoto, *et al.*, Asia Display/IDW '01 Digest Tech. Paper, p1395 (2001)
7) R. Dawson, *et al.*, Digest of IEDM '98 Digest, p875 (1998)
8) H. Tsuge, *et al.*, Euro-Display '02 Digest, p855 (2002)
9) M. Ohta, *et al.*, Proceedings of SID '03, p108 (2003)

* 東芝松下ディスプレイテクノロジー㈱(当時)は、2009 年 5 月、東芝モバイルディスプレイ株式会社に社名変更しました。

また、記事中、松下電器産業㈱(当時)は、2008 年 10 月、パナソニック株式会社に社名変更しました。

なお、記載した内容は、2004 年時点の研究内容です。

2 日立における有機ELディスプレイ技術

秋元 肇[*]

2.1 はじめに

アクティブ駆動有機ELディスプレイの駆動方式は,大きく分けてアナログ方式とデジタル方式に大別される。このうちアナログ方式では,「電圧で信号を書き込む方式」(例えば[1])「電流で信号を書き込む方式」(例えば[2])がこれまでに多数例報告されているが,いずれにしてもこれらの従来の方式は,画素内に設けられた有機ELダイオードの「発光強度」をアナログ制御することによって,各画素の発光輝度を変調していた。これに対して我々は,有機ELダイオードの「発光期間」をアナログ制御することによって,各画素の発光輝度を変調する方式を採用した。ここではこのような発光期間変調方式を実現するために提案している画素回路の構成と,これを用いた有機ELディスプレイの特長について述べる。

2.2 有機ELディスプレイの駆動方式

図1は,アクティブ駆動有機ELディスプレイのパネル構成を模式的に示したものである。各画素内には有機ELダイオードと画素回路とが設けられ,画素マトリクスの周囲には表示信号を書き込むための走査回路と信号入力回路とが配置される。ここで画素内に設けられた画素回路は有機ELダイオードの発光を制御するための回路である。この画素回路はガラス基板上に構成する必要があるために,多結晶Si-TFT[1,2]やアモルファスSi-TFT[3]を用いて作成される。

有機ELダイオードの発光を制御する方式として,これまでに提案されてきた駆動方式を図2に簡単に整理した。図2(a)のデジタル方式[4,5]は,基本的には既にPDP(Plasma Display Panel)

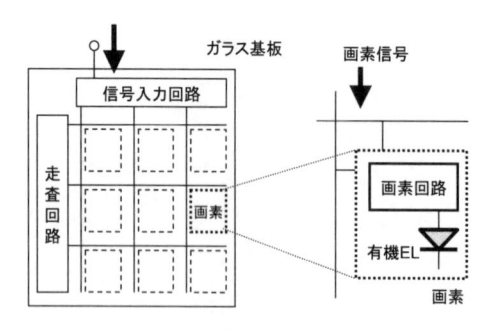

図1 アクティブ駆動有機ELディスプレイのパネル構成

---

[*] Hajime Akimoto ㈱日立製作所 中央研究所 ULSI研究部 主任研究員

第9章　各社ディスプレイ技術

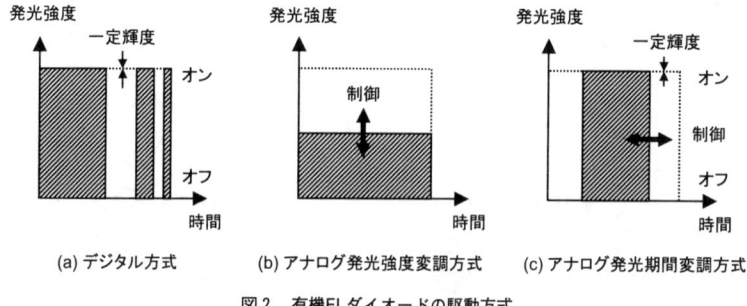

(a) デジタル方式　　(b) アナログ発光強度変調方式　　(c) アナログ発光期間変調方式

図2　有機ELダイオードの駆動方式

でも実用化されている方式であり，有機ELダイオードをデジタル的にオン，オフ駆動することにより発光輝度を制御する。この方式の利点は，発光輝度の均一性に優れること，画素回路が簡単であることなどである。

一方でアナログ方式は，各画素の発光輝度をアナログ的に制御することを特徴とする。この方式の利点は，走査回路の高速駆動が不要となること等である。ここで従来のアナログ方式[1,2]は図2(b)に示すように，有機ELダイオードの発光強度を直接アナログ制御していた。しかし実際にはガラス基板上に構成した多結晶Si-TFTやアモルファスSi-TFTは特性の均一化が難しく，画素間の発光むらを生じやすい。このため有機ELダイオードの発光強度を正確にアナログ制御する画素回路に関しては，これまでにも多くの提案がなされてきている[1~3]。

これに対して我々が採用した発光期間変調方式[6,7]では図2(c)に示すように，有機ELダイオードの発光期間をアナログ制御する。この発光期間変調方式で興味深い点は，画素の発光輝度はアナログ的に制御されるにもかかわらず，有機ELダイオードはデジタル的にオン，オフされるということであり，これが後述する発光均一性のような本方式の利点に繋がっている。なお発光の期間を変えることで画素の輝度が変えられるというのは，感覚的には不思議に感じられるかもしれない。しかしながら人間の目は入ってきた光を積分して感知するため，50-60Hzという一般的なフレームレートを仮定する限り，画質的には特に問題がないことが知られている。

2.3　発光期間変調を実現する画素回路

発光期間変調方式を実現するために提案し，CI（Clamped Inverter）駆動回路方式と名付けた画素回路を図3に示した。図3(a)はインバータと3つのスイッチ，1つの記憶容量からなる最初の画素回路である[6]。インバータは有機ELダイオードを点灯，あるいは消灯する役割を有し，sw1は画素内の記憶容量,Cに信号電圧を書き込む際に，インバータをオンとオフの中間点にリセットするためのスイッチである。sw2及びsw3はそれぞれ信号線及び三角波入力線と画素回

有機EL材料技術

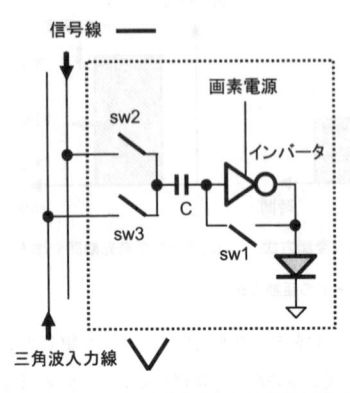

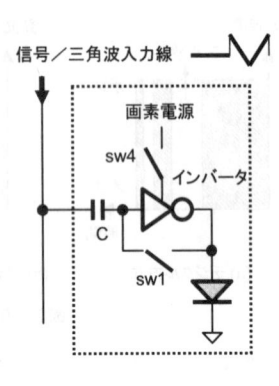

(a) 3個のスイッチを有する回路　　(b) 2個のスイッチを有する回路

図3　発光期間変調方式を実現する画素回路（CI方式駆動回路）

路とを接続するためのスイッチであり，sw2オンによって画素には信号電圧が書き込まれ，sw3オンによって画素には三角波電圧が入力される。このとき三角波電圧が既に画素に書き込まれている信号電圧値よりも大きければインバータは有機ELダイオードを消灯し，三角波電圧が信号電圧よりも小さければインバータは有機ELダイオードを点灯する。このように本回路はインバータと三角波電圧を組み合わせることにより，書き込まれた信号電圧によって有機ELダイオードの発光期間を制御することができる。このような画素回路では，画素を構成する多結晶Si-TFTは基本的には全てデジタルスイッチとして動作する。インバータの出力もまた，一種のスイッチだからである。このため多結晶Si-TFTのVthや移動度といった諸特性がばらついても，各画素における発光を均一に制御することができる。

実際に上記の図3(a)のCI駆動回路を用い，有機ELディスプレイを試作して得られた発光均一性の評価結果を図4に示す。試作したディスプレイは6bit精度の発光均一性（1.6%の輝度ばらつき）という良好な発光制御性を示した。しかしながらその一方で，この構成では画素回路が複雑になるという課題も明らかになった。インバータを1段のCMOSで構成した場合でも，画素内には合計5個もの多結晶Si-TFTが必要になるためである。

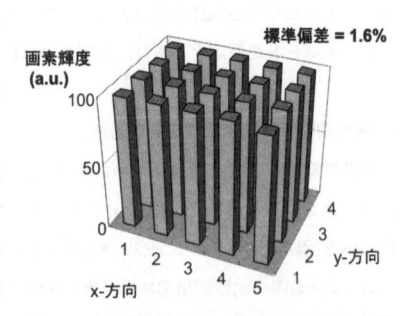

図4　CI方式有機ELディスプレイの発光均一性[6]

第9章　各社ディスプレイ技術

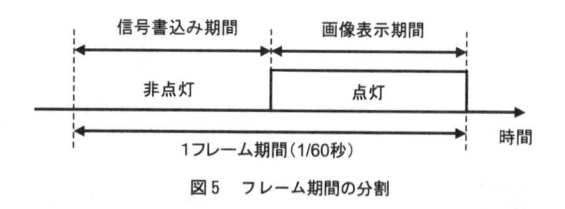

図5　フレーム期間の分割

　そこで次に提案したのが図3(b)に示した画素回路である[7]。この画素回路では画素電源を制御するsw4を新たに設けることにより，スイッチsw2，sw3を削除した。この際に導入したのが，図5に示すように，1フレーム期間を「信号書込み期間」と「画像表示期間」に2分割するという概念である。有機ELディスプレイが高速応答性に優れていることには議論の余地はないが，実際には表示速度を単に高速化しても，動画表示時の画質が向上する訳ではない。人間の視覚特性には残像があるため，動画ぼけのないきれいな動画を表示するためには，各画像表示期間の間には所定の黒表示期間が必要であることが報告されている[8]。そこで有機ELディスプレイの1フレーム期間を，画像点灯期間である「画像表示期間」と，黒表示期間である「信号書込み期間」とに2分割することにより，動画の高画質化を実現することができる。ここで「画像表示期間」には画素電源を制御するsw4をオンにして，かつ信号線には三角波電圧を入力することとし，また「信号書込み期間」には書き込む画素以外のsw4をオフにして，かつ信号線には信号電圧を入力することとすれば，スイッチsw2，sw3は不要になる。これによって動画質の向上と共に，画素回路の簡略化を同時に実現することができる。

　このようにして試作した3.5形有機ELディスプレイの写真を図6に示す。写真では判りにくいがディスプレイパネル上には多結晶Si-TFTを用いて走査回路を設け，また信号入力回路としては，既存の液晶ドライバLSIをそのままCOG（Chip On Glass）実装した。このように既存の液晶ドライバLSIをそのまま使用できる点も，本方式の長所の一つである。

図6　試作した3.5形有機ELディスプレイ[7]

2.4　ピーク輝度

　提案した画素回路方式のもう一つの利点が，ピーク輝度の実現である[9]。図7に再度，従来の発光強度変調方式と今回の発光期間変調方式を，模式的に比較した。図7(a)に示す発光強度変

有機ＥＬ材料技術

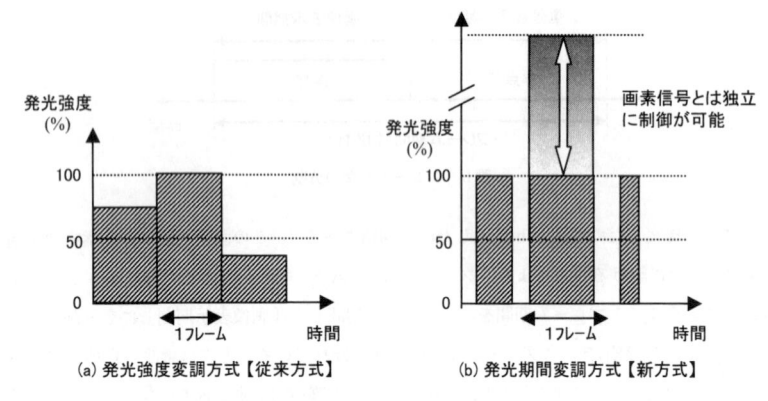

(a) 発光強度変調方式【従来方式】

(b) 発光期間変調方式【新方式】

図7　有機ELダイオードの駆動方式比較

調方式では唯一の有機ELダイオード制御パラメータが発光強度であるのに対して，図6(b)に示す発光期間変調方式では階調制御を行う発光期間に加えて，発光強度もまた図に示すように外部制御が可能である。このような2重の自由度を活かす方法として，ピーク輝度制御を提案した。一般にフラットパネルディスプレイは，従来のブラウン管と比べて画像にインパクトが無いと言われる。ブラウン管では局所的な発光に対しては極端な高輝度を示す，いわゆるピーク輝度特性があるために，キラリとした煌めきのようなものが表現できるのに対して，PDPや液晶といったその他のディスプレイでは，最大輝度が所定の階調で飽和してしまうためである。これに対して本回路方式では，上記の有機ELダイオード制御に関する自由度を活用して，ピーク輝度を実現することができる。

図8に，本回路を用いたピーク輝度の実現方法を示した。白地に黒文字の入ったテキスト画像のように全体が明るい場合には，有機ELダイオードの発光強度を所定の値（100％発光）に制御する。これに対して花火の画像のように全体が暗い場合には，有機ELダイオードの発光強度を標準の数倍の値（例えば300％発光）に制御する。このようにすると，前者のテキスト画像も後者の花火の画像も当初の階調数（例えば64階調）を維持したまま，キラリとした花火の煌めき（300％発光）を表現することが可能となる。その一方で白地に黒文字の入ったテキスト画像を300％発光でぎらつかせて，無為に電力を消費することもない。ピーク輝度発光する部分は画素全体のごく一部であるから，ピーク輝度の導入によっても消費電力は従来と比べて殆ど増えない。

2.5　おわりに

有機ELダイオードの発光期間をアナログ制御することによって，各画素の発光輝度を変調す

第9章 各社ディスプレイ技術

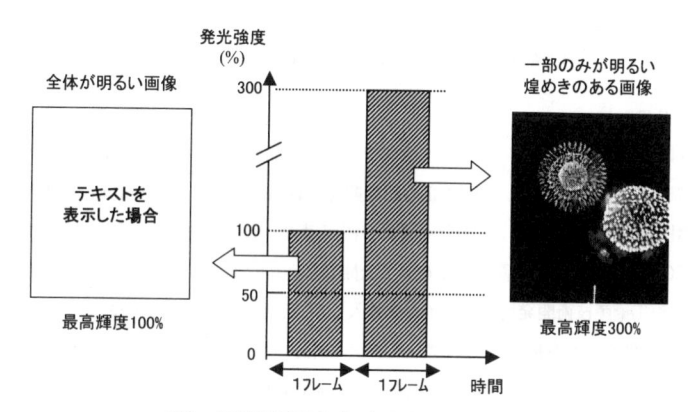

図8 発光期間変調方式によるピーク輝度の実現

る発光期間変調方式を採用し、これを実現するための画素回路を提案した。

提案回路の特長は以下の通りである。

- 多結晶Si-TFTの特性ばらつきに影響されない、6bit精度の発光輝度均一性。
- フレームを「信号書込み期間」と「画像表示期間」に2分割したことによる動画質の向上。
- 既存の液晶ドライバLSIが信号入力回路として使用可能。
- ピーク輝度の実現。

さらに本回路方式は、ガンマ特性の付与が容易であることや、大画面化が容易であること等のアナログ電圧書込み方式特有の利点をも有している。

文　献

1) R.M.A. Dawson et al., SID 98 Digest of Technical Papers, p.11 (1998)
2) T. Sasaoka et al., SID 01 Digest of Technical Papers, p.384 (2001)
3) T. Tsujimura et al., SID 03 Digest of Technical Papers, p.6 (2003)
4) M. Kimura et al., Proceedings of IDW '99, p.171 (1999)
5) K. Inukai et al., SID 00 Digest of Technical Papers, p.924 (2000)
6) H. Akimoto et al., SID 02 Digest of Technical Papers, p.968 (2002)
7) H. Kageyama et al., SID 03 Digest of Technical Papers, p.96 (2003)
8) T. Kurita, SID 01 Digest of Technical Papers, p.986 (2001)
9) ㈱日立製作所プレスリリース、2003年5月19日

3 ロームにおける有機ELディスプレイ技術

高村　誠*

3.1　はじめに

ロームは，自社の半導体デバイスやディスクリート部品およびモジュール製品など電子部品の開発・製造ノウハウを集結して有機ELの研究開発に着手した。そして2000年には実験ラインによる基礎技術開発を完了させ，2001年4月に有機EL事業への参入を表明，同年10月に開催された「CEATECジャパン2001」で試作品を初めて公開した。2002年には本社（京都）に建設したオプト棟に有機EL量産技術開発用の新ラインを導入し，CEATECジャパン2002および2003において，このラインで開発した有機ELディスプレイを参考出品してきた。

次世代の中小型ディスプレイ市場を睨んでロームの有機ELに関する研究開発は，2001年から本格的な実用化技術開発に入った。現在は本社のディスプレイ研究開発センターにおいて，将来の様々な市場要求に応えられるマルチ・ウエイ・ディスプレイの実現を目指しており，有機ELディスプレイを普及させる上で要となる素子寿命の改善や，品質上の課題となる高温耐久性および信頼性向上などのテーマに取り組んでいる。先ず本節の3.2項では，ロームがこれまでCEATECジャパンに出展してきたパッシブ型有機ELディスプレイの紹介と現状の技術について，3.3項では有機ELディスプレイの技術課題について述べる。

3.2　ロームの有機ELディスプレイ

ロームは，毎年10月に千葉県の幕張メッセにて開催されるCEATECジャパンに電子部品メーカーとして出展している。有機ELについては，これまで2001年から2003年まで3回に亘り開発品を出展し開発状況を公表してきた。表1に，これまでCEATECジャパンに出展した有機ELディスプレイの仕様を一覧表に示す。

3.2.1　CEATECジャパン2001，2002出展品

2001年のCEATECジャパンで初めて参考出品した開発品番（以下＃と記す）3005は，RGB塗り分け方式8色マルチカラー有機ELディスプレイである。この試作品は，実験ラインによるもので未だ初期劣化による表示の焼き付き現象が課題となっていた。また表示色を8色としたのは駆動回路の諧調制限によるもので，パネルとしては4096色レベルの実力を持っていた。

次に2002年のCEATECジャパンに出展した有機ELディスプレイを図1に示す。これらは本社内に新設したラインで試作したもので，表示性能およびモジュールの小型化に関して格段にレベルアップが図られている。

---

*　Makoto Takamura　ローム㈱　研究開発本部　ディスプレイ研究開発センター　課長

第9章　各社ディスプレイ技術

表1　CEATECジャパン出展パネルの仕様

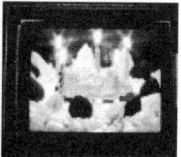

CEATEC	開発品番	画面サイズ(cm/型)	ドット数	解像度(PPI)	表示色	デューティー	応用例	備考
2001	3005	36.0×49.9/2.4	80×128	65	8	1/64	携帯電話	RGB
2002	3012	49.9×38.9/2.5	160×128	84	26万	1/64	携帯電話	RGB
	3015G	79.2×22.4/3.2	240×64	77	緑	1/64	カーステレオ	モノカラー
	3017	28.7×13.0/1.2	96×32+icon	85	3	1/32	携帯電話	エリアカラー
	3019	69.9×8.4/2.7	132×16	48	水色	1/16	楽器	モノカラー
2003	3015B	79.2×22.4/3.2	240×64	77	水色	1/64	カーステレオ	モノカラー
	3015W	79.2×22.4/3.2	240×64	77	白	1/64	カーステレオ	モノカラー
	3034	22.5×16.9/1.1	160×120	180	26万	1/60	携帯電話サブ	CF+白色
	3036	33.9×25.4/1.7	160×120	120	26万	1/60	携帯電話サブ	CF+白色
	3039	81.3×60.9/4.0	320×240	100	26万	1/120	小型TV	RGB
	3040	81.3×30.5/3.4	320×120	100	26万	1/60	ミニコンポ	RGB

#3012：160×128 dots / Full Color

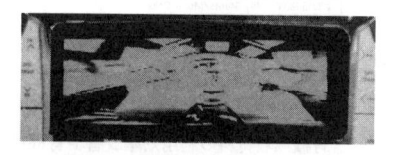

#3015G：240×64 dots / Mono Color

#3017：96×32 dots+icon / Area Color

#3019：132×16 dots / Mono Color

図1　CEATECジャパン2002に出展した有機ELディスプレイ

　RGB塗り分け方式の#3012は，人の肌色諧調までリアルに表現出来るレベルに達した。#3015Gでは緑単色でありながら64階調グラフィック表示機能と高速応答性により，遠近感のあるリアルな動画表示を可能にしている。また#3017および#3019は簡易グラフィックやキャラクター表示用途向けをイメージし，薄型・軽量でコンパクトなモジュールに仕上げた。またフルドット機種ではRGBと共に陰極も高精度に塗り分けるマスク蒸着技術を採用している。ここで高精細マスク蒸着の技術課題について述べる。抵抗加熱型の陰極蒸発源は，高温で輻射熱量が大きいため，メタルシャドウマスクの熱膨張の影響が無視出来ない。対策としては，ガラス基板とシャドウマスクの熱膨張量を一致させる方法が有効である。一方，EB加熱方式の場合は蒸発源の熱容量を最小に出来るため，熱的なリスクは減少し材料の選択肢が広がる反面，材料供給や2次電子制御のための複雑な補助機構が必要となり，保守管理面の課題が残されている。またRGB塗り分け

有機EL材料技術

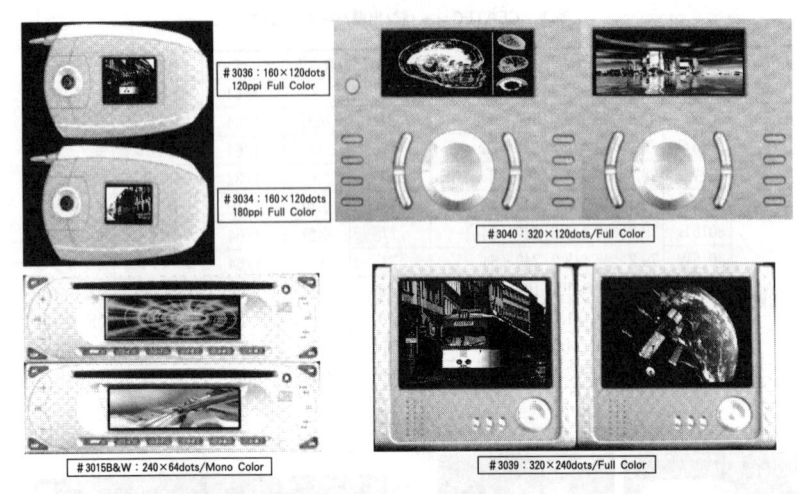

図2　CEATECジャパン2003に出展した有機ELディスプレイ

蒸着方式でフルカラーディスプレイを本格的に普及させるためには，これらの塗り分け蒸着技術に加え，有機蒸着材料の利用効率改善や有機材料に熱ダメージを与えない蒸着技術の確立が急務となっている。

3.2.2　CEATECジャパン2003出展品

2003年のCEATECに参考出品したパッシブ駆動型有機ELディスプレイを図2に示す。今回は従来と比較して，より高精細化および高デューティー化を重点テーマとして，パッシブ駆動方式の性能を最大限に引き出す事に注力した。また技術面においても新方式を導入し，第2世代ディスプレイを予感させる様なイメージの展示内容とした。

先ず＃3039はRGB塗り分け方式の4.0型QVGAフルカラーディスプレイで，ドット構成はストライプ配列であるが小型TVなどの動画表示に適している。このシリーズとして＃3040は表示容量をHalf-QVGAとし，ミニコンポ用途などに最適である。＃3034／＃3036は2波長タイプの白色発光EL素子をベースとしたカラーフィルター分光タイプの高精細フルカラーディスプレイで，携帯電話のサブディスプレイ用途をイメージして出展し，解像度は各々180ppi／120ppiを確保した。最後に＃3015は，前回出展品のカラーバリエーションで，今回は白色とライトブルーの2品種を展示した。今回展示したフルカラー機種では，そのカラー化に2種類の方式を用いた。図3に塗り分けRGB素子の参考特性を，図4に白色＋CF方式および塗り分けRGB方式の色度特性を示す。各方式の特徴を述べると，塗り分け方式は，光利用効率の点で有利であるが，高精細化には限界があり，白色＋CF方式は逆に，高精細化は容易であるが，光利用効率が低い。今後これら

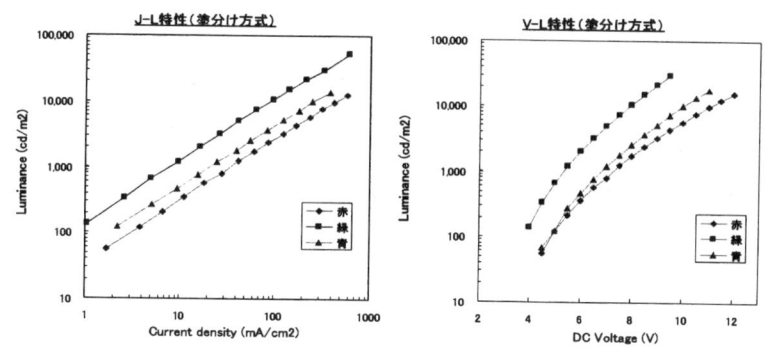

図3 塗り分けRGB発光素子の発光特性(スタティック駆動)

の特徴をさらに改善し,搭載するアプリケーション毎に最適な方式を提供していきたいと考えている。

3.3 有機ELディスプレイの技術課題

新しいデバイスに複数の技術課題がある場合その解決すべき優先度は,搭載するアプリケーションの要求仕様によって異なる。有機ELディスプレイにおいては既に液晶ディスプレイなどの先行技術が同一分野で実用化されているため,それらとの性能比較となる。そして現状における優先課題は,高温耐久性を含めた

図4 色度特性図

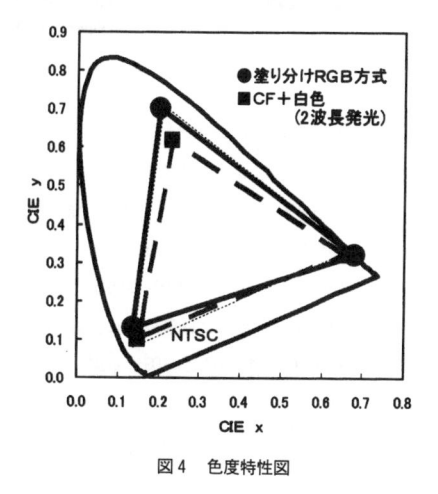

素子寿命の改善であり,更に信頼性の向上と,技術的に見たコスト低減対策となる。よって3.3項では,これらについて述べる。

3.3.1 素子寿命

素子寿命については輝度劣化や色度変化などとして挙げられるが,特に素子に大きな電流を流すパッシブ駆動方式において,その改善には豊富な技術蓄積が必要となる。しかしこれらは各方面において研究され様々な報告が成されているものの,輝度劣化や色度変化メカニズムには未解明な部分も多く工業的に確立した対策手法が乏しいのが現状である。本項ではこの輝度劣化メカニズムの解明について経験的な見地より述べたいと思う。

先ず輝度劣化は経時的かつ要因的な観点より,初期的劣化と中長期的劣化に分かれることが経

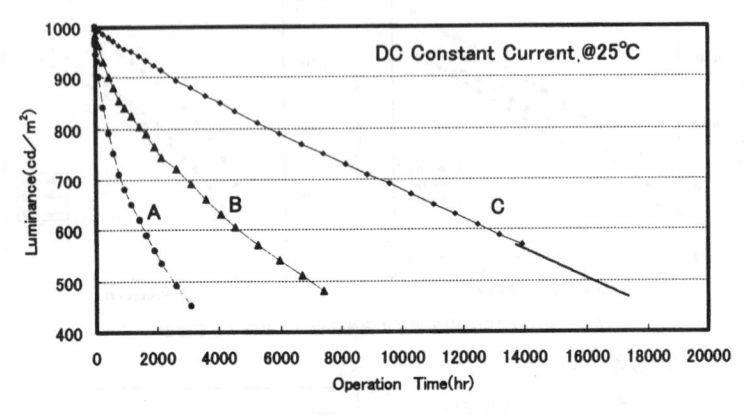

図5　緑色発光素子の輝度減衰曲線

験上判っている。そしてその原因を探ると、前者はデバイスの機能的な劣化、後者は構成材料の劣化に大別される。ただし後者は必ずしも材料耐久性にのみ起因するものではなく、デバイス設計にも大きく左右される場合が多い。図5に緑色発光素子の輝度減衰曲線を示す。著しい初期劣化が発現した場合は曲線Aの様な特性を示し、その初期劣化要因を取り除かずに中長期的な劣化要因のみを多少改善した場合は曲線Bの様な特性を示すようになる。Bの素子から初期劣化要因をほぼ完全に取り除いた場合には最終的に曲線Cの様な特性を得る事が出来る。

　初期劣化の発現は，成膜環境に起因する場合が多い。例えば有機材料を高温環境下で使用した場合熱分解が進行し低分子化する。その有機低分子が蒸着過程において膜中に分散し、それらが分極子となり分極層を形成、またはキャリアをトラップして可動イオンにまで至ると電気2重層を形成する。その結果、内部電界損失を生じ、キャリアの輸送を阻害して内部量子効率の低下を引き起こすと考えられる。ただしこれは材料の特性やデバイスの部位によって影響度合いはかなり異なる。次に中長期的な劣化要因であるが、これには多くのケースが考えられる。基本的には材料の持つ電気化学的および熱的耐久性が支配的な要素となっており、主因はデバイス内部電荷の偏りが原因となって起こる電気化学的な分解であると考えられる。また，その劣化速度はバルクまたは界面に存在するエネルギー障壁による電界損失によって発生するジュール熱で加速されると考えられる。よって抽象的な表現になるが強いて解決策を述べるとすれば、デバイス内部電荷のアンバランスを矯正し、また界面などのエネルギー障壁を最小化する事で、材料の弱点に負担を掛けない様にする事が重要である。さらに材料の耐久性を向上させなければならない事は言うまでもないが、デバイスを作る立場から考えられる現状の策としては、過去有機ELの分野で発

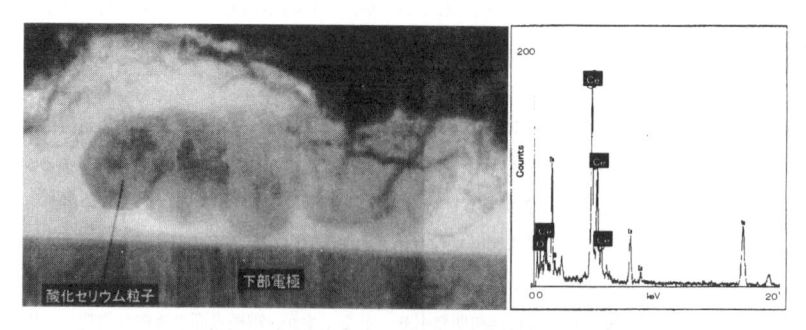

図6　絶縁破壊部位のTEM観察像と異物の元素分析結果

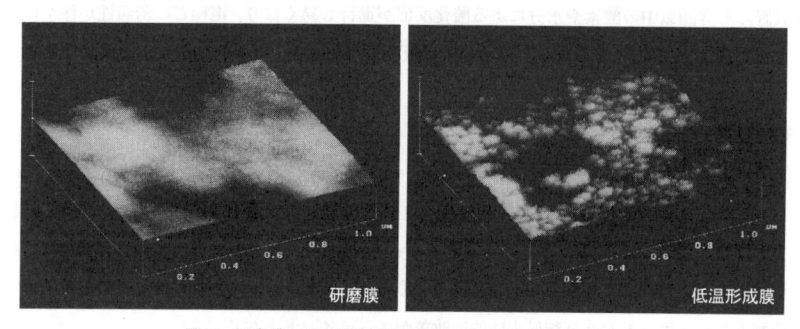

図7　研磨膜と低温形成膜の表面モフォロジー（AFM像）

光効率改善のためにデバイスの動作機構面から発想された「構成レイヤーの機能分離」の考え方を応用し，材料が持つ優位な特性面を複合し，各々の弱点を補完する手法が有効であると考えられる。

3.3.2　絶縁破壊（輝線）およびダークスポット（暗点）

　有機EL素子は固体薄膜デバイスであるため，陽極－陰極間において絶縁破壊または電流リークを起こし易い構造になっている。パッシブ駆動方式の有機ELディスプレイでは，絶縁破壊は輝線となって現れ致命的な欠陥となる。その原因には製造工程で付着する異物や下部電極表面のモフォロジー不良などが挙げられる。先ず前者について図6に絶縁破壊部位のTEM観察像と異物の元素分析結果の一例を示す。本例では下部電極表面に付着した酸化セリウム粒子（直径約90 nm）が原因となって絶縁破壊に至ったものと考えられる。

　次に図7に2種類の下部電極表面のAFM観察像の一例を示す。図中の左が加熱成膜後研磨したものでR_aは約1 nm，右が低温成膜した膜表面（AS DEPO）でR_aは約2 nmであった。後者

は成膜温度の低温化で一見微粒子化が図られているが，マクロ的に観察すると突発的な粒径肥大が観測される場合があり，膜研磨は有効な方法であると考えられる。またどのレベルが欠陥となるのか，またその発生メカニズムについては今後の課題である。

最後にダークスポット(以下DS)について述べたいと思う。DSは発光面に局部的に発現し進行する暗点である。通常の輝度劣化は点灯しなければ劣化の進行が極めて遅くなる傾向があるが，DSは初期的に発生する場合や放置するだけでも劣化が進行する場合がある。これらの事から考えてDSの発生メカニズムは，素子作製時に作り込まれる要因(電極表面の微小突起や汚れ)だけでは無く，パネル内部に残留または侵入する酸素または水分などが複合的に作用していると考えられる。単なる下部電極表面の汚れは初期発生モードを示すが，電極表面の微細な突起は電界集中により発生するジュール熱によって，周囲の有機物を熱的に分解し不安定にする。その後は常温放置でも雰囲気中の酸素や水分による酸化反応が進行し易くなり，電極との密着性が徐々に阻害されてDSに至ると考えられる。以上は未だ仮説ではあるが，今後の実験による検証で明らかになると考えている。

3.3.3 技術的なコスト

(1) パネル製造コスト

パッシブ方式低分子型有機ELパネルの製造コストに関して技術的な観点から述べると，材料損失および生産効率の改善がとりわけ重要である。前者は3.2項でも述べた様に，有機蒸着材料の利用効率およびパネル歩留りの改善であり，後者は，今後基板の大型化に伴う蒸着装置の価格の抑制とスループットおよび稼働率性能の改善がキーポイントとなる。

(2) 駆動回路のコスト

パッシブ方式有機ELディスプレイ・モジュールでは，現状コストの約半分をドライバーICが占めている。低コスト化に向けて，電流制御回路を組込んだICをいかに小型化するか，また普及の過渡期において，その開発コストの回収のあり方が今後の課題となろう。

3.4 まとめ

本節では，ロームが開発中のパッシブ型有機ELディスプレイを中心に，それらの周辺技術についてその考えを述べた。液晶ディスプレイなどがFPDの主役となっている今日，有機ELディスプレイは将来の電子機器からの要求に応えられる性能を秘めている反面，無機半導体には無い技術的課題を持っており，現在のLSI技術の単なる応用に止まらない。今後，名実ともに次世代ディスプレイとしての地位を確立するためには，もう暫くの時間と努力が必要である。

第9章 各社ディスプレイ技術

文　　献

- 安達千波矢, *Appl. Phys. Lett.* **66**(20), 15 May 1995
- 井上鉄司, 有機デバイスの市場展開と課題, そして突破口, M&BE研究会, vol.14, No.1(2003)
- 桜井健弥, FLAT PANEL DISPLAY2004 戦略編, PART.8-2
- 佐藤佳春, 有機EL材料とディスプレイ, 第7章, シーエムシー出版（2001）
- 筒井哲夫, 実用段階を迎えた有機発光(EL)素子, 応用物理, 第66巻, 第2号 (1997)
- 時任静士, 有機電界発光素子, 豊田中央研究所R&Dレビュー, **33**, No.2 (1998.6)
- 松村道夫, 特集 有機EL材料の最新技術, 機能材料, **21**, No.7 (2001)

《CMCテクニカルライブラリー》発行にあたって

　弊社は、1961年創立以来、多くの技術レポートを発行してまいりました。これらの多くは、その時代の最先端情報を企業や研究機関などの法人に提供することを目的としたもので、価格も一般の理工書に比べて遙かに高価なものでした。

　一方、ある時代に最先端であった技術も、実用化され、応用展開されるにあたって普及期、成熟期を迎えていきます。ところが、最先端の時代に一流の研究者によって書かれたレポートの内容は、時代を経ても当該技術を学ぶ技術書、理工書としていささかも遜色のないことを、多くの方々が指摘されています。

　弊社では過去に発行した技術レポートを個人向けの廉価な普及版《**CMCテクニカルライブラリー**》として発行することとしました。このシリーズが、21世紀の科学技術の発展にいささかでも貢献できれば幸いです。

2000年12月

株式会社　シーエムシー出版

有機EL技術と材料開発　　　　　　　　　　　　　　（B0922）

2004年 5月31日　初　版　第1刷発行
2010年 5月21日　普及版　第1刷発行

　　監　修　佐藤　佳晴　　　　　　　　　Printed in Japan
　　発行者　辻　　賢司
　　発行所　株式会社　シーエムシー出版
　　　　　　東京都千代田区内神田1-13-1　豊島屋ビル
　　　　　　電話 03 (3293) 2061
　　　　　　http://www.cmcbooks.co.jp

〔印刷　倉敷印刷株式会社〕　　　　　　　　© Y. Sato, 2010

定価はカバーに表示してあります。
落丁・乱丁本はお取替えいたします。

ISBN978-4-7813-0211-9 C3054 ¥4200E

本書の内容の一部あるいは全部を無断で複写（コピー）することは、法律で認められた場合を除き、著作者および出版社の権利の侵害になります。

CMCテクニカルライブラリーのご案内

液晶ポリマーの開発技術
―高性能・高機能化―
監修/小出直之
ISBN978-4-7813-0157-0　　B902
A5判・286頁　本体4,000円+税（〒380円）
初版2004年7月　普及版2009年12月

構成および内容：【発展】【高性能材料としての液晶ポリマー】樹脂成形材料/繊維/成形品【高機能性材料としての液晶ポリマー】電気・電子機能（フィルム/高熱伝導性材料）/光学素子（棒状高分子液晶/ハイブリッドフィルム/光記録材料）【トピックス】液晶エラストマー/液晶性有機半導体での電荷輸送/液晶性共役系高分子　他
執筆者：三原隆志、井上俊英、真壁芳樹　他15名

CO_2固定化・削減と有効利用
監修/湯川英明
ISBN978-4-7813-0156-3　　B901
A5判・233頁　本体3,400円+税（〒380円）
初版2004年8月　普及版2009年12月

構成および内容：【直接的技術】CO_2隔離・固定化技術（地中貯留/海洋隔離/大規模緑化/地下微生物利用）/CO_2分離・分解技術/CO_2有効利用【CO_2排出削減関連技術】太陽光利用（宇宙空間利用発電／化学的水素製造／生物的水素製造）/バイオマス利用（超臨界流体利用技術／燃焼技術／エタノール生産／化学品・エネルギー生産　他
執筆者：大隅多加志、村井重夫、富澤健一　他22名

フィールドエミッションディスプレイ
監修/齋藤弥八
ISBN978-4-7813-0155-6　　B900
A5判・218頁　本体3,000円+税（〒380円）
初版2004年6月　普及版2009年12月

構成および内容：【FED研究開発の流れ】歴史/構造と動作　他【FED用冷陰極】金属マイクロエミッタ/カーボンナノチューブエミッタ/横型薄膜エミッタ/ナノ結晶シリコンエミッタ BSD/MIM エミッタ/転写モールド法によるエミッタアレイの作製【FED用蛍光体】電子線励起用蛍光体【イメージセンサ】高感度撮像デバイス/赤外線センサ
執筆者：金丸正剛、伊藤茂生、田中満　他16名

バイオチップの技術と応用
監修/松永 是
ISBN978-4-7813-0154-9　　B899
A5判・255頁　本体3,800円+税（〒380円）
初版2004年6月　普及版2009年12月

構成および内容：【総論】【要素技術】アレイ・チップ材料の開発（磁性ビーズを利用したバイオチップ/表面処理技術　他）/検出技術開発/バイオチップの情報処理技術【応用・開発】DNAチップ/プロテインチップ/細胞チップ（発光微生物を用いた環境モニタリング／免疫診断用マイクロウェルアレイ細胞チップ　他）/ラボオンチップ
執筆者：岡村好子、田中 剛、久本秀明　他52名

水溶性高分子の基礎と応用技術
監修/野田公彦
ISBN978-4-7813-0153-2　　B898
A5判・241頁　本体3,400円+税（〒380円）
初版2004年5月　普及版2009年11月

構成および内容：【総論】概説【用途】化粧品・トイレタリー/繊維・染色加工/塗料・インキ/エレクトロニクス工業/土木・建築/用廃水処理【応用技術】ドラッグデリバリーシステム/水溶性フラーレン/クラスターデキストリン/極細繊維製造への応用/ポリマー電池・バッテリーへの高分子電解質の応用/海洋環境再生のための応用　他
執筆者：金田 勇、川副智行、堀江誠司　他21名

機能性不織布
―原料開発から産業利用まで―
監修/日向 明
ISBN978-4-7813-0140-2　　B896
A5判・228頁　本体3,200円+税（〒380円）
初版2004年5月　普及版2009年11月

構成および内容：【総論】原料の開発（繊維の太さ・形状・構造/ナノファイバー/耐熱性繊維　他）/製法（スチームジェット技術/エレクトロスピニング法　他）/製造機器の進展【応用】空調エアフィルタ/自動車関連/医療・衛生材料（貼付剤/マスク）/電気材料/新用途展開（光触媒空気清浄機/生分解性不織布）他
執筆者：松尾達樹、谷岡明彦、夏原豊和　他30名

RFタグの開発技術 II
監修/寺浦信之
ISBN978-4-7813-0139-6　　B895
A5判・275頁　本体4,000円+税（〒380円）
初版2004年5月　普及版2009年11月

構成および内容：【総論】市場展望/リサイクル/EDIとRFタグ/物流【標準化，法規制の現状と今後の展望】ISOの進展状況　他【政府の今後の対応方針】ユビキタスネットワーク　他【各事業分野での実証試験及び適用検討】出版業界/食品流通/空港手荷物/医療分野　他【諸団体の活動】郵便事業への活用　他【チップ・実装】微細RFID　他
執筆者：藤浪 啓、藤本 淳、若泉和彦　他15名

有機電解合成の基礎と可能性
監修/淵上寿雄
ISBN978-4-7813-0138-9　　B894
A5判・295頁　本体4,200円+税（〒380円）
初版2004年4月　普及版2009年11月

構成および内容：【基礎】研究手法／有機電極反応論　他【工業的利用の可能性】生理活性天然物の電解合成／有機電解法による不斉合成／選択的電解フッ素化／金属錯体を用いる有機電解合成／電解重合／超臨界CO_2を用いる有機電解合成／イオン性液体中での有機電解反応／電極触媒を利用する有機電解反応／超音波照射下での有機電解反応
執筆者：跡部真人、田嶋稔樹、木瀬直樹　他22名

※ 書籍をご購入の際は、最寄りの書店にご注文いただくか、
㈱シーエムシー出版のホームページ（http://www.cmcbooks.co.jp/）にてお申し込み下さい。